U0155920

数据要素

领导干部读本

李纪珍 钟宏 等◎编著

·北京·

国家行政管理出版社

NATIONAL ADMINISTRATION PRESS

图书在版编目（CIP）数据

数据要素领导干部读本 / 李纪珍等编著 . — 北京：
国家行政管理出版社 , 2021.1（2021.9 重印）
ISBN 978–7–5150–2513–1

Ⅰ . ①数… Ⅱ . ①李… Ⅲ . ①数据处理—干部教育—
学习参考资料 Ⅳ . ① TP274

中国版本图书馆 CIP 数据核字（2020）第 234771 号

书　　名	数据要素领导干部读本
	SHUJU YAOSU LINGDAO GANBU DUBEN
作　　者	李纪珍　钟宏　等 编著
统筹策划	陈科
责任编辑	刘锦　曹文娟　陆夏
出版发行	国家行政管理出版社
	（北京市海淀区长春桥路 6 号　100089）
综 合 办	（010）68928903
发 行 部	（010）68922366　68928870
经　　销	新华书店
印　　刷	中煤（北京）印务有限公司
版　　次	2021 年 1 月北京第 1 版
印　　次	2021 年 9 月北京第 4 次印刷
开　　本	170 毫米 ×230 毫米　16 开
印　　张	25.25
字　　数	363 千字
定　　价	54.00 元

本书如有印装问题，可联系调换。联系电话：（010）68929022

本书编委会

主　任： 李纪珍

副主任： 钟　宏　赵永新

委员（按照姓氏笔画排列）

丁化美　马臣云　王　星　王伟玲　尹巧蕊　叶劲松　刘　方
安筱鹏　李　茂　李　宽　李爱明　杨富玉　吴志刚　吴沈括
何晓军　汪广盛　沈一飞　宋　巍　张　伟　张　林　张迎春
张佳辰　陈柏屹　林拥军　林镇阳　单志广　赵　阳　柳　峰
姚　前　高　鹏　高富平　郭兴华　郭懋博　唐　琛　黄　蓉
曹剑东　谢　伦　谢　磊　靳学军　谭　敏　潘　锋

秘书处

黄　蓉　尹巧蕊

善于获取数据、分析数据、运用数据，是领导干部做好工作的基本功。各级领导干部要加强学习，懂得大数据，用好大数据，增强利用数据推进各项工作的本领，不断提高对大数据发展规律的把握能力，使大数据在各项工作中发挥更大作用。

要构建以数据为关键要素的数字经济。

要制定数据资源确权、开放、流通、交易相关制度，完善数据产权保护制度。

——习近平

序一

　　2020 年 4 月，中共中央、国务院发布《关于构建更加完善的要素市场化配置体制机制的意见》，将生产要素分为土地要素、劳动力要素、资本要素、技术要素和数据要素五种，分别提出市场化配置的改革意见，并明确提出"加快培育数据要素市场"。另外，《中共中央关于制定国民经济和社会发展第十四个五年规划和二〇三五年远景目标的建议》中也提出，"发展数字经济，推进数字产业化和产业数字化，推动数字经济和实体经济深度融合，打造具有国际竞争力的数字产业集群。"因此，当前和今后一个时期，必须提高数据要素配置效率，形成要素有效流动、高效重组机制，推动经济社会高质量发展，为实现国内国际双循环相互促进的新发展格局提供动力与机遇。同时，数字经济创新发展，面临的风险与挑战也不容忽视。

　　发展数字经济，要了解数字经济的特征、优势与风险。从经济学角度讲，数字经济商业模式的边际成本递减效应显著，特别是由资本驱动下的高速发展，具有典型的梅特卡夫效应，在达到规模化临界点后边际效益大幅提高，突破了边际效益递减的传统经济学规律，企业的边界也愈加模糊。初创互联网企业存活率虽不高，但一旦存活就可能取得巨大的成功。这种特征下，一方面，数字经济快速成为经济社会发展新的增长极，对传统产业数据赋能，数据平台可以重组产业链，形成平台经济，极大地提高效率，应支持其健康发展。另一方面，其高附加性、高渗透

1

性和外部经济性相互叠加，进而容易导致"赢者通吃"、大而不倒、市场垄断等现象，并对传统实体经济形成巨大冲击，也可能导致市场垄断与系统性风险。

发展数字经济，要高度关注数据要素的安全与反垄断。数字经济必然会形成数据资源的高度聚合，数据存储和传输的安全问题，基于数据的个人信息、商业秘密、知识产权等的保护问题亟须加强。

发展数字经济，要认识到数据要素市场监管与治理面临着全新挑战。如数据金融平台如果服务过多的银行，那么它虽然效率高，但风险也大，就不得不在效率和风险之间做出平衡，防止留下系统性风险隐患。数字经济的反垄断难以像实体经济那样拆分，对以大数据和算法支撑的平台经济而言，要创新反垄断的办法，这是一个难点。数字经济在大幅度提高效率的同时，会诱发收入分配两极化，要提高互联网的可及性，使边远地区也能分享数字经济的成果，要加强对数字经济的税收征管，不能让其成为税收"洼地"，传统实体经济成税负上的不公平，这又是一个难点。互联网、大数据、人工智能的发展会使一些职业逐步消失，包括银行营业员、企业财务会计等，更不用说劳动密集产业中的从业人员了。因此，如何使劳动者适应就业机会的转移也是一个难点。数字经济基于互联网和大数据，自媒体的瞬时传播性可能威胁意识形态安全，个人和公共数据的整合流动是必须的，但跨域流动也可能威胁国家安全，这更是监管中的一个难点。数字经济发生在虚拟的网络空间以及同实体经济的融合之中，技术迭代速度快、模式创新层出不穷，要平衡创新发展与监管治理的协同关系。不能走过去"先发展再治理"的老路，需要以"科技管科技、数据治理数据"为原则，探索数据监管沙盒等新型科技监管与治理模式，充分运用大数据、人工智能、区块链等新一代信息技术支持数字经济的发展，并加强数据要素市场监管与综合治理的水平和能力。

发展数字经济，要在数据要素市场的培育方面进行科学规划与创新实践。数据要素配置市场化，数字经济和实体经济深度融合，离不开"新机制"，如何发挥数据作为新的生产要素的基础性、协同性作用，如何建立与发展合规、高效、健康的数据要素市场，如何建立科学的数据资产评估体系，如何将数据资产纳入财务报表，这些问题需要理论研究与实践探索双管齐下去解决。

数据要素市场的探索与建立目前在全球范围内尚无成功模式，数据要素的发展与利用，不仅需要领导干部能够紧跟技术发展与应用、不断学习，还需要领导干部解放思想、创新实践。

这本书汇聚了国内技术、法律、经济等领域专家学者的思考与观点，视角新颖，研判周详，有助于领导干部更好地了解业界发展的前沿趋势、最新动态，更可以启发大家积极思考，碰撞观点，汇聚众人之力，不断探索与完善中国数据要素发展的新思路、新方法与新模式。这本书既是数据要素理论研究与创新实践的一小步，也希望是中国数据要素发展过程中的重要一步，希望相关专家学者能够继续总结，不断迭代，在思维碰撞、协作共赢中找到数据要素发展与利用的中国之道。

全国政协常委、外事委员会主任

2021 年 1 月

序二

党的十九届四中全会首次提出将数据作为生产要素，参与收益分配，标志着中国正式进入数据红利大规模释放时代。促进数据要素参与价值创造和分配是推动新旧动能转换的重要支撑，将为产业价值链向高端延伸提供强大动力。将数据作为生产要素有重大的理论和制度价值，充分体现了我国的理论自信和制度自信。

2020年4月，中共中央、国务院发布《关于构建更加完善的要素市场化配置体制机制的意见》（以下简称《意见》），明确指出要加快培育数据要素市场，包括推进政府数据开放共享、提升社会数据资源价值、加强数据资源整合和安全保护。《意见》将数据与土地、劳动力、资本、技术等传统要素并列，强调了数据要素的市场化配置，作为新生产要素，数据在未来必将成为重要的战略资源。《意见》的出台将数据要素价值上升到了国家战略层面，将有效推动数据流动利用和定价由政府主导逐步转变为市场主导、政府监管，促进数字经济发展。

《中共中央关于制定国民经济和社会发展第十四个五年规划和二〇三五年远景目标的建议》（以下简称《建议》）中提出，改革开放迈出新步伐，社会主义市场经济体制更加完善，高标准市场体系基本建成，市场主体更加充满活力，产权制度改革和要素市场化配置改革取得重大进展，公平竞争制度更加健全，更高水平开放型经济新体制基本形成。《建议》对提高数据要素配置效率，形成生产要素有效流动机制，推动经济社会高质量发展具有十分重要的意义。

中央明确提出，要依靠科技创新，实现稳增长和防风险长期均衡，加快形成以国内大循环为主体、国内国际双循环相互促进的新发展格局。在这次百年一遇的新冠肺炎疫情面前，数字化抗疫手段发挥了重要作用，有效支撑了企业复工复产，在疫情期间以数字化为特征的新产业、新模式、新业态迅速补位，有效保障了人民群众正常生活。数字化成为双循环的重要支撑，数据要素在新发展格局中发挥了关键作用。

该书从理论到实践、从政策到应用、从国际到国内，阐述了相关领域专家学者关于数据要素的一些深入思考，理论性、实践性都很强，对领导干部深入理解数据要素的应用与发展提供了有益参考。

王益民

中央党校（国家行政学院）电子政务研究中心主任
国家电子政务专家委员会副主任
2021 年 1 月

目　录

1

▰ 第五篇　数据要素行业应用和实践探索

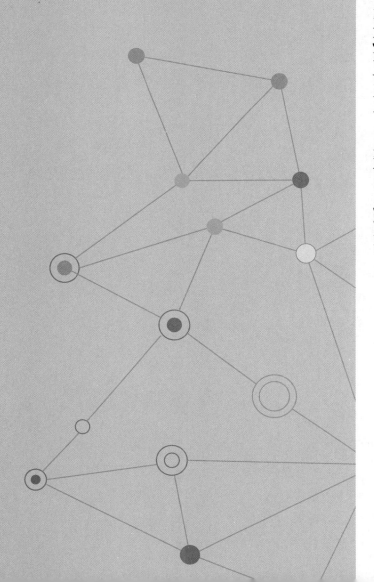

第一篇　数据要素与数字经济

数据要素、数字经济与数权世界

李纪珍 *

一、数据要素——数字经济时代的奠基石

数据已经成为信息科技革命与数字应用时代重要的生产要素，不仅在经济活动与市场运转中发挥着举足轻重的作用，而且日趋成为保持并增强核心竞争力的重要媒介。在高度信息化的国际领域中，数据资源对于国家安全甚至国运民生而言都是不容小觑的。

（一）数据要素：新兴崛起的生产要素

"察势者明，趋势者智，驭势者独步天下。"以习近平同志为核心的党中央超前布局，高度重视发展大数据，提升社会数据资源的价值。习近平总书记明确提出"要构建以数据为关键要素的数字经济"，"发挥数据的基础资源作用和创新引擎作用"。2020年4月9日，中央第一份关于要素市场化配置的文件——《中共中央 国务院关于构建更加完善的要素市场化配置体制机制的意见》（以下简称《意见》）正式发布。《意见》指出了土地、劳动力、资本、技术、数据五个要素领域改革的方向，明确了完善要素市场化配置的具体措施，加速要素市

---

* 李纪珍，清华大学经济管理学院副院长。

场化改革、健全要素市场运行机制和组织保障，并提出要加快培育数据要素市场，包括推进政府数据开放共享，为数据要素市场化配置指明了方向。这不仅对推动数字经济高质量发展具有重大指导意义，也由此正式将数据列为与土地、劳动力、资本、技术并立的第五大生产要素。

生产要素是经济学中的一个基本范畴，是指社会在生产经营活动中所需的各种资源。传统意义上的资源，是指自然资源；现代经济学意义上的资源，是指与人类的有效开发和利用能力密切相关的资源。在农业社会中，生产要素的核心就是土地和劳动力，工业革命之后，资本就凸显为重要的生产要素，而当科技时代到来时，技术与数据则兴起为效率空前提高、价值无限可能的新型生产要素。简而言之，人类社会发展的不同阶段对应不同的关键性生产要素。

事实上，能够作为生产要素的数据更多的是指由互联网活动所生成的具有海量异构、动态分布、即时更新、快速生成等特点的各种结构性与非结构性的数据记录。随着大数据、人工智能、区块链、物联网等装备与技术的深度融合，数据资源作为可开发利用的巨大潜力已被充分释放，这一潜力更是提升了自然资源、劳动力、资本、技术等资源开发利用和配置的效率，而这正是数据资源实现价值增值的主要环节。

当前，在信息科技"井喷式"发展的全球化竞争中，数据规模也呈爆发式增长，同时数据的价值也日益彰显，不仅成为继土地、劳动力、资本、技术之后最活跃的生产要素，而且对经济发展、国家战略、社会治理、民众生活等产生了全局性的深远影响，甚至成为影响国际关系与国际竞争力的风向标。

在我国，数字化已率先助力经济领域的发展由高速度劲升为高质量的阶段，数据的价值传递已然形成关乎国家、政府、社会、个人等多方主体的多元化利益，数据要素正在成为驱动中国社会创新发展与深化改革的新引擎。因此，已处于数字经济时代的中国须积极把握这一有利发展时机。

（二）欧美数据战略的分流与暗合

在大国博弈日益突出的背景下，数据已成为国家重要的竞争要素和战略资源，而大数据正是数据资源能够成为生产要素的重要源泉。因此，多数欧美发达国家已经陆续出台针对大数据的制度设计、技术提升、应用管理等方面的战略规划及配套法规，这既是重视大数据的应用与发展，也是为与之息息相关的数据要素的成长与积累提供政策保障。

1. 美国数据战略轨迹

美国是科技经济头号强国，历来重视信息网络安全，是最早制定并实施信息网络安全战略的国家，也是数据领域国际合作竞争中的最重要参与方之一。

2009年，美国联邦政府建立了美国第一个统一全面开放政府公共数据的平台——Data.Gov（数据开放门户网站）。

2011年，美国总统科技顾问委员会提出建议，认为大数据具有重要战略意义。作为回应，美国白宫科学和技术政策办公室（OSTP）建立了大数据高级监督组以协调和扩大政府对该领域的投资，并牵头编制了《大数据研究与发展计划》（以下简称《计划》）。2012年3月29日，《计划》正式对外发布，标志着美国率先将大数据上升为国家战略，其宗旨在于大力提升美国从海量复杂的数据集合中获取知识和洞见的能力，其内容涵盖了国家发展战略、国家安全战略、国家ICT（信息与通信技术）产业、国家信息网络安全战略等多个层面。这体现了美国一贯追求引领创新、军事、产业、信息等方面的策略和措施，希望利用大数据技术在上述领域引发变革，抢占大数据时代的革命先机。从后续推广实施效果来看，数据资源确实已成为美国政府最具潜力的经济资产与社会财富之一。

美国之所以率先将大数据确立为国家战略，是因为其有深厚的背景因素。一是自由传统的历史背景；二是拥有雄厚的信息产业基础与蓬勃发展的信息技术创新的技术背景；三是全球金融危机后传统产业转型升级与全球竞争力重塑的产业背景。

2019 年 11 月，美国共和党提交了《2019 美国国家安全与个人数据保护法案》。该法案以防止美国个人数据外流为切入点，提出最小化数据收集的原则。可以说该法案更多的是从微观层面控制数据的传输和存储，而针对其他国家则具有鲜明的数据保护意识。同年 12 月 23 日，美国白宫行政管理和预算办公室（Office of Management and Budget，OMB）又发布了《联邦数据战略与 2020 年行动计划》（以下简称《数据战略》），这是美国国家整体战略的重要组成部分，是美国政府把科技创新和数字化转型提到国家战略核心层面部署的重要体现。《数据战略》最大的亮点是将"数据作为战略资产开发"的核心目标，并提出着重改进特定数据资产组合的管理和使用。由此，美国政府关注数据的聚焦点发生了从"技术"到"资产"的转变，数据是国家资产中最有价值的理念成为治国策略的指导。

2. 欧盟数据战略轨迹

1981 年，欧洲议会通过了《有关个人数据自动化处理之个人保护公约》，这是世界上首部涉及个人数据保护的国际公约。

1995 年，欧盟颁布《关于在个人数据处理中对个人的保护以及此类数据自由流动的指令（95/46/EC）》，即《个人数据保护指令》（*Data Protection Directive*，DPD），明确保护自然人在个人数据处理中的权利和自由，尤其是隐私权，以此促进个人数据在共同体内的安全化自由流动。

2002 年，欧盟颁布《关于电子通信领域个人数据处理和隐私保护的指令（2002/58/EC）》，即《隐私与电子通信指令》（*Privacy and Electronic Communications Directive*，PECD），要求各成员国参照制定通信领域个人数据处理和隐私保护的同等规则，确保个人通信数据的自由流动。

2003 年 11 月，欧盟发布《公共部门的信息再利用指令》（*The Directive on the Re-use of Public Sector Information*，DPSI），认为公共部门的信息是数字内容产品和服务的重要原始材料，因此有必要为公共部门信息再利用构建一个总体框架，从而形成公平、均衡和非歧视性的环境。

2016 年，欧盟通过《关于自然人个人数据处理和数据自由流动的保护条例》，即《通用数据保护条例》(*General Data Protection Regulation*, GDPR)，取代 95/46/EC 号指令，GDPR 于 2018 年 5 月 25 日在欧盟成员国内正式生效实施。GDPR 在扩大数据主体的权利和法律适用范围的同时，进一步细化了个人数据处理的基本原则，被认为是最严格的个人数据和隐私保护条例。

在欧美数据战略领域，除以美国和欧盟为典型代表之外，英国、爱尔兰、澳大利亚、法国也都以国家战略的高度在积极促进和大力扶持有利于数据要素成长与发展的直接政策或相应配套的提供。例如，法国政府的数据战略就具有对基础设施领域的投入和干预更为明显的特点，还于 2008 年和 2011 年分别推出"数字法国 2012"和"数字法国 2020"发展战略。

概括而言，从以上欧美国家有关数据战略的发展轨迹看，虽然是基于各国不同的国情和差异性政策指南之需而设计，但作为针对网络数据安全化和充分利用性而规划的战略又都具有不谋而合的总体走向：一是战略目标基本相同，均旨在通过国家性战略规划推动本国大数据技术研发、产业发展和相关行业的推广应用，确保自身在网络科技安全和数据发展应用领域的领先地位。二是战略规划均具有明确的行动计划和重点扶持项目。三是战略规划指定了管理机构和执行机构。

总之，欧美国家在数据战略方面起步较早、跟进较快，虽然其中不乏有许多不适于我国目前发展阶段的制度设计，但其仍有许多前瞻性的规划理念甚至已有成熟运行的制度效果，这是值得我国在数据战略发展中予以借鉴的。

（三）我国数据战略的立场与定位

数据被誉为"新时代的石油"，彰显了其作为"基础性战略资源"的价值地位。随着"大数据革命"持续释放的数据收集与处理能力的强势，人类创造新数据增长的总和还未现缓和趋势。

　　在我国迎来发展数字经济机遇的同时，应谨慎审视全场景、大规模的数据应用也会对我国国家安全提出严峻挑战。回首 2018 年初，Facebook（脸书）的 8700 万名用户数据在未经同意的情况下被用于政治目的，到年末万豪酒店喜达屋系统中高达 5 亿份个人数据被窃，从美国《海外数据使用权明确法》到欧盟的 GDPR，再到华为公司 5G 战略因数据安全屡屡受挫等一系列事件，足见数据的安全风险和政治挑战屡见不鲜，这是因为作为信息载体的数据不仅具有可观的商业价值，而且其对国家安全和战略能力还蕴藏着巨大的情报价值及预测性功能的潜质。

　　此外，身处数字化生存与竞争的大国博弈中，网络空间即国家利益空间的延伸，网络立法、执法方面的政治化凸显，数据主权争夺成为博弈新领地。例如，以欧盟 GDPR 为代表的欧美个人信息数据保护法案具有"长臂管辖"效力，这就造成我国企业面临安全合规、证据调取等方面的压力。因此，我国也在积极探索为数据战略提供顶层设计与科学规划路线图，同时进行有益的国际对话，借鉴国际先进做法，主动提供和颁布相应法规政策为构建国内数据安全有序、国际公正合理的数据新秩序保驾护航。

　　当然，与欧美国家相比较，中国数据安全立法起步较晚。2016 年11 月，第十二届全国人大常委会通过了《中华人民共和国网络安全法》。该法是适应我国网络安全发展新态势、互联网经济发展的新趋势，保障网络安全利益的重大举措，是我国第一部在实际意义上针对网络以及数据传输安全的法案，这就为数据要素的成长与积累提供了基础性的制度土壤，但在数据跨境流动管控的具体规定与实操制度的设计上却略显粗线条。

　　2020 年 6 月公布的《全国人大常委会 2020 年度立法工作计划》，是在法规层面提升数据战略目标的重要拐点，提出将"数据安全法"作为"健全国家安全法律制度体系，提高防范抵御风险能力"的重要任务。2020 年 7 月，《中华人民共和国数据安全法（草案）》公布，该草案的提出正是以数据安全为核心，以数字时代下数据资源的安全开发、合理保护、充分利用为基本立场。但其在立法定位上应更着眼于以下两个基本站位。

站位一：充分体现"攻守兼备"的数据主权理念。数据事关国家安全、经济安全、社会稳定和民众福祉，国家对数据主权的主动化掌控极为关键。从当前的国际趋势上看，网络强国均积极谋求跨境的数据管辖权。那么，我国在数据安全立法方面应定位于既强调数据的跨境调取之"攻势"，又重视对数据的出境管控之"守势"，力求达到以"共进"为动力、以"共赢"为目标的法治效果，从而保障网络空间命运共同体更具生机活力。

站位二：合理权衡数据安全与数据利用之间的张力。只有发展才能前进，但发展与风险并存，所以数据安全立法应以"相对安全观"作为理性定位。正如习近平总书记在2016年4月19日网络安全和信息化工作座谈会上就曾指出，网络安全是动态的而不是静态的，开放的而不是封闭的，相对的而不是绝对的，因此一定避免不计成本地追求绝对安全，那样不仅会背上沉重负担，甚至可能顾此失彼。鉴于此，我国数据安全立法亦应遵循风险社会的发展规律，以数据利用不导致不合理危险为红线，允许采用激励相容措施，积极推动数据安全和数据利用的协调并进。

二、数字经济——重塑全球经济治理新生态

数字化技术日新月异的当下，现代经济正在发生由资源经济向数字经济的巨大变革。根据2016年G20杭州峰会发布的《G20数字经济发展与合作倡议》，数字经济被定义为：以使用数字化的知识和信息作为关键生产要素，以现代信息网络作为重要载体，以信息通信技术的有效使用作为效率提升和经济结构优化的重要推动力的一系列经济活动。这一定义是以更为广阔的发展视角来看待在网络信息科技丰富应用场景下的多样化经济活动，而不是囿于狭义的信息产业。

随着全球范围内互联网、大数据、云计算、人工智能等信息与通信

技术迅速迭代，作为一种融合型产业发展模式的数字经济，不仅对实现包容性增长和可持续发展至关重要，而且对世界经济的发展朝向重新洗牌，并将驱动全球经济治理新格局的诞生。

（一）数字经济催生全球竞争新格局

当前，全球数字经济治理领域的南北方国家之间的矛盾日益激化，其集中表现为因数字技术使用的能力差异及由此造成知识获取的"数字鸿沟"。2019 年，日本在 G20 大阪峰会上推动各方签署"大阪数字经济宣言"，以正式启动"大阪轨道"，但印度、南非和印度尼西亚对数据自由流动等议题持保留态度并拒绝签字。中国则在签字的同时表达确保数据安全、加强数字互联互通及未来对发展中国家利益维护的鲜明立场。对此，习近平总书记在此次峰会的特别会议上还强调，"要共同完善数据治理规则，确保数据的安全有序利用；要促进数字经济和实体经济融合发展，加强数字基础设施建设，促进互联互通；要提升数字经济的包容性，弥合数字鸿沟"。[①]

事实上，在全球范围内，不同国家在资本和技术等领域掌控数字资源的能力参差不齐，那么数字经济对于全球竞争性发展而言，就是一种兼具分化与整合的双重力量。

从分化力量的角度看，数字经济导致一部分发展中国家面临"新数字鸿沟"问题，并陷入产业转型升级和经济战略革新的困境之中。数字经济的核心就在于数字化技术与传统产业的发展融合，当这种融合型产能的发展力不足、融合度不高时，就会对国家间产业竞争力和世界经济发展格局产生实质性分化的长远影响。一部分发展中国家的传统优势会在数字化背景下被大量消磨甚至丧失，毕竟数字化背景下的可持续发展

[①]　胡继晔：《促进数字经济与实体经济融合发展》，《经济日报》，2019 年 10 月 30 日。

需依赖相对健全的数字化生态和产业布局。相比之下，美国、日本及欧洲等发达经济体将依托新的资源禀赋，通过数字化转型重获产业竞争力，企业本土化生产越发具有竞争优势，对发展中国家市场的依赖度进一步降低。

从整合力量的角度看，数字经济的资源禀赋不仅成为国际分工合作的新依据，而且能够助力发达经济体构建制度垄断的新优势。发达国家之间依靠数字化资源禀赋和竞争优势，依托各自完整的产业基础布局和健全的数据生态运转模式，在内部形成更加稳定的分工体系。同时，欧美等发达经济体还在双边、区域和跨区域经贸协定中强势引入具有约束力的新一代数字经济相关条款，促使全球数字经济治理呈现出明显的"中心－外围"之格局，从而实现资源集中化利用、配置的强势整合。

可见，数字经济的到来对于人类生产生活方式的改变既充满无限机遇又是不可预知的，也正是因为数字经济对各国经济社会发展、全球治理体系、人类文明进程影响深远而复杂，所以，发展数字经济就需要向着更加公正、合理的方向迈进，以至推动全球互联网治理体系的健康发展。

（二）中国经济的数字化发展与数智化治理

1. 数字产业化、产业数字化、治理数智化、数据价值化的"新四化"经济

麦肯锡全球研究院发布的报告认为，中国拥有全球最活跃的数字化投资与创业生态系统，虚拟现实、自动驾驶技术、3D 打印、机器人、无人机及人工智能等关键数字技术的风投规模位居世界前列。此外，全球范围内的新兴数字技术实力分布并非禁锢于传统的南北格局，而是在大部分细分领域呈现出中美共同领先的态势。

同时，根据 2020 年 7 月中国信息通信研究院发布的《中国数字经济发展白皮书（2020 年）》，2019 年我国数字经济增加值规模达到 35.8 万亿元，占 GDP 比重达到 36.2%，同比提升 1.4 个百分点。按照可比口径计

算,2019 年我国数字经济名义增长 15.6%,高于同期 GDP 名义增速约 7.85 个百分点,数字经济在国民经济和社会发展中的地位进一步凸显、规模不断扩张、贡献不断增强。数字产业化稳步发展,产业数字化深入推进、数字化治理能力不断提升、数据价值化势头强劲,取得可喜成果,"新四化"数字经济正在蓬勃发展。

2. 以"数智化"升级数字经济治理的现代化

我国在数字治理方面,近年来先后出台了《中国制造 2025》《国务院关于积极推进"互联网+"行动的指导意见》《中华人民共和国电子商务法》等法律法规和政策文件,明确了人工智能等重点布局领域,为制造业数字化、网络化、智能化设定阶段性目标,并对境内电子商务活动予以全面规范。由此,从信息科技的迭代逻辑看,"数治"包括数字化治理与数智化治理两大阶段。

数字化是一种业务数据化的过程,中国企业从 20 世纪 90 年代就开始了这一历程,经历了传统软件安装期和消费者在线化两个阶段。数智化则是一种数据业务化的升级,依靠的是一套基于云计算、数据中台和移动端的开放、即时的实时感知、全天候响应的新基建,在其技术架构体系的背后实现的是从信息技术(IT)到数据处理技术(DT)的转变,回应的是一个更加不确定的、个性化、碎片化的市场需求,并以服务大众、激发生产力为焦点,满足从"提升效率"转向支撑业务全流程的创新。简而言之,数智化渊源于数字化且是数字化的进阶,实现的是从单轮驱动向双轮驱动转型并最终达到全要素、全产业链、全价值链的数字智慧状态。

由于数字经济治理的主攻方向一方面是松绑数字经济深入发展的束缚;另一方面是深化数字经济的供给侧结构性改革,这就需要有赖于"数智"模式的闭环化全周期的数字技术群作为强大的底层支撑,以瞬息万变的市场需求为轴心,实现从产品业务到组织管理的全流程创新,构建实时感知、全天候响应的数字智能化治理体系。尤其要加大新基建的投入与扶持,积极建设高速、移动、安全、泛在的高精尖信息基础设施,这既是满足数智化治理需求的最直观回应，也是培育新动能的重要抓手，更是建设网络强国、数字中国的关键支撑。

总之，借助数智化治理不仅使决策的科学化、预判的精准化得以劲升，有效根治经济治理中的缺位、错位、越位等顽疾，明显降低数字经济风险发生的概率，而且能够更系统化地推进数字经济与实体经济的深度融合，加快建设科技创新、现代金融、人力资源等协同发展的数字经济新生态，有助于实现全要素生产效能的指数化提高。

（三）以中国策略参与全球数字经济新生态的重塑

数字技术引领的"第四次工业革命"改变了经济增长中原有的要素投入结构，给予像中国这样后发国家中的领先者以"弯道超车"的良好机遇。尽管我国数字经济在 GDP 中的占比，相较于美国、英国及日本等发达经济体而言仍有不小差距，但我国在高精尖信息科技领域的长足发展必然注定中国已经成为全球数字经济发展中不可或缺的重要参与者。同时，基于世界银行数据的研究，在 G20 国家中，以中国为代表的发展中成员国的数字经济增速，为推动全球经济格局转变发挥了不可低估的贡献，而印度和巴西也已进入 G20 数字经济国别规模前十位。这就激发了发展中经济体开始高度关注数字经济增长及自身在全球经济治理体系中的能力建设。然而，发达经济体通过排他性经贸协定谈判，对数字经济规则制定进行实质垄断，极大地限制了众多发展中经济体共同参与全球数字经济治理的可能性，不利于公平公正的国际经济体制和秩序构建。

因此，在数字经济领域，我国亟须以自身数字经济发展与积累成果为现实基础，以主张整体性、包容化的发展为理念，以推进非强制性的指导方针和合作项目为主要形式，积极开拓以中国策略参与重塑全球数字经济新生态之路。

2016 年，我国在 G20 杭州峰会上通过《G20 数字经济发展与合作倡议》，提出创新、伙伴关系、协同、灵活、包容、开放和有利的商业环境、促进经济增长、信任和安全的信息流动七大原则，明确了宽带、电子商务合作、ICT 投资、数字化转型、数字包容性、中小微企业发展六大关键优先领域，为世界经济创新发展注入新动力。

同时，借助 APEC（亚洲太平洋经济合作组织）平台，我国在 2006—2018 年共主持数字经济合作项目 29 项，居成员国首位。

此外，2017 年，在首届"一带一路"国际合作高峰论坛上，习近平主席就提出了"数字丝绸之路"的整体性、包容化发展概念，即"坚持创新驱动发展，加强在数字经济、人工智能、纳米技术、量子计算机等前沿领域合作，推动大数据、云计算、智慧城市建设，连接成 21 世纪的数字丝绸之路"。当前，中国已同"一带一路"沿线的 16 个国家签署了关于建设数字丝绸之路的谅解备忘录，另有 12 个国别行动计划正在编制。在"开放区域主义"框架下，中国协同沿线经济体共建和平、安全、开放、合作、有序的网络空间与合作平台，有助于构建并推广区别于欧美的更具包容性的数字经济规则治理体系。随着我国综合国力的迅速提升，我国参与全球数字经济治理的策略还大力借助了官方对外发展援助体系，积极推进数字经济南南合作并帮助其数字能力建设的增强。

总体而言，参与全球数字经济治理的中国策略，是在维护国家安全和坚持对外开放的前提下，客观评估和科学探究不同规则和标准引入、适用的可能性，以包容并蓄的中国姿态联合具有共识的全球数字经济参与者，以共享协同的策略推出符合发展中国家利益诉求的数字经济发展理念及治理规则体系。当然，在签署有关参与全球经济治理的协定时，我国仍继续保留自身作为发展中国家的属性，确保享有例外保留、过渡期（减让表）、经济需求测试等权利。

三、数权世界——以数权体系形塑数据治理

以"数据驱动"为典型特点的数字经济，已在全球范围内将数据凝练为当下及未来人类数字文明时代中的关键性战略资源，而这种战略性资源本质上就是数权。在数字经济背景下，财富增长的重要依托就是数

据，但来源不同、类型有别的数据所蕴含或释放的价值是有差异的，于是对数据的归属、性质、权益等问题的探讨、对数字经济与数据治理的关注就逐渐勾勒出一个全新的数权世界。

（一）数权：权利叙事与权力范式的基础性二维空间

数权的核心就是数据的价值。2013 年 7 月，习近平总书记在视察中国科学院时指出："大数据是工业社会的'自由'资源，谁掌握了数据，谁就掌握了主动权。"2017 年 12 月，习近平总书记在中共中央政治局就实施国家大数据战略进行集体学习时提出："要制定数据资源确权、开放、流通、交易相关制度，完善数据产权保护制度。"2019 年 6 月，国家市场监督管理总局、国家标准化管理委员会联合发布《电子商务数据资产评价指标体系》，为在线数据交易、数据资产价值的量化计算提供了国家标准。

从法学和经济学角度看，无论是把数据归入资源还是设定为资产，数据既具有一般商品所包含的价值、交换价值和使用价值，又具有一般商品所不具备的诸如可共享性、非消耗性、边际成本为零等特征。此外，数据载体是离散化的数字信号，对其进行"增、删、改"操作不受时空限制，存储、传输和应用也没有实质损耗，这就使数据要素的权属关系边界模糊，以及在隐私保密、安全风险等方面具有特殊性。因此，讨论数权问题时无法与传统权利属性和概念完全对应，但数据确权又是必需的，因为只有对数据合理确权，才能为数字经济的健康发展提供前提和基础，才能为数字社会的人权主张设定屏障和保护。

当然，数据成为生产要素首先是因其蕴含的价值所在，但更在于大数据、云计算等信息技术的鼎力相助，只有对海量的个体"小数据"进行挖掘、汇集、跟踪、分析、融合，才会形成具有商业利益与社会价值的"大数据"。故从本源上讲，个人数据的汇聚与积累是公共数据的源泉，若干个体数据的流动与聚合又集成为代表一定群体特征或社会欲求的公共信息，这就产生了具有反馈、分析、引导、预判、决策等效能的公共数据。由于公共数据与个体数据的关系，仅从数据主体角度讨论个人数据、社会数据和国家数据则会因界限模糊而难以合理界定数权。因此，需要从数据的基本属性与法权的基础组成角度探讨数权问题。

目前，学界基于数据属性而提出的权属主要是围绕人格权、财产权、隐私权、商业秘密权、知识产权等权益主张，但传统权利类型不足以涵盖数权世界中的动态结构和多元欲求。不如化繁入简，就以"权利"与"权力"这对法权基础组成来解读数权的存在状态。

从法权基础组成来看，数权也具有私权属性和公权属性两大特征。就私权属性而言，是以维护个人利益为主，其本质是个人在数据方面的利益与资格的体现，即"数据权利"，这是以权利叙事的逻辑来说明数据权属的根源。就公权属性而言，则强调数据作为公共产品的资源性，主要由国家机关、公共机构和社会组织出于保护或增值公共利益的目的而使用，即"数据权力"，这是以权力范式的框架来论证数权的存在意义与功能价值。总之，数据价值的私权属性和公权属性共同构成了数权谱系的基础性二维空间。

综上所述，数权世界也同样需要调和权利（私权）与权力（公权）之间的平衡。在法理上，权利的让渡成就权力的增大，权利是权力的本源，权力为权利而服务。但在实践中，权力与权利之间却常因二者的主体目的有别、实现方式不同而呈现出虽为相依共生但却此消彼长的状态。所以在数权世界中，数据权利与数据权力也是一对矛盾统一体，这就需要依据法权原理并结合数据的要素特性，探索如何铺就一条在规范数据权力同时又能适当让渡数据权利的中间道路，由此实现数据权利与数据权力二者间的平衡与协调，从而促进数据要素的价值获得最大化效能的释放。

（二）以"数据共享"缔造"数尽其用"的数权世界

从现象上看，数权世界中的数据治理，其核心就是规范数据权力、保障数据权利，但这二者之间又呈现张力之势：若对数据权力不加规制则极易对数据权利造成损害，斯诺登曝光的"棱镜计划"、2018 年 Facebook 的数据滥用等就是例证。但是，过分保护数据权利又会对数据要素的开放利用、价值传递、迭代增值等形成掣肘，结果是不利于数据市场的良性循环与健康发展。

但事实上，无论是数据私权的让渡还是数据公权的规范，其本质都是为了尽可能消除数据壁垒，促进数据流通，从而最大化地释放数据价值。在让渡和规范的中间地带，便是共享。只有共享才应该是数权的本质，因为以技术结构和网络精神所构架的数权世界被天然地赋予了开放、平等、协作、共享等一系列去中心化、无边界性的生态底色，这就奠定了作为生产要素的数据资源具备浓厚的共享特质，也就决定了数权的本质就是共享权。

共享的核心要义就是让有限资源得到最大化利用，这也恰恰是承载数据世界的互联网极致思维的体现。从数据之"权"的效能看，只有强调数权的共享性才能达致数据之数尽其用的价值实现。在数字经济的发展实践中，数据的使用权让渡并没有导致数权的价值有所折损，反而因数据使用权的不断流转使该数据所蕴含的内在价值获得传递、外溢、增值，实现数据快速产生价值以及价值最大化的效果。从数据作为资源的层面讲，数据是典型的只有不断使用才能衍生或积聚更多更大价值的"再生资源"，数据的反复利用不会导致自身资源的消耗或价值的贬损，反而有利于数据的迭代升级与即时更新，所以被最大限度、高频次地使用，才是数据资源的本质要求，而共享是实现这一要求的最佳途径。可见，数据共享不仅是数据自身发展的诉求，也是促进数权世界中的数据权利与数据权力从失衡到平衡的重要桥梁。

当然，只要是资源就会被索取与竞争。尽管数据共享是实现数权二维空间和谐性、交融化发展的重要桥梁，更是缔造数权世界数尽其用的基石，但是若没有对数据权属关系的观念变革、配套制度的供给设计、软硬件网络环境的保障，数据共享模式及数据共享权就不可能自然而然地形成。这就需要注意以下几个层面的问题。

在观念层面，树立兼具私利与公益相平衡的数权观。就数权的确权与利用而言，私利大于公益抑或相反，都有悖于秉持自由、平等、安全等价值的数权世界精神。只有在数权领域尽快确立私利与公益平衡的认知，才能为数权制度的设立、创新与落地提供观念先导的前提条件；只有充分培育数权平等意识、数权公益意识、数权共享意识等人文精神与社会氛围，才能为协调不同数权利益主体间的冲突与矛盾提供伦理依据与价值共识；只有以合理保护私益、充分体现公益、共享数据发展成果的数权使用理念，才能激发相关数权利益主体的创造力并高效收获数字财富的提质增量，由此，数尽其用的效能才得以发挥，才能有力应对因不同数权主体间的利益冲突而带来的数权危机。

在技术层面，构建安全、可靠的数据环境。数据共享即意味着数据从获取到流转再到价值实现的全周期都应处于网络安全的状态下，否则不是阻碍共享的可能就是畏惧共享的需求。因此，一方面必须提供安全的数据采集、数据分析、数据传输环境，健全大数据环境下防攻击、防泄露、防窃取、防篡改的监测预警系统；另一方面必须强化研发合法、高效的数据共享技术机制，提高数据合法利用的效率，将创造的价值反馈于数据主体，同时审慎对待数据追溯问题的合理边界，避免数据处理过程中由于人为因素导致数据泄露或侵犯隐私的隐患。

在制度层面，法规政策的制度设计者以及决策者应将数据主体、数据使用者的权利、义务、责任等明确界定，并结合数据网络的运行规律和数据贡献者或加工者的网络行为习惯设定可操性的共享管理与激励的相应制度，尤其在涉及因利益重新分配而引发敏感性质疑的环节，更要审慎对待、完善设计数权共享的制度性"嵌入"措施。同时，还应尽快建立健全数据安全监管机构，将部门监管与互联网技术监测相结合，建立强制性的数据安全监管标准和严格的法律配套制度，这既是保障数据共享成为人们愿意、敢于、能够做到并实现的数权行使方式，又是严厉打击各类违法获取、不正当使用数据行为的依据。

此外，因为数据共享对相关产业群体以及行业组织具有很强的依赖性，所以需要发挥相关数据行业的自律机制，积极引导、鼓励与数据相关的行业主体制定自律规范并自觉遵守，主动形成行业内有力、有效的互相监督机制，提高数据主体对数据使用的信任程度，以行业自律、技术伦理促进数据产业的良性竞争。

　　总而言之，正是在信息科技的驱动下，在数字经济的环境中，现实世界才被持续数字化并在虚拟世界中得以仿真，而以数据呈现的虚拟世界既是现实世界的镜像又是现实世界的延伸，以网络算法与人类需求共同构筑的数权世界最终成为链接现实世界与虚拟世界之间的重要通道，期待这一通道将开辟人类社会无限想象的美好空间。

数据生产力的崛起

安筱鹏 *

发轫于 20 世纪 50 年代的信息技术革命，在经历了半个多世纪的扩散和普及之后，正推动人类社会进入一个新时代——数据生产力时代。习近平总书记指出，"数据是新的生产要素，是基础性资源和战略性资源，也是重要生产力"，"要构建以数据为关键要素的数字经济"。①

生产力是人类征服和改造自然的客观物质力量，是一个时代发展水平的集中体现。从"刀耕火种"到"铁犁牛耕"，再到"机器代人"，生产力的变革带来生产方式、管理方式、资源获取方式的巨大改变。人类社会得以不断地获取并支配着密度更高的能量，促进人口数量的激增，重塑人类社会结构和组织结构。回顾工业经济时代，新技术的涌现伴随着新生产力的崛起与更迭，以人类无法想象的速度推动人类社会时代的变迁。从机械化和电气化替代自然力，到计算机、互联网技术发展带来人类处理信息能力的飞跃，人类社会生产力的跃迁总是伴随着科技进步。今天，一个全新的数字经济时代正加速到来。

---

* 安筱鹏，阿里研究院副院长。

① 成卓、刘国艳等：《面向大数据时代的数字经济发展举措研究》，人民出版社 2020 年版，第 246 页。

数据生产力是人类改造自然的新型能力，正引发人类认知新规律、发现新现象、创造新事物等方式的根本性变革，必然会对产业创新、经济发展、社会治理等产生深层次影响。预计未来 20~30 年，全球范围内国家之间的竞争，在很大程度上将表现为数字经济体之争。中国如能培育出全球第一大数字经济体，将极大地提升中国未来的经济竞争力，而良性竞争将推动全球的进步。

一、数据生产力的兴起与本质

数据生产力是知识创造者在"数据＋算力＋算法"定义的世界里，借助智能工具，基于能源、资源及数据这一新生产要素，构建的一种认识、适应和改造自然的新能力。数据生产力意味着知识创造者的快速崛起，智能工具的广泛普及，数据要素成为核心要素。人类认识和改造自然的方法实现了从实验验证到模拟择优，经济发展从规模经济到范围经济，企业性质从技术密集到数据密集，组织形态从公司制到数字经济体，消费者主权全面崛起，人类实现了全球数亿人跨时空的精准高效协作。

数据生产力的本质是人类重新构建一套认识和改造世界的方法论，基于"数据＋算力＋算法"，通过在比特[①]的世界中构建物质世界的运行框架和体系，在比特的汪洋中重构原子的运行轨道，推动生产力的变革从局部走向全局、从初级走向高级、从单机走向系统。这一变革推动劳动者成为知识创造者，将能量转换工具升级为智能工具，将生产要素从自然资源拓展到数据要素，实现资源优化配置从单点到多点、从静态到动态、从低级到高级的跃升。以知识创造者、智能工具和数据要素为核心的数据生产力时代正在开启。

---

① 比特是表示信息的最小单位。

（一）新技术基础：数据＋算力＋算法

"数据＋算力＋算法"构筑认识和改造世界的新模式，推动生产力核心要素升级、改造和重组。农业经济时代的劳动者以体力劳动为主，用手工工具在土地上进行耕作，创造社会财富。工业经济时代的劳动者由从事体力劳动和脑力劳动两部分组成，体力劳动占多数，主要是用能量驱动的工具进行社会化大生产，能源、矿产、资本成为最重要的生产资料。在数字经济时代，工业经济时代的劳动者转型为知识创造者，能量转换工具升级为智能工具，数据成为新的生产要素。

1. 数据

国际数据公司（International Data Corporation，IDC）发布的"2025年数据时代"白皮书显示，2010年全球每年产生的数据量仅为2ZB，到2025年全球每年产生的数据量预计高达175ZB，年均增长20%。代表数据流量大小的全球互联网协议（IP）流量从1992年的约每天100GB增长到2017年的每秒45000GB。伴随着3G、4G、5G的大规模推广普及，移动通信流量快速增长。2014年第一季度全球移动数据消费量仅有23亿GB，到2019年第四季度，全球移动数据消费量已达396亿GB，五年时间里增长了17倍以上。未来，越来越多的比特化的数据正在更加逼真地描述、优化物理世界的运行，这场变革才刚刚开始。从行业来看，2018年按行业划分的全球企业数据的规模中，制造业拥有的数据要素规模最大，为3584EB，占比20.87%；零售批发和金融服务分别为2212EB和2074EB，分别占比12.88%和12.08%；其后是基础设施建设、媒体与娱乐、医疗保健，规模为1555EB、1296EB和1218EB，分别占比9.05%、7.54%和7.09%。

数据是比特化的物理世界，比特化的语义表达。伴随着移动智能终端、MEMS传感器（微机电系统）、智能机器、智能设备、摄像设备的广泛普及，物理世界正在被高速的比特化，通过"数据＋算力＋算法"的逻辑，将物理世界在数字世界中去呈现、分析、预测、决策。

数据生产力时代的数据是在线产生的数据，是活数据。数据用于记录、反馈和提升互动体验，过往杂乱、无用、静态的数据因为在线而变得鲜活，数据拥有了生命，能够用于量化决策与预测。发掘数据价值的技术成本降低，数据可以用在全局流程及价值优化方面，并且实现真正的数据业务化，产生新的社会经济价值。以阿里巴巴为例，它已经基于淘宝和天猫的大量消费者和商家数据，支撑起了蚂蚁小贷、芝麻信用等相关业务。

2. 算力

从 2006 年开始，云计算技术的出现和发展使成千上万台廉价的服务器能够通过虚拟化和分布式计算等技术按需提供计算和存储能力，推动云计算成为类似于水与电这样的公共基础设施服务，大大降低了技术创新创业的成本，提高了创新效率，让数据流动起来。数据要素的投入和云计算的应用，使全要素生产率获得提升，激发新的生产力产生。

美国市场研究机构 Synergy Research Group 将"超大规模数据中心"定义为拥有几十万台甚至数百万台服务器。Synergy Research Group 公布的数据显示，2019 年全球超大规模数据中心已超过 500 个，是 2015 年的两倍，且仍然处于高速扩张的发展期。2015 年时全球数据中心大数据存储量仅为 25EB，到 2021 年预计这一规模将达 403EB，增长 16.12 倍，年均复合增长率约为 48.76%。

从历史来看，服务器、存储、网络带宽、手机成本的迅速降低以及相应处理能力的增强，共同成为数字技术普惠化的推动力量，使数据成为今天数字经济 2.0 时代的生产要素，并从 1.0 时代的封闭走向开放，从独享走向共享和融合。

3. 算法

算法是物理世界运行规律的模型化表达，算法的代码化就是软件。软件是一种以数据与指令集合对知识、经验、控制逻辑等进行固化封装的数字化（代码化）技术，构建了物理世界数据自动流动的规则体系，是业务、流程、组织的赋能工具和载体，解决了复杂制造系统的不确定性、多样性等问题。

信息通信技术牵引的新一轮工业革命，推动了人类从开发自然资源向开发信息资源拓展，从解放人类体力向解放人类脑力跨越。其背后逻辑在于构建一套赛博空间、物理空间、意识空间的闭环赋能体系：物质世界运行—运行规律化—规律模型化—模型算法化—算法代码化—代码软件化—软件不断优化和改造物质世界。

基于算法的软件作为一种工具、要素和载体，为制造业建立了一套赛博空间与物理空间的闭环赋能体系，实现了物质生产运行规律的模型化，使制造过程在虚拟世界实现快速迭代和持续优化，并不断优化物质世界的运行。产品设计和全生命周期管理软件（如 CAX、PLM 等）建立了高度集成的数字化模型以及研发工艺仿真体系，生产制造执行系统（MES）是企业实现纵向整合的核心，联通了设备、原料、订单、排产、配送等各主要生产环节和生产资源，企业管理系统（如 ERP、WMS、CRM）为企业的业务活动进行科学管理，改变了企业管理模式和管理理念。

（二）新生产力三要素

1. 新生产者：知识创造者

麻省理工学院的埃里克·布莱恩约弗森（Erik Brynjolfsson）等提出一个命题：什么是数字经济时代最稀缺的资源？普遍认为，创新型人才是"第二次机器时代"最稀缺的资源，那些具有创新精神并创造出新产品、新服务或新商业模式的人才正成为市场的主要支配力量。

牛津大学调查了美国 702 种工作，并分析了未来 10 年到 20 年被机器取代的可能性，其中 47% 的员工肯定会被替代、19% 的员工有可能被替代。数据生产力的广泛普及，大量体力和脑力的重复性劳动，正在被智能机器和人工智能所替代，人类可以用更少的劳动时间，创造更多的物质财富。当电子商务、工业互联网、分享经济平台、移动 OS 开发平台大幅降低创业创新门槛时，人工智能、大数据、云计算、机器人不断替代人类的重复性劳动，人类必须更加专注创新性工作。

数据生产力激发了每个人的企业家精神，只要我们具备创新要素组合的能力并积极去实践，就是一个具有企业家精神的人。数据生产力厚植了企业家精神的土壤，是一个企业家精神规模化崛起的时代。要从管理者（manager）转型为领导者（leader），每个人不只是一个执行者，更是一个创新者。数据生产力在于激发每一个个体的潜能，实现自我组织、自我管理、自我驱动，通过高效协同去应对各种不确定性。

数据生产力本质是实现人的解放和全面发展。未来，生产力的大发展和物质的极大丰富将把我们带到一个新的社会，无人矿山、无人工厂、无人零售、无人驾驶、无人餐厅将无所不在，人类将不再为基本的衣食住行所困扰，越来越多的产业工人、脑力劳动者将成为知识创造者，人们将有更多的时间和精力满足自己的好奇心。

2. 新生产工具：智能工具

数字经济时代，人类社会改造自然的工具也开始发生革命性的变化，其中最重要的标志是数字技术使劳动工具智能化。工业社会以能量转换为特征的工具逐渐被智能化的工具所驱动，形成了信息社会典型的生产工具——智能工具。智能工具是指具有对信息进行采集、传输、处理、执行能力的工具。

传感器、通信、网络、软件、计算机及人工智能、集成电路、互联网、物联网、大数据、区块链等各类信息技术的重大突破，构建起信息采集、存储、传输、显示、处理全链条产业体系。它的重大意义在于，数字技术的发明替代及延伸了人类的感觉、神经、思维、效应器官，创造出了新的生产工具，即智能工具。

智能工具包括有形智能装备和无形的软件工具。有形的智能装备：工业社会在能量转换工具的发动机、传动机、工作机的基础上，增加了传感、计算、通信和控制系统，传统的能量转换工具被智能化的工具所驱动，使传统的工业社会的生产工具发生了质的变化，人类的智能活动得到了充分的解放和提升。无形的软件工具：如工业设计的计算辅助设计（CAD）、计算机辅助仿真（CAE）、集成电路设计的电子设计自动化工具（EDA）等。新的智能化工具不只是人的体力的延伸，也是人的脑力的延伸。智能工具的使用成为人类迈向数字经济的重要标志。

3. 新生产要素：数据

在每一个社会形态中，核心资源将是每个社会形态中各种社会资源最集中的表现形式，社会主要经济活动围绕着核心资源或其衍生物展开。一个国家或地区经济社会发展的水平、阶段、特征和趋势主要取决于这个国家或地区对核心资源的获取、占有、控制、分配和使用的能力。

在数字经济时代，多数劳动者通过使用智能工具，进行物质和精神产品生产。对生产要素的认识，经历了一个逐步深化的过程，土地、劳动、资本、企业家才能、技术等，都曾被认为是典型的生产要素。数字经济最重要的劳动资料是用"比特"来衡量的数字化信息。人类用于改造自然的生产工具、劳动对象，甚至人类本身都将被数字化的信息所武装，数据赋能的融合要素成为生产要素的核心，整个经济和社会运转被数字化的信息所支撑。在数字经济时代，对数字化信息的获取、占有、控制、分配和使用的能力成为一个国家经济发展水平和发展阶段的重要标志。

数据生产力创造价值的基本逻辑，是面向赛博空间以算法、算力推进隐性数据和知识的显性化，将数据转变为信息，信息转变为知识，知识转变为决策，数据在自动流转中化解复杂系统的不确定性。数据要素的价值不在于数据本身，而在于数据要素与其他要素融合创造的价值，这种赋能的激发效应是指数级的。

（三）数据生产力的本质

数据生产力的核心价值可以归结为"数据＋算力＋算法＝服务"，服务可以分为智能工具和智能决策。智能工具包括有形的智能装备和无形的软件工具；智能决策表现为数据驱动的决策替代经验决策，人工智能可以对物理世界进行状态描述、原因和结果预测、科学决策。"数据＋算力＋算法"将正确的数据（包括新知识）在正确的时间传递给正确的人和机器，以信息流带动技术流、资金流、人才流、物资流，优化资源的配置效率。

2016 年，AlphaGo 的出现是人工智能技术的里程碑。"数据 + 算力 + 算法"所带来的工具革命和决策革命，是一个从局部到全局的过程。从智能的最小单元开始向系统级的演进；从一个单元级的设备到系统级的生产线，再到企业的全面运营，数据生产力的价值在于在数字世界描述企业运营状态、实时分析、科学决策和精准执行。

数据生产力时代最本质的变化是实现了生产全流程、全产业链、全生命周期管理数据的可获取、可分析、可执行。数据的及时性、准确性和完整性不断提升，数据开发利用的深度和广度不断拓展。数据流、物流、资金流的协同水平和集成能力，数据流动的自动化水平，成为企业未来核心竞争力的来源。

埃隆·马斯克（Elon Musk）的 SpaceX 完美地呈现了数据生产力价值。2020 年，SpaceX 实现了载人航天，完成美国太空发射活动的 68.3%。马斯克在公司官网发布的信件提到，从 1970 年到 2000 年，向太空发射 1 千克的成本相当稳定，平均每千克 1.85 万美元。SpaceX 每千克的成本仅为 2720 美元。火箭发动机研制 75% 的成本在"试验、失败、修改"，SpaceX 在产品开发早期阶段通过数字空间的模拟仿真，大幅降低了研制成本，缩短了周期，提高了研发效率和产品质量。

智能是主体适应、改变、选择环境的各种行为能力。这种行为能力在数据生产力时代体现为多种主体精准、实时、低成本的决策能力。企业构建基于数据生产力的智能化高效精准决策运营体系，其本质是对物理世界的重新解构和深度运营。

二、数据生产力：增长的新动能

单独依靠某一种生产要素将很难实现对经济增长的推动作用，数据要素创造价值不是数据本身，数据只有和基于商业实践的算法、模型聚合在一起的时候才能创造价值。数据和算法、模型结合起来创造价值有以下三种模式。

第一种是价值倍增。数据要素能够提高单一要素的生产效率，数据要素融入劳动、资本、技术等每个单一要素，每个单一要素的价值会倍增。

第二种是资源优化。数据要素不仅带来了劳动、资本、技术等单一要素的倍增效应，而且更重要的是提高了劳动、资本、技术、土地这些传统要素之间的资源配置效率。数据生产不了馒头、生产不了汽车、生产不了房子，但是数据可以低成本、高效率、高质量地生产馒头、汽车、房子，高效率地提供公共服务。数据要素推动传统生产要素革命性聚变与裂变，成为驱动经济持续增长的关键因素。这才是数据要素真正的价值所在。

第三种是激发创新。数据可以激活其他要素，提高产品、商业模式的创新能力，以及个体及组织的创新活力。数据要素可以用更少的物质资源创造更多的物质财富和服务，会对传统的生产要素产生替代效应。移动支付会替代传统 ATM（自动取款机）和营业场所，BCG（波士顿咨询公司）估计，过去 10 年由于互联网和移动支付的普及，中国至少减少了 1 万亿个传统线下支付基础设施。电子商务减少了传统商业基础设施的大规模投入，政务"最多跑一次"减少了人力和资源消耗，数据要素用更少的投入创造了更高的价值。

（一）从实验验证到模拟择优

人类社会认识客观世界的方法论已经经历四个阶段，从"观察＋抽象＋数学"的理论推理阶段到"假设＋实验＋归纳"的实验验证阶段，再到"样本数据＋机理模型"的模拟择优阶段，目前已进入"海量数据＋科学建模分析"的大数据阶段，即采用"数据＋算法"的模式，通过大数据去发现物理世界的新规律。

在传统的产业创新中，无论是产品研发、工艺优化还是流程再造，都要进行大量的实验验证。通常来说，实验验证过程复杂、周期长、费用高、风险大，产业创新往往是一项投入大、回报率低的工程。数据生产力对人类社会最大的改变，就是通过数字孪生等技术将人类赖以生存的物理世界不断数字化，并在赛博空间建立虚拟镜像，赛博空间的实时高效、零边际成本、灵活构架等特点和优势，为产业创新带来了极大的便利性。

从效率来看，基于数字仿真的"模拟择优"，使产业创新活动在赛博空间快速迭代，促使创新活动在时间和空间上交叉、重组和优化，大幅缩短新技术产品从研发、小试、中试到量产的周期。

从主体来看，基于数字仿真的"模拟择优"，推动了大量数字平台的产生，降低了创新创业的门槛和成本，使大众创业者能够依托平台，充分利用产业资源开展创新活动，直接参与产品构思、设计、制造、改进等环节，真正实现现实意义的万众创新。

从流程来看，数据分析技术的快速发展，促进"需求—数据—功能—创意—产品"链条数据联动的逆向传播，生产过程的参与主体从生产者向产消者演进，个性化定制模式的兴起让消费者全程参与生产，消费者的发言权和影响力不断提升，以往以生产者为中心的正向整合生产要素的创新流程，正在向着以消费者为中心的逆向整合生产要素的创新流程转变。

（二）从规模经济到范围经济

在传统的经济发展中，尤其是工业经济的发展中，主要是强调单一产品生产规模扩大，产品的平均成本会逐步下降，这是一种追求单一产品成本弱增性的规模经济模式。

数据生产力的发展，则更加强调在资源共享条件下，长尾中蕴含的多品种产品协调满足客户的个性化需求，以及企业、产业间的分工协作带来的经济效益，这是一种追求多品种产品成本弱增性的范围经济模式。在数据生产力带来的范围经济发展中，生产运行方式、组织管理模式、服务方式都会发生根本性变化。

从 2013 年通用电气（GE）的 Predix 到 2016 年西门子的 Mind Sphere，工业企业的百年老店开启新一轮艰难而不能回头的转型。全球进入新一轮新型基础设施安装期，基于"IoT化＋云化＋中台化＋App化"的新架构逐渐取代传统的IT架构，加速全要素、全产业链、全价值链的数字化、网络化、智能化，无论是全球的互联网、ICT企业，还是金融、娱乐、制造企业，无一例外地将投入这场技术和产业大变革的洪流中。企业开始从业务数字化向数据业务化拓展。因数而智，化智为能，数智化转型的大幕已经开启。

（三）从雇员到自由连接体

越来越多的个体都将成为知识工作者，个体的工作与生活也将更加柔性化，逐渐呈现出自由连接体的新形态。人人都将是某个领域的专家，这将让个体的潜能得到极大释放，每个人的特长都可以方便地在市场上"兑现"。同时，类似于工作、生活、学习一体化的SOHO式工作、弹性工作等新形态将更为普遍。当然，"人人都是专家""人人也都必须要成为专家"，这既意味着某一能力的优异，也意味着要像专家那样"每个人都是自己的CEO"——自我驱动、自我监督、自我管理、自我提升。

如果放眼更长远的未来，"个体作为经济主体的崛起"，更是一个宏大历史进程的一部分。弗里德曼在《世界是平的》一书中也提到："如果说全球化1.0版本的主要动力是国家，全球化2.0版本的主要动力是公司，那么全球化3.0版本的独特动力就是个人在全球范围内的合作与竞争……全世界的人们马上开始觉醒，意识到他们拥有了前所未有的力量，可以作为一个个人走向全球；他们要与这个地球上其他的个人进行竞争，同时有更多的机会与之进行合作。"

（四）从技术密集到数据密集

企业竞争的本质是在不确定环境下为谋求自身生存与发展而展开的对资源争夺的较量。对企业在劳动、技术、数据等不同生产要素构成的比重差异分析中可以发现，技术正逐渐向数据让渡，处于企业竞争核心要素的地位。企业竞争正从要素、市场、技术等资源竞争向数据竞争转变，数据成为企业占据产业竞争制高点的核心驱动要素。

从数据资源的角度来看，当感知无所不在、连接无所不在时，数据也将无所不在。所有的生产装备、感知设备、联网终端，包括生产者本身都在源源不断地产生数据资源，这些资源渗透到产品设计、建模、工艺、维护等全生命周期，企业生产、运营、管理、服务等各个环节，以及供应商、合作伙伴、客户等全价值链，成为企业生产运营的基石。

从数据管理的角度来看，数字化转型逐渐成为企业在数字经济时代的必经之路，而数据管理能力则是数字化转型中的核心能力。数据主导的竞争态势要求企业将数据提升至会计、财务、管理、运营等职能同样的战略定位，并将在未来成为企业运作的基本能力。

从数据驱动的角度来看，企业通过分散在设计、生产、采购、销售、经营及财务等部门的业务系统对生产全过程、产品全生命周期、供应链各环节的数据进行采集、存储、分析、挖掘，确保企业内的所有部门以相同的数据协同工作，从而通过数据驱动，实现生产、业务、管理和决策等过程的优化，提升企业的生产运营效率。

（五）从公司到"数字经济体"

工业革命孕育的市场经济本质是如何在高度不确定性的环境中实现科学决策。哈耶克认为，市场经济就是一个信息处理系统，大量独立个体通过价格发现机制，基于各种有限的、当地化的、碎片化的信息进行决策，优化资源配置。工业时代的公司，基本遵循线性的（价值链、产业链、供应链等）组织方式和流程。

进入数字经济时代，人类大规模协作的广度、深度、频率进入了一个新阶段。工业化不断升级，新的协作组织不断涌现，需求方面临着海量千差万别的供给信息，供给方面临着海量千变万化的消费需求，无论是生产方、消费方，还是需求方、供给方，以及成千上万的市场经济活动的相关参与者，都被融入数字经济体之中。

从人人互联到万物互联，从人工智能到区块链，人类正在重建外部世界信息感知、传播、获取、利用体系，重构分工协作的基础设施。信息在组织内部的管理、监督以及外部交易、协作中的成本不断降低，协作模式不断创新，企业边界正在被重新定义，科层组织正在被瓦解，产消者（prosumer）不断涌现，微粒社会正在来临，平台经济体迅速崛起，人类社会已经从工业社会百万量级的协作生产体系演进到数千万、数亿人的合作，这也带来了产业分工不断深化。

而数字经济体则表现为"云端制"的组织方式："超级平台＋数亿用户＋海量商家＋海量服务商"。这是一种超大规模、精细灵敏、自动自发、无远弗届的大规模协作的组织方式，也是一种人类历史上从未达到过的"分工／协作"的高级阶段。

"双十一"是阿里平台数亿消费者、3600万个各类主体广泛参与的协作体系。网络协同效应正在打破传统管理的规模经济，对原有的生产组织体系、企业边界以及劳动雇佣关系形成了新一轮的冲击。波音公司制造的"梦幻787"飞机研发生产实现了来自6个国家100多家供应商数万人的在线协同研发，中国网约车巨头每天也实现了2000万级出行人口与司机的业务协同。

三、数字治理体系趋势

今天，数据生产力的发展，正在呼唤与之相应的生产关系加速变革。加快发展、构建面向数字时代的治理体系，不断创新与数据生产力相适应的治理原则、治理方式，已经成为全球范围内越来越迫切的时代命题。2020年，这一领域的整体演进，可以概括为：在众多热点中，越来越多的"真问题"已经浮现出来，并得到了有效讨论；围绕新的治理原则和治理方式，一些领域已经形成了初步共识。

（一）方式：协同化、平台化

在对治理领域热点和难点问题的实践探索中，一些关于治理方式的

"最佳实践"已经浮现出来。

1. 协同治理

数据生产力是一个去中心化、多元参与的生态化体系，每个主体都有更多平等参与的机会，与这一生产力体系相适应的，必然是多方参与的协同治理。传统的集中化、单向化、侧重控制的封闭式管理将无法适应数字生产力的发展，多元参与的生态式、协同化治理才是新型生产力的要求。

2. 大数据治理

大数据治理是指充分运用大数据、云计算、人工智能等先进技术，实现治理手段的智能化。例如，城市交通治理运用交通实时大数据分析车流量，可以减少拥堵。再如，面对海量商品、海量卖家和买家实时交易、碎片化交易等特点，利用传统的管理方式已无法应对"假货、炒信"等新情况，而采用图片识别技术、先进算法、大数据分析等方法，可较好地发现问题、解决问题。

3. 平台治理

平台治理是指应合理界定政府、平台、第三方的责任，发挥平台的枢纽作用，对与平台相关的问题进行治理。近年来，阿里巴巴和各方共创的"技术赋能＋多元共治"取得了良好成效：2019年阿里平台上96%疑似侵权链接一上线即被封杀；每万笔交易疑似侵权商品量仅1.03笔，5年内下降67%。2019年12月，国家知识产权局发布《中国电子商务知识产权发展研究报告（2019）》，首次将"技术赋能＋多元共治"的假货治理阿里模式作为中国经验、中国样本在全社会推广。

（二）原则：服务创新和发展

在很多场景下，数据生产力的快速发展为原有治理体系带来"两难"甚至是"多难"，这就需要对数据治理的底层理念、原则、程序，不断凝聚和达成共识。梳理近年来的研究可以发现，以下原则正在成为新治理体系的核心原则。

促进创新原则：在线购物、科技金融、云计算、无人驾驶等，无一不是创新的成果。创新是数据生产力最重要的特征。创新带来了经济繁荣，创新提高了社会福利。未来，数据生产力进一步的发展深化，也必须依靠创新、促进创新。

主体公平原则：数据生产力能够充分为小微企业、个人参与经济活动赋能。小微企业、年轻人、普通个体，甚至残疾人，在数据生产力的体系下都应该也能够拥有公平化、普惠化的权利和能力。

技术中立原则：为促进平台等新"物种"的生存和发展，应坚持技术中立原则。平台是数据生产力体系的重要载体，平台责权利的合理界定，不仅关系着平台这种组织形态的发展，也关系着数据生产力的未来。

福利最大化原则：数据生产力的发展，不可避免地会带来新与旧、先进与落后、发展与保守的对立与摩擦，如数据分享和保护的矛盾、跨境电商与传统国际贸易的矛盾。面对多难的选择，应考虑社会总成本、总福利，使社会总成本最小化、总福利最大化。

（三）从零和博弈到激励相容

在数据治理的流程上，应充分认识到数据问题的复杂性，在政策制定流程中充分评估数据政策可能带来的经济社会影响，避免伤害创新和就业等。很多案例已经证明，理想化的监管设计，却有可能带来形式主义、执法成本猛升、小企业无力合规等意料之外的影响。GDPR给欧盟高科技领域的创业、投资、就业等带来的负面影响，已经凸显出来，值得重视。很多研究者也已经认识到，在数据治理领域，走向对立化的零和游戏，远不如追求激励相容更为现实。

1. 数据权属

从数据权属来看，相较于以动产和不动产为典型代表的传统财产，数据在物理属性上的可复制性、数据来源上的开放性，以及蕴含多元价值之间的非竞争性等特征，决定了以强调静态归属和排他性效力为核心的传统产权理论，已无法直接适用于对数据价值归属的判断。应根据数据自身特性，在综合考量相关主体围绕数据产生的利益诉求的基础上，探索建立一套以数据记录者、加工者的数据财产权益为基础，公平、高效且激励相容的数据价值分配机制。个人数据不仅关涉信息主体的个人利益，还蕴含着极为丰富的社会和经济价值，一味强调对个人数据的控制权，将可能引发个人数据资源闲置的"反公地悲剧"。

2. 政务数据共享

从数据的价值创造机制来看，数据只有充分流动，才能发挥其价值，才能为个人、企业、社会带来福利。从政务数据开放来看，由于政务数据供给不足，数据红利尚未充分释放。一些部门尚未充分认清政务数据开放的公共服务属性，缺乏主动开放数据的意识和动力，高价值数据（如信用、卫生、医疗、企业登记、行政许可、交通、就业、社保等）的开放比例不高。从数据协作共享来看，政府与社会主体间缺乏法治化的数据协作共享机制，还存在一些具有公共属性的数据，并无明确法律依据要求其按期报送。

3. 产业竞争新阶段

动态竞争、高频创新是数据生产力时代的最大特点。动态竞争，是指对某一相关市场而言，技术创新和商业创新不断打破市场格局的相对稳定性和静止性，使其不断在整体上发生较大改变或根本性改变，在一定时期内呈现不断变动的特征，从而使竞争的范围不断发生改变。从时间跨度来看，动态竞争并不是暂时的，而是长期存在的；从强度来看，有的表现为颠覆性变化，有的则表现为渐进式改变。

数据生产力的创新和竞争正是如此。从所谓的"数据拥有"角度看，过去20多年来的高速数字化进程，在消费端沉淀了一定规模的数据量。但实际上，我国80%的信息资源掌握在政府部门手里。同时，随着接下来工业互联网、物联网、5G、企业数字化等的快速发展，很快就将在供给端产生更大规模、更高数量级、更高价值密度的数据。因此，仅就当前的数据规模和类型去讨论"数据拥有或控制"是远远不够的。

在数据治理的路径和方式上，应坚持独立自主，从我国国情出发，不能简单复制他国的经验和做法。尤其是面对快速演变的数字技术，数据治理还应为未来的技术创新留下空间，在治理主体上则应更多依靠产业和企业自治。

世界从来没有像今天这样丰富多彩且充满了不确定性。人类迈入数字经济 2.0 时代，在很短的时间内，成长出一批巨型数字经济体，如美国的谷歌、Facebook、亚马逊、苹果，中国的阿里巴巴、腾讯、百度，深刻地改变着人们的生产、生活和学习方式，对国家竞争、市场竞争产生深刻影响。以"数据＋算力＋算法"定义的"数据生产力"潮流正滚滚而来，它将指引人们重新理解、认识并重构这个不确定性的世界，带来更广范围、更深层次、更大冲击的变革，一个崭新的数字经济时代即将到来。

数字化技术引发的信用革命

丁化美[*]

历史上首次对征信的确切描述，可追溯到 2400 多年前。《左传》云：
"君子之言，信而有征。"

作为人类社会发展的基础和市场经济的基石，信用受到社会各界的普遍重视。但在社会信用的建设与发展过程中始终面临各种严峻挑战，比如，当前我国企业恶意逃废债现象普遍、银行不良资产总量居高不下、金融行业信用缺失等问题越来越突出。为解决这些问题，国家投资设立和培育了大量的征信机构、增信机构和评级机构等第三方信用服务机构，然而问题并未得到根本性解决。相反，由于第三方信用服务机构提供的信用服务又引发了新的信用问题，如第三方公信力不够引发的信用问题和信用链条的不断延长，进一步增加了信用成本等。全社会都呼唤信用回归初心，期望建立健康有效的信用机制。

科学技术是第一生产力，创新是社会发展的根本动力。新时代以区块链、大数据、人工智能、云计算和物联网为代表的数字化技术迅猛发展，正在引领社会经济各方面的变革，也必将引发信用体系的革命。

---

* 丁化美，天津金融资产交易所董事、总裁，天津金融资产登记结算公司董事长。

一、我国信用体系发展面临的四大挑战

"人无信不立、业无信不兴、国无信不强。"现代市场经济条件下，信用不仅是个人私德与品行，也是经济良性运转的前提、社会稳定有序的基础。在日益多样和复杂的社会交往中，人们逐渐认识到信用的重要性，形成了遵守社会信用规则的意识。

然而"信息孤岛"和信息失真现象依然存在；信用成本不降反升、信用效率不升反降；行业信用解决方案的不断更新和发展，没有有效解决当前问题，甚至引发了更深层次的信用问题；建立完善的信用体系不但越来越困难，还呈现出显著的"波纹效应"。这些都是信用体系建设绕不开、躲不过的难题，需要在信用体系建设中加以解决。

（一）部分行业的"信息孤岛"现象依然存在

"信息孤岛"根源上形成信息不对称，从而无法全面客观地反映企业或个人的信用面貌，直接导致信用不对称。当前，包括政府、企业和个人在内的社会各界对于打破"信息孤岛"的重要性、迫切性已经达成共识。然而部分行业的信息采集场景分裂、缺乏有效的数据共享通道直接导致"信息孤岛"现象。

成熟的征信市场中，原始数据的采集并非征信产业链中的核心环节。然而中国征信市场获取信用数据的渠道极其有限，并且缺乏专业的数据提供商或交易平台，导致征信机构对于数据源的占有成了关键竞争优势，并在采集数据上耗费了大量成本。各家机构把持各自的信息数据，使信息采集场景呈现出分裂状态，从根源上形成信息不对称。

数据共享的设想提出已有多年，然而由于数据安全保护等法律法规不健全、数据确权难、数据共享标准和共享利益机制缺失、企业商业利益引发共享动力不足等原因，导致各机构、各部门的信息共享不充分。目前工商、司法、公益等信息已经向全社会开放，但是公共政务信息的开放程度仍然不高，并且政府部门信息的公开过程复杂而漫长。长期合规文化氛围，导致传统金融机构的数据开放流程异常烦琐和低效。掌握着大量真实信息的互联网企业视数据为立业之本，数据的共享可能性低。"信息孤岛"的存在大大降低信用数据的使用率，直接导致信用不对称。

（二）部分信息失真，影响了社会信用生态基础

信息失真，特别是欺诈信息的嵌入将导致企业信用风险出现失真现象，进而导致市场信用机制失效，引发更多的信用问题。

发布或者传播虚假信息，是当前信息失真最突出的表现。我国企业的信息披露制度经历了从无到有，并形成了比较完善的体系，但是现在企业的信息披露仍然存在诸多问题。典型的现象是许多企业发布虚假信息夸大经营业务，如瑞幸咖啡的经营数据造假、康美药业财务造假等。另外，互联网金融企业发布虚假信息，庞氏骗局和非法集资现象依然存在，如涉案700亿元的"e租宝"、涉案500亿元的"钱宝网"等，给社会造成巨大危害。

信息时代的新商业让信息失真变得更多样，且更具欺骗性。随着移动电子设备越来越普及，电商、本地生活服务商等新商业越来越受到大家欢迎。为更好地破解交易双方信息不对称，为消费者购买提供有效决策，平台方建立了店家的信用评价体系，根据店家销量和顾客评论等指标对店家进行信用等级评估。然而，正是这一设计，让很多店家通过各种或明或暗的方法操纵销量和评论，从而达到提高信用得分的目的，进而获得更多的销量和更好的评价。这样的结果就是信用信息失真，商业生态受到伤害。信息失真，给使用者提供虚假情况，给决策者带来不利影响，并将影响经济活动的正常运行，动摇社会信用生态基础。

（三）信用体系建设一定程度上偏离了发展初心

信用体系的目标是降本增效，但当前中国的信用体系建设，不是从

根本上去探究问题、寻找答案的信用发展路径，这让信用体系偏离了发展初心。信用发展的初心，是缓解信息不对称、减少交易成本、提高交易效率、维护金融稳定和改良社会生态。随着信用体系建设不断加快，社会信用的触角，已经延伸到居民生活的方方面面，随之而来的是信用范围不断泛化、信用惩戒过于随意、社会信用陷入证明困境的担忧，信用逐渐迷失。

一方面，遇到各类社会问题，简单以文明、道德、诚信之名，纳入信用范畴。比如闯红灯、没有"常回家看看"等日常事项，简单纳入信用管理的范围，加大了信用管理的成本。另一方面，有些地方信用惩戒较为随意。在一些地方，失信处罚包括限制子女入学、申请信贷等，严厉程度不下于惩治违法。同时将一些本不应当纳入信用惩戒范围的人员，也被强制纳入"黑名单"之中，给他们造成了极其不利的影响。同时奇葩证明、循环证明、重复证明等现象不时出现，大大增加了企业和个人的办事成本，增加了办事机关的行政成本，进而增加了整个社会的信用成本，偏离信用发展的初心。

（四）把信用服务交给第三方可能形成新的信用发展难题

把信用服务交给第三方，还可能引发新的信息不对称问题，产生新的信用发展难题。我国的第三方信用服务机构起步较晚，尚处于初期发展阶段，信用服务机构评级专业性不强、评级质量不高、评级结果有待检验、评级机构自身的社会公信度不高。业务开展方面，评级机构小而杂，各机构的信息孤岛，让信用服务无法真实有效反映企业或个人全部的信用面貌，直接造成评级质量不高。市场竞争方面，我国的评级机构盈利模式单一，市场竞争异常激烈，依然存在"以级定价、以价定级"等评级乱象，信用服务市场亟须规范整顿。

与此同时，我国信用评级业的监管机构多元化，处于多头监管的状态，不利于行业的规模化和规范化。近年来，我国债券违约事件频发，而发债主体信用评级却非常亮丽，此鲜明对比也印证了第三方信用服务机构自身的信用窘境。第三方信用服务机构，不仅没有很好地缓解信息不对称从而解决信用问题，反而制造了新的信用问题。

以上诸多挑战和问题，表明当前的信用体系建设依然任重道远，急需一场信用革命，改变当前信用现状。

二、数字化技术引发的信用体系变革

科学技术的进步，为解决社会问题提供了新方法。互联网技术推动了行业信息不对称问题的解决，数字化技术推动了信用不对称问题的解决。在改变信用困境的问题上，数字化技术展现出非凡魅力。

数字化技术作为一个技术体系，主要包括区块链、大数据、人工智能、云计算、物联网等技术。大数据技术为数字资源，云计算技术为数字设备，物联网技术为数字传输，区块链技术为数字信息，人工智能技术为数字智能，五大数字技术是一个整体，相互融合。以区块链、大数据、人工智能、云计算等为代表的数字化技术加速突破应用，正在迅速改变社会，成为推动信用信息流动、创新信用场景落地、孕育信用体系新动能新特征、夯实信用体系建设的重要力量，信用体系变革应运而生。

（一）数字化技术加速社会信用信息流动，实现数据要素生产率提升

数字技术的普及应用加速了社会信用信息流动，筑牢信用体系建设的数据基础，实现数据要素生产率提升。

5G 等数字化基础设施建设提速，正在引领着以网络技术为主要代表的新一代信息通信技术快速发展，区块链、云计算、大数据、人工智能等数字技术成为推动信用体系建设的先导力量。区块链的分布式记账技术从根本上改变了中心化的信用创建方式，通过算法证明机制，保证整个网络的安全，从而实现系统中所有节点在可信的环境下自动安全地交换数据，在拓展数据来源的同时，保证了本地数据的真实可信，加速了

社会信用信息流动，筑牢了信用体系建设的数据基础。云计算的普及应用，改变了数据基础设施的投资、建设和运维模式，降低了建设和运维成本，缩短了建设周期，提升了基础设施承载能力，促进了信用体系信息化建设。大数据技术的推广和应用，夯实了信用数据基础，释放了数据资源红利，提高了运营决策预见性。人工智能的推广和应用，提高了对信用数据的实时感知、自主分析和处理能力，提升了信用体系数字化建设的智能水平，实现了数据要素生产率提升。

5G 等数字化基础设施的普及应用，正在引领社会信用信息流转体系的快速形成，增加了区块链、云计算、大数据、人工智能在信用领域中的广泛应用，促进了以数智化为主要特征的信用体系建设的发展。区块链技术的发展更是让信用体系如虎添翼，区块链作为新基建数字经济的基础设施，不仅是含有数字属性的基础设施，也是包含了信任的基础设施，对数据的生产、传递、存储、管理、使用、验证带来了全方位的升级。同时，区块链技术带来的数据难篡改、可溯源、可共治等特点为信用体系数据建设打下坚实基础。云计算、大数据、人工智能等技术的发展，提高了信用场景化应用的决策效率，促进了信用决策的智能化，引领了信用体系建设朝着更高层次、更高水平的不断发展。

目前天津金融资产交易所、天津金融资产登记结算公司（以下简称天金所、天金登）成功打造司法存证链，实现链上存证数字化，可供与平台实现链接的人民法院、仲裁委员会等争议解决机构采信，完善信用体系建设数据基础。

（二）数字化技术为信用业务落地提供新方向，促进信用体系建设转型升级

数字技术的迅猛发展促进了信用体系建设全面转型升级，为信用业务的场景落地提供了新方向。

以数字化、网络化、智能化为特征的数字技术迅猛发展，促进了信用领域数据、技术、人才等创新资源的汇聚，加快了信用基础设施建设，

促进了信用体系建设全面转型升级。数字化是发挥数据生产要素价值的前提，是社会信用体系建设的基础支撑。信用数字化建设，是数字社会建设的重要组成部分，是改善市场信用环境、降低交易成本、促进社会互信的重要举措。网络化是信用体系建设的重要保障，织就的是一张多领域、全方位、跨区域的信用网络，实现信用数据共享共用，是打破"信息孤岛"、拓展信用边界、完善信用支撑体系的主要抓手。智能化是信用体系建设的关键，是信用体系建设全面转型升级的目标和方向，智能化水平决定了社会信用体系运行效率。

以网络信息科技为引领的数字技术集成创新，推进了技术集成创新应用，为信用业务落地培育了丰富多彩的场景。区块链、云计算、大数据等技术综合集成创新，让公共事务、行政管理、资产交易、司法确权、产业供应链融资等场景具备数据采集、线上鉴证、数据存储、智能分析等多种功能，为实时全面动态地掌握信用趋势提供强大的技术支撑，增强信用体系的及时性和有效性，提高了"信用+"场景信用业务落地的适应性。

目前天金所、天金登充分抓住数字科技机遇，依托金融市场的特性，根据煤炭产业链上下游企业的需求，打造煤炭数字供应链，为中小企业提供多样化金融服务，探索信用体系建设产业化落地新模式。

（三）数字化技术孕育信用建设新动能，培育信用体系新特征

随着以区块链为引领的数字技术自主创新能力的全面增强，信用体系建设新动能孕育而生，自证、公信成为信用体系建设的新特征。

区块链借助其技术特性已成为数据生产要素化、数据资产化的理想支撑。以区块链为引领的数字技术原始创新，推进了技术集成创新应用，构建和完善一个安全、高效、易监管的数智化信用体系的同时，也打开了信用业务落地的广阔空间。区块链颠覆了信用体系中心化的组织形式，区块链技术的身份识别、共识机制、不可篡改、去中心化、不依赖第三方的特点，以极低的成本重新塑造了信任模式，实现了传统信用体系组织模式中心化向分布式的加速转变。区块链促进了信用业务服务模式创

新，区块链是世界账本，是事实机器，是信任协议，是结算方法，在大幅降低了信用成本的同时，让存证经济、通证经济在社会经济的各个领域各个环节发挥着关键作用，实现了信用服务的裂变和创新。区块链促进了企业商业模式的创新，基于区块链的私有链、联盟链及公有链部署组织方式，结合去中心化、不可篡改、实时监测等技术特点，重构实体经济，帮助个人、企业、产业链等降低交易成本，增强信任和提高交易灵活性，实现"信用+"商业模式推陈出新、与时俱进。

以区块链为引领的数字技术自主创新能力的全面增强，实现了传统信用由他证向自证、由共信向公信的特征转变。传统的信用方式是由第三方充当信任中介，第三方即整个信任网络的中心，所有的交易都是通过这个中心来完成。传统的信用模式导致少数中心化的机构掌握了多数的价值，同时各中心之间存在信息鸿沟，信息价值的流通不仅受制于中心化机构的体系要求，也受到服务地域、法律监管等多方面的限制，从而形成了"他证"的证明方式和中心辐射范围内的"共信"特征，整个信用体系甚至出现了低效率、高成本的问题。区块链技术让链上的数据信息成为无可争议的事实，其易校验的特点，让"自证"具备"他证"同等的信任效力，让中心范围内的"共性"成为整个信用生态的"公信"。自证与公信的特征升级，促进了不同行业、不同领域、不同地域的跨界合作，打破了各中心的组织边界，进一步推动信用体系建设。

（四）网络安全夯实信用体系建设基石

网络安全能力显著提升，筑牢了信用数据安全发展的保障；信息安全与数智化建设并驾齐驱，夯实了信用体系建设的双基石。

网络安全能力提升促进了技术的普遍应用，信息通信技术与信用体系加速融合发展，大大释放了信用领域的新一代信息通信技术红利。数字时代，大数据成为商业决策和商业行为的重要参考和决策依据，个人信息的收集和使用给互联网平台带来巨大经济利益的同时，也给信用信息的采集、传输、存储和使用带来了巨大的安全隐患。随着信用信息应用领域的不断拓展，重要性和价值不断提升，部分信息特别是个人信用信息包含了大量敏感甚至是信息主体的隐私，信用信息的安全防护成为信用网络应用和信用服务落地的先决条件，是收获信用领域数字技术红利的前提。

网络安全能力提升是数字技术裂变和信用商业模式创新的保障。新技术的推广和使用，必将带来新的安全隐患。数字技术的快速发展和规模化落地，将网络安全的重心从网络边界防护转向数据保护等多个层面。信用信息基础设施和信息系统的安全平稳运行，是数字技术应用和信用数据安全发展的保障，将加速数字技术场景裂变，有力地带动信用信息化水平大幅提升，为信用业务创新和场景创新奠定了基础。

网络安全能力提升维护了信用网络秩序，信用网络规则、秩序和惩戒机制逐步完善，保障了信用经济健康发展。网络安全法、数据保护法等方面法制法规的陆续出台，有力地充实了依法办网、依法管网、依法治网的法律依据，对信用领域网络犯罪起到了严厉的震慑作用，有效地维护了信用网络空间秩序。网络平台安全自身管理能力和水平不断提升，平台自律、自治和突发事件应急能力不断增强，同时提升了监管部门监管能力，对维护信用网络空间安全环境起到了至关重要的作用。网络联合惩戒机制逐步建立，促进了信用领域网络违法犯罪信息的共建共享，为维护网络空间秩序和惩治网络犯罪提供了有效手段，促进了信用经济网络健康发展。

区块链、大数据、人工智能、云计算、物联网等数字化技术的新变革，赋予了时代数字化、网络化、智能化的新属性，解决了数据安全真实可信问题，实现了数据的全域跟踪溯源，提供了数据开放共享新模式，实现了数据智能和数据价值最大化，进而引发了信用体系建设的重大变革。

三、数字时代信用体系建设的政策建议

当前我国正处在新的历史起点上，开启建设数字化信用生态体系的新征程，坚持创新技术引领，重点要在"管""放""创"上下功夫，巩固

信用体系建设成果，增强我国信用体制的活力，推动我国信用体系建设规范、有序、健康发展，从而保障社会秩序和市场经济正常运行和发展。

（一）加快信用立法，让信用体系建设有法可依，进一步实现信用领域良法善治

我国社会信用体系建设取得重要进展，但国家层面的信用立法相对滞后。截至 2020 年，已经有包括上海、河南、山东在内的 8 个省市建立了地方信用法规，但在国家层面，除了 2013 年颁布的《征信业管理条例》和 2014 年颁布的《企业信息公示暂行条例》外，近 5 年来，没有出台新的全国性信用法规，严重滞后于社会信用体系建设实践。

要想规范信用体系建设，要在"管"上下功夫。社会信用立法是社会信用体系建设的关键性工程，是规范市场经济运行的重要抓手。明确信用信息范围，规范市场信用信息采集、存储、传输与应用，确立守信激励与失信惩戒的内容与措施，是规范和促进信用服务行业发展的前提和关键，是信用体系建设的重要组成部分。明确各级监管部门、数据方、服务主体之间的权力边界、行为规范，加强信用相关市场机制建设，是各部门协同发展的基础，是维护健康的市场竞争环境、确保信用业务有序推进的重要保障。

加快社会信用立法，为信用业务落地保驾护航，是信用服务方合法合规的定心丸，进一步构建信用领域的社会共治格局，实现信用领域良法善治。

（二）积极推动公共数据开放，广泛应用数字科技新手段，完善信用体系数字基础设施建设

自 2019 年 8 月上海发布《上海市公共数据开放暂行办法》以来，浙江、深圳等多省市完成了公共数据立法，切实对公共数据的合法获取、规范使用、权益归属划定了权限，积极推动了公共数据开放。大数据是数字时代发展的基石，公共数据是营商环境的重要组成部分，公共数据开放极大地提升了政府数据的利用效率、推动了信用经济创新发展，是

信用体系建设的关键工程。政府数据开放实现数据资源向市场开放，有序推进政府、市场与社会对数据资源的合作开发和综合利用，将消除信息鸿沟、数字鸿沟和信任鸿沟，将重构生产关系和价值链；公共数据开放作为实现数字要素价值最大化的有效手段，实现政府和社会公众跨时空、跨层级、跨行业的信息共享与业务协同，带动各生产要素集约化利用，转变经济发展方式，有力推动信用场景落地和业务创新发展。建议在前期公共数据开放的实践经验上，加快推动公共数据开放共享。

目前，我国在某些领域和某些地区已经建成比较发达的信用信息服务平台，例如中国人民银行征信中心基于互联网运行建设的个人信用信息服务平台、商务部中国国际电子商务中心建设的全国行业信用公共服务平台、北京市建设的北京市公共信用信息服务平台。建议广泛应用联邦学习等数字科技新手段，探索数据流通与多元数据融合的实现途径，充分利用现有数据平台，打破部门和地区壁垒，实现信用数据资源整合，用好用满现有的数字基础设施，加速信用体系数字建设进程。

（三）鼓励信用场景创新，实现信用服务升级，鼓励更多主体参与信用建设，推动全社会各领域信用协同发展

数字化是一个时代，是一个统一标准的时代。每一个场景的落地，都是一个锚点。场景的突破和落地，才能真正实现数据要素产业的兴起，实现国家战略，引领时代浪潮。

信用经济以创新谋发展，信用经济发展的趋势必然是场景创新和业务升级。信用场景创新既有利于突破传统信用服务模式，又可为信用经济增长培育新动力、开辟新空间。场景不断创新、数字技术快速发展，将从组织架构、管理运营方式、服务模式等多方面、全方位推动业务转型与升级。推进信用场景创新、信用服务应用，探索创新信用服务方式和种类，是进一步降低信任成本、提高社会经济运转效率的重要方式，是信用经济服务社会经济发展的重要方向。

鼓励信用场景创新，既是鼓励信用业务多场景落地，也是鼓励更多

主体参与信用建设。一方面，社会信用体系建设的主要原则是政府推动、社会共建，社会力量是重要的建设者。社会力量参与信用体系建设，不仅需要鼓励更多的企业参与守信制度建设，更需要鼓励更多的企业发挥自身独特场景和技术优势，充实到信用机构中去，作为信用体系建设的重要补充，夯实信用体系建设。另一方面，人才是我国经济社会发展的第一资源，信用体系建设离不开信用人才。一个融合、协同、共享的信用生态环境，不仅要有更多的数据、更高水平的技术，更重要的是要有更多的人才参与其中，从而创造一个更具活力的信用生态系统。培养高素质的信用专业人才，为社会信用体系建设提供坚实的"智力"后盾。

随着城镇化进程不断加快，我国已经完成了从"熟人社会"向"陌生人社会"的转型，信用风险加剧和信任危机频现，迫切要求加快社会信用体系建设。数字时代的信用体系建设，将从根本上推进我国信用经济发展，以新动能、新方向、新特征、新安全塑造融合、协调、共享的社会信用生态，进一步规范社会主义市场经济秩序，保证我国经济和社会有序良好发展，促进社会文明进步，提升社会治理能力、完善国家治理体系，为实现"两个一百年"奋斗目标和中华民族伟大复兴的中国梦提供强大的信用基础保障。

🔍 案例一 ────────────────────────────

打造司法存证链，完善信用体系建设数据基础

2019 年 12 月，天金所、天金登联合中国政法大学成立中国首个专注于"区块链＋司法存证"研究的司法存证实验室——中政司法存证实验室，专注于开展司法存证领域课题的研究与实践，通过凝聚金融机构、高校研究机构、仲裁机构等各方面力量，积极开展区块链数据存证模式和技术创新、区块链数据取证方式标准化研究，全方位推进区块链时代商事仲裁取证相关工作。

"司法存证链"以分布式密码学技术为支撑，确保司法数据安全、完

整、及时保存，有力地保障了数据的安全性及司法的有效性，是信用体系建设数据基础的重要组成部分。

目前司法存证的主要应用模式是基于天金登的电子系统，为相关方提供电子证据材料；并且基于天金登与各互联网法院和仲裁机构的合作，将电子证据直接传输至合作互联网法院和仲裁机构的电子证据平台，使证据的收集、固定、传输和运用更加高效。

2020 年 4 月，首个在"司法存证链"签署生成的智能签约存证，采用人脸识别、声纹识别、电子签章、AI 智能系统等技术，从电子数据的存证、取证、示证、质证过程的客观性、合理性上支持"司法存证链"体系的建设。

案例二

煤炭数字供应链助力中小企业融资，探索信用产业化落地新方向

由于中小企业经营波动大、抵押物少、多层级信用穿透难等多重因素叠加，银行信贷一直难以足够有效地覆盖处于供应链长尾端的中小微企业，中小微企业融资难融资贵的问题一直存在。

天金所、天金登基于在煤炭产业的实践，孵化了数字化产业链平台，运用物联网、区块链、人工智能、大数据、云计算等技术构建企业级服务平台。以平台为支撑，将合同、提货、运输、仓储、交割等全流程线上化，构建信息流、商流、资金流、物流"四流合一"，形成以大数据为基础的平台信用抓手，实现煤炭产业"全时空"数字化、智能化，彻底形成信用链，从而有效解决了金融机构与中小微企业的信用不对称。煤炭数字供应链平台，帮助中小微企业实现了业务线上化展示、信息化管理、数字化控制；帮助金融机构开展信息获取、客户管理、风险监控与预警提供了丰富的数据，有利于金融机构优化风险防控流程，提高风控数智化水平，大幅提高金融机构数字化信贷风险管理能力。进而实现金融机构在线为供应链链属企业提供应收账款融资、票据融资等，将传统模式下需要客户到线下网点办理的融资服务拓展到线上进行，同时实现业务申请的智能

审核、自动放款，有效解决了中小微企业融资难融资贵的问题。

天金所、天金登的煤炭数字供应链实践，是充分发挥自身数字科技与金融资源优势，将数字科技真正落实到产业链中，有效化解中小企业融资难融资贵问题的典型案例。

数据要素市场化的挑战与机遇

赵永新 *

数据成为数字经济时代的重要基础，数据要素化与要素市场化成为必然选择。但在数据要素市场化的过程中，也存在数据要素共享难度大、数据要素有效性相对低、数据要素安全保障压力较大、数据要素市场监管难等挑战，克服这些困难就会带来更多的发展机遇。

一、数字要素市场化的内涵

（一）万物相连的数字中国

1994 年的 4 月 20 日，互联网进入中国，随着互联网、移动互联网和物联网等信息技术的广泛使用，由此对整个经济环境和经济活动产生了根本改变，数字经济时代扑面而来。数字经济是信息和商务活动数字化的全新过程，包括人类社会活动的生产、生活的方方面面。过去的物理社会正在快速数字化。目前全球有超过 45.5 亿人在使用互联网，社交媒体用户已经超过 38 亿人。互联网在人类生活中扮演着越来越重要的角色，全球网民平均每天上网时长达 6 小时 43 分钟，我国网民的人均在

---

* 赵永新，亚洲区块链产业研究院副院长、"区块链 + 应用"丛书编委会主任、河北金融学院教授。

51

线时长已经从 2019 年 6 月的 359 分钟上升到 403 分钟。我们的生活、工作、学习、娱乐、社交都通过网络实现，这为整个经济社会数字化提供了基础。通过数字信息技术与整个社会发生深度融合，电子商务、数字教育、数字医疗、数字养老、数字农业、工业互联网等数字经济的新业态，促进了优质资源的流通，也促进了城乡协调。特别是电子商务的应用，保持了持续的高速增长态势。电子商务的交易额从 2012 年的 7.89 万亿元增长到 2019 年底的 35.8 万亿元。数字经济占到了 GDP 比重的 1/3 以上。

除了人类社会数字化以外，物理世界随着物联网的发展，应用也越来越广泛。物联网解决了人和机器的连接，移动互联网实现了人和人的实时连接，而物联网又实现了物与物的连接。未来的社会，是物与物能连接、物与人能连接、人与社会能连接、人与物也能连接，我们要建立一个万物互联、人机交互、天地一体的数字中国。

（二）数据要素市场化成为必然

1. 数据要素化

要素，可以理解为"必要的因素"。生产要素主要有人的要素和物的要素两方面，即没有它人类将无法从事生产经营活动。例如，在农业经济时代，没有土地、劳动力，生产就无法进行。而在工业经济时代，资本又成了生产要素。随着工业的发展，技术也成了生产要素。未来数字经济中，没有数据也无法进行生产，至少不能有效地实现生产，所以未来生产、经营、社会运转都需要依据数据进行判断，数据成为生产经营最重要的要素之一。作为新型的生产要素，数据在未来必将进一步成为推动国家、企业和社会取得可持续竞争和发展优势的重要动力源。从 2020 年前 8 个月的宏观经济和发展数据分析来看，以移动互联网、大数据、人工智能等新一代数字信息技术的应用为基础和支撑的新产业、新服务业态不仅没有受到疫情的影响，反而加速了经济发展，形成了新增长动能。数字经济对经济发展的贡献越来大，尽管受新冠肺炎疫情影响，但数字经济走出了独立行情。以浙江为例，在其他地区 GDP 平均增速下降的情况下，浙江的数字经济发展却超越了 10%，增速非常可观。随着 5G 和大数据时代的到来，数以亿计的物联网将进一步产生更为海量的大数据，数字经济发展迎来新时代。

2. 数据要素市场化

市场化是指用市场作为解决社会和经济问题等基础手段的一种状态。2020 年 4 月 9 日，中共中央、国务院印发了第一份关于加强生产要素的市场化资源配置的政策性文件《关于构建更加完善的要素市场化配置体制机制的意见》（以下简称《意见》）。《意见》明确指出了推进土地、劳动力、资本、技术、数据五个生产要素领域市场化改革的内容和方向，明确了完善生产要素领域市场化资源配置的必要性和具体措施。对于形成生产要素从低质低效领域向优质高效领域流动的机制，提高要素质量和配置效率，引导各类要素协同向先进生产力集聚，加快完善社会主义市场经济体制具有重大意义。同年 5 月，中共中央、国务院再次将加快培育数据要素市场、完善数据权属界定等重要问题纳入"顶层设计"中，这一系列的举措也正是对数据重要性的肯定，进一步表明中国在推动数据开放方面的决心。推进我国数据要素市场化配置是一项系统工程，要坚持新发展理念，以市场化配置为方向，以开放共享、有效利用、安全高效为原则，平衡数据自由流动、开发利用与个人信息保护及数据安全之间的关系，加快完善数据要素配置顶层设计，统筹推进数据开放共享和标准化建设，健全统一开放、竞争有序的数据要素市场体系，创新数据要素治理模式。

（三）数据要素市场化的重要价值

数据是数字经济时代的"新石油"，是经济发展的命脉。2018 年，中国 67.9% 的经济增长量是数字经济驱动的，数字经济对中国 GDP 增长的贡献率连续 5 年超过 50%。数据已成为经济增长的核心资源。

对于政府来说，利用数据可以打破此前政府各部门纵向管理、数据缺少互联互通的现状，融合政府多个部门、多种服务，构建覆盖全市的大数据服务体系，大幅提升政务服务效率，提升信用、财政、金融、税收、农业、统计、进出口、资源环境、产品质量、企业登记监管等领域数据资源的获取和利用能力，丰富经济统计数据来源，实现对经济运行更为准确的监测、分析、预测、预警，提高决策的针对性、科学性和时效性。还可以在公用事业、市政管理、城乡环境、农村生活、健康医疗、减灾救灾、社会救助、养老服务、劳动就业、社会保障、文化教育、交通旅游、质量安全、消费维权、社区服务等领域全面推广大数据应用，利用数据洞察民生需求，优化资源配置。

对于企业来说，数据的应用不仅有助于提升所有经济部门的生产效率和资源使用效率，提供更多个性化的产品和服务，还有助于推动更多传统领域实施数字化转型升级，通过收集企业管理、运营、生产过程的数据，利用数据优化生产过程，提升生产和管理效率，提升企业内部部门间的协同效率，实现企业的精细化管理，做到企业内部流程可管、可控、可追溯、可视化，将企业的运营成本降到最低。数据也是初创企业和中小型企业开发新产品和服务的重要资源。

对于社会来说，基于更多可用的数据和改善数据的使用方式，对于应对社会、气候和环境方面的挑战也至关重要，这有助于创建更加健康、繁荣和可持续发展的社会。

对于未来来说，随着大数据、人工智能技术的发展，人类可以利用机器学习、深度学习等更复杂的预测技术实现更高效的社会治理和企业经营决策，创新产品和业态。随着物联网的快速发展，万物智能互联、数据洪流、计算感知化、云的增值、人工智能、无人驾驶、无人机、智能机器人、5G、虚拟现实、聚焦中国制造2025、精准医疗、体育等领域的创新与发展都离不开数据这一基础资源。

二、我国数据要素市场面临的挑战

（一）数据要素共享难度大

随着大数据的出现，科学发现越来越依赖对海量数据的收集、管理和分析，科学研究水平也越来越多地取决于对数据的积累以及将数据转换为信息和知识的能力。但是数据要素共享难度比较大，特别是不同地区、不同领域、不同部门、不同企业和不同机构之间的数据共享难。

1. 政务数据权属不清导致数据开放难

在数据共享的过程中，需要明确数据共享范围和方式、数据的管理和使用权限，保障数据共享交换后数据存储的安全性和数据的完整性，并且在得到数据所有者授权的前提下共享。在当前数据共享过程中，部门之间信息系统不联通、信息不共享，各类垂直系统普遍存在不愿意或者难以开放共享的现象。很多部门担心数据共享交换后会失去数据的所有权和管理权，因此不愿意将所有的数据作为公共数据库分享给其他部门。目前虽然有些政务平台建立了一定的授权和认证机制，但由于中心化系统的数据存储依赖数据管理中心或第三方服务平台，仍无法控制获得权限后对数据的操作行为，更多的是从工作层面由政府部门间协商解决信息共享的矛盾，很难形成有效、可靠、灵活的数据资源共享机制，这就阻碍了政务数据共享交换工作的推动。

2. 技术原因导致政府数据共享难

各单位的数据是建立在本单位的互联网系统中，而互联网是中心化的架构，数据只在本单位内流动，涉及单位商业机密或用户隐私不便共享。由于各单位的数据标准、数据接口、数据类型不一样，导致数据共享难度大。另外，目前政务平台在进行数据开放过程中缺少关键数据和隐私信息的加密保护和追溯管理，组织机构不能完全控制数据资源访问、留存和转让，且中心化系统容易受到黑客和病毒的攻击，数据开放过程中有泄露和被篡改的风险。

3.政府部门协同治理难

政府作为一个政府治理体系的中心，管理着公共资源和数据资料，电子政务系统的建设往往是跨领域、跨地区的，各地区、各部门电子政务发展还不均衡、不充分，电子政务发展中出现各自为政、条块分割、协同治理难等问题，国家电子政务建设的统筹协调机制建设和工作力度有待进一步加强。人们对数据共享内涵理解上的不一致，特别是不同机构的数据政策制定者在理解上存在差异，也导致数据共享难度大。目前我国开放数据集规模仅为美国的1/9，企业生产经营数据中来自政府的仅占7%，同时社会机构面向政府开放的数据也非常有限，企业与企业之间的数据共享更是处在冰冻状态。

（二）数据要素有效性较低

尽管数据量越来越大，但数据价值密度的高低与数据总量的大小一般成反比，数据价值密度越高，数据总量越小；数据价值密度越低，数据总量越大。任何有价值的信息的提取依托的都是海量的基础数据。大数据时代，由于不再拘泥于特定的数据收集模式，数据类型之多使数据来自多维空间，各种非结构化的数据与结构化的数据混杂在一起。未来面临的挑战将会是从数据中提取需要的数据，很多组织将不得不接受的现实是，太多无用的信息造成的有效信息不足或信息不匹配。高质量的数据应该具有准确性、完整性、一致性和及时性。

1.准确性

数据中记录的信息准确，不存在异常或者错误的信息。数据记录中存在的错误，如字符型数据的乱码现象也应该归到准确性的考核范畴。另外就是异常的数值，如异常大或者异常小的数值、不符合有效性要求的数值。

2.完整性

数据中记录的信息完整，不存在缺失的情况。数据的缺失主要有记录的缺失和记录中某个字段信息的缺失，两者都会造成统计结果的不准确，所以完整性是数据质量最基础的保障，而对完整性的评估相对比较容易。

3. 一致性

数据的一致性主要包括数据记录的规范和数据逻辑的一致性。

4. 及时性

数据从产生到可以查看的时间间隔，也叫数据的延时时长。分析型数据的实时性要求并不一定太高，但这不意味着就没有要求，分析师可以接受当天的数据要第二天才能查看，但如果数据要延时两三天才能出来，或者每周的数据分析报告要两周后才能出来，那么分析的结论可能已经失去时效性。

我们可以考虑这样的逻辑：依托于大数据进行算法处理得出预测，但是如果这些收集上来的数据本身有问题又该如何呢？也许大数据的数据规模可以使我们忽略一些偶然的非人为的错误，但是如果有人恶意放出干扰数据就会让数据分析变得非常复杂。因此，需要研究更加科学的算法来确保数据来源的有效性，尤其是强调数据有效性的大数据领域。

（三）数据要素安全保障压力较大

近年来，数据安全和隐私数据泄露事件频发，凸显大数据发展面临的严峻挑战，融合应用有待深化。在进行市场化配置时，数据要素区别于传统要素资源的特点是虚拟化的数据要素更易泄露，数据安全和隐私保护的要求空前提高，做好数据安全保护才能推动数据要素资源更有效配置。2020 年 6 月 22 日，科技巨头甲骨文公司的数据管理平台 BlueKai 因为在服务器上不加密码从而泄露了全球数十亿人的数据记录。BlueKai 是一个基于云的大数据平台，其利用 Cookie 等跟踪技术能获取个人网络信息、阅读习惯、浏览内容等，并据此推断分析出收入水平、受教育水平、兴趣爱好等个人标签，进而精准推送广告。BlueKai 跟踪了世界上不少有影响力的媒体和网站，如亚马逊、《纽约时报》等，借助这些入口平台，BlueKai 已经汇聚了一个数量庞大的数据库，通过对这些收集来的数据的分析，可对上网用户、访问设备进行数据画像，形成个人信息。根据数据泄露水平指数（Breach Level Index）监测，自 2013 年以来，全球数据泄露高达 130 亿条，其中很多都是由于管理制度不完善造成的。随着各个机构数据的快速累积，一旦发生数据安全事件，对企业经营和用户利益的危害性将越来越大，极大地束缚了数据价值的释放。没有对数据的充分保护，就会使市场失灵，市场配置资源就不能实现对数据要素的最优配置。

（四）数据要素市场监管难

数据要素成为数字经济时代的新引擎，数据要素市场要想科学健康发展，必然离不开市场监督和管理。但数据要素是一门新技术、新领域，相关规则尚未健全，相关法律还比较少。目前来看，数据要素市场暂时还处于一个没有门槛、没有标准、没有监管的三无阶段，很可能导致问题的出现。转变政府职能的核心是要切实做好放管结合，政府监管能否到位，关系到改革的成效。随着简政放权的深入实施，一方面，市场准入门槛大幅降低，激发了市场主体活力，增强了经济发展内生动力，提升了经济社会创造力和运行效率；另一方面，随着跨区域、跨行业经营的多元化市场格局形成，新技术、新业态、新产业、新模式不断出现，传统经验判断和普遍撒网的监管模式已经无法满足互联网时代的监管需求，随着监管数量的不断增多，监管难度逐渐增大。2013 年起野蛮增长的互联网金融经验和教训告诉我们，如果没有相应的制度建设基础，鼓励发展起来的打着创新旗号的大数据企业带给社会的可能是灾难。2019年 30 多家数据公司被公安机关查处恰恰说明了这个问题。只有加快建立数据市场规则和制度，我们才能实现良币驱逐劣币，推动数字经济发展。

针对以上问题，需要确立数据要素的产权制度、健全数据开放的管理制度、完善数据流动的交易制度、夯实数据市场的监管制度等一系列措施和应对保障。数据要素市场化是历史的必然选择，尽管存在着一些挑战，但数据要素真正市场化后，也蕴含着广阔的发展机遇。

三、数据要素市场化面临的新机遇

作为世界上最大的互联网市场，我国的大数据发展日新月异。党的十八大以来，党中央审时度势，精心谋划，进行了一系列超前布局，大数据产业取得突破性发展。2015年，党的十八届五中全会首次提出"国家大数据战略"，《促进大数据发展行动纲要》发布；2016年，《政务信息资源共享管理暂行办法》出台；2017年，《大数据产业发展规划（2016—2020年）》实施；2020年召开的全国网络安全和信息化工作会议，对包括大数据产业在内的信息化发展战略进行全面部署。习近平总书记指出，核心技术是国之重器。要下定决心、保持恒心、找准重心，加速推动信息领域核心技术突破。要抓产业体系建设，在技术、产业、政策上共同发力。[①]这充分表达了我国与各国积极合作共同推进数据技术和产业发展的真诚意愿和大国担当，信息化、数据化为中华民族带来了千载难逢的机遇。

（一）数据化技术新机遇

《意见》指出，要培育数字经济新产业、新业态和新模式，支持构建农业、工业、交通、教育、安防、城市管理、公共资源交易等领域规范化数据开发利用的场景。发挥行业协会商会作用，推动人工智能、可穿戴设备、车联网、物联网等领域数据采集标准化。新冠肺炎疫情对中国经济乃至全球经济影响巨大，中国50万亿投向"新基建"，数据技术软件硬件都迎来重要机会。5G基站、新能源汽车充电桩、大数据中心、人工智能、物联网、工业互联网等新基础设施，推动中国经济数字化转型。我国人工智能企业数量超过4000家，在智能制造和车联网等应用领域优势明显，预计2025年软件硬件至少达到4000亿市场规模。大数据行业

---

① 赵红艳:《总体国家安全观与恐怖主义的遏制》，人民出版社2018年版，第160页。

软件硬件预计到 2022 年至少达到 3.5 万亿市场规模，工业互联网软件硬件大约达到 1 万亿市场规模。

（二）数据产业化的机遇

1. 政府数据开放的机遇

《意见》明确推进政府数据开放共享。优化经济治理基础数据库，加快推动各地区各部门间数据共享交换，制定出台新一批数据共享责任清单。研究建立促进企业登记、交通运输、气象等公共数据开放和数据资源有效流动的制度规范。政府部门掌握着大量基础性、关键性的数据资源，涉及政府运行、经济发展、社会治理等各个领域，这些数据的开放程度及范围对于促进社会发展的重要性不言而喻。数据开放不仅能够充分挖掘数据的内在价值，而且能够激发市场主体的创新活力，把不同主体吸引到数字政府建设过程中。另外，通过数据的共享、开放，可以打通政府部门、企事业单位和社会组织的数据壁垒，使数据利用最大化和公共利益最大化。

2. 社会数据共享的机遇

我国大数据产业蓬勃发展，产业发展日益壮大，融合应用不断深化，对经济社会的创新驱动、融合带动作用显著增强。对于拥有数据的企业尤其是互联网巨头，数据产品、数据交易是最直接赚钱的方法。企业直接将自己的数据交易，卖给需要的人或其他企业。根据现有法律和政策规定，涉及用户隐私的数据必须经过加密处理，将数据封装成数据产品依法合规提供给所需的企业或人员查询。例如，淘宝的数据魔方可以提供给淘宝店主收费使用；运营商通过基站数据刻画某些区域的人流和人员特征，供零售商进行店铺选址等，涉及用户隐私、安全等问题必须遵守法律法规。

（三）产业数据化新机遇

产业数据化就是利用现代信息技术对传统产业进行全方位、全角度、全链条的改造。产业结构优化升级是提高我国经济综合竞争力的关键举措。

1. 农业数据化

农业的数字资源最为丰富，但由于其自身的弱质性，数字资源体系建设基础差，农业数字经济与制造业、服务业以及电力、金融、水利、气象等行业和领域相比，还是一片洼地。2018 年农业、工业、服务业中数字经济占行业增加值比重分别为 7.3%、18.3、35.9%。未来在推进数字农业发展和数字乡村建设，构建农业农村数字资源体系，着力推进重要农产品全产业链大数据建设方面存在广阔空间。

2. 产业数据化

伴随数字化进程，移动互联网的主战场正在从上半场的消费互联网，向下半场的产业互联网即产业数据化方向发展。产业数据化是指以传统产业和科技产业共建融合为基础，推动产业供给侧和需求侧运营流程的数据在线，链接客户、结构可视、智慧决策，对产业链上下游的全要素数字化改造，从而实现产业降本提效、提高用户体验、增加产业收入和升级产业模式。产业互联网是互联网深化发展的高级阶段，也是产业转型升级的必然要求。在拥抱产业互联网的过程中，垂直行业，如智慧零售、医疗、教育、出行、制造、智慧城市等数字化应用领域，都需要完整、系统的解决方案。

3. 社会数据化

2018 年我国智慧城市市场规模达 7.9 万亿元，预计到 2022 年市场规模将达 25 万亿元。到目前为止，总计约 500 多个城市已提出智慧城市发展计划或正在建智慧城市，整个智慧城市产业链都会是投资热点。

（四）数字化金融带来的新机遇

1. 数字金融新机遇

数字经济时代，数据不仅是生产资料，也是通往财富的密码。以大数据、云计算和智能科技为代表的新技术时代的来临让我们看到了金融行业与新技术结合的全新方式，打开了我们再度思考金融行业未来发展的新空间。微信、支付宝等移动支付模式快速普及应用，加速推进我国迈向无现金社会时代。金融机构加速应用区块链、大数据、人工智能等数字技术，实现云端办公，信贷业务的尽职调查、评审、放款等环节全部搬至线上，通过在线文件流转、视频会议审核实现在线审批。数据应用成为推动金融转型升级的新引擎，助力金融更好地服务实体经济，特别是在普惠金融发展方面，数据应用发挥了重要作用，给金融机构提供了广阔的发展机遇。2020年第二季度，我国普惠金融领域贷款保持较快增长。第二季度末，人民币普惠金融领域贷款余额19.72万亿元，同比增长20.7%。

2. 数字货币新机遇

数字金融中最重要的体现形式——货币，也将从互联网时代的电子货币升级为数字货币。基于区块链技术的央行数字货币（DC/EP）是中国的货币体系应对已经到来的数字经济时代的一项非常重要的金融创新。将提升中国的金融支付基础设施，助力金融体系更好地服务实体经济，降低小微企业的支付成本。数字货币使同业间结算和银行内部的资金转移和结算都将大大受益于点对点实时交易的特征，使过去在交易类系统和清算类系统方面的开发和维护成本可明显节省。数字货币还将衍生出更多的支付场景，如未来通过物联网与区块链结合，实现机器对机器（M2M）的自动支付。使用数字人民币可极大地提高跨境结算速度，其安全性也会比传统跨境结算高很多。法定数字货币实现可控匿名的特点，可极大地降低外国人的使用门槛，也会提高外国人在境内外的使用率，促进人民币国际化。

（五）全要素数据化机遇

每一轮的数据增长浪潮都将为欧盟在数据领域跻身世界领先地位提供重要机会。一个世纪前，有一种新的利润丰厚、增长迅猛的大宗商品——石油。而现在，引发巨头们争相抢夺的变成了数据，也就是数字时代的石油。人类社会已经步入数据驱动的数字经济时代，数据要素空前提升了全要素生产率，成为数字经济时代的关键要素，未来或将大概率出现土地、劳动力、资本、技术等全要素、全域、全过程的数据化。

其中，基于区块链的数字房产证、数字证券、数字身份证、数字学历证书等一系列数字化变革的背后是新一轮财富的变革，谁掌握数据谁就掌握了财富。如何抓住数字经济时代的新钥匙，打开新时代的财富密码，是每个人都应该关注的新问题。

数据是人类社会最宝贵的财富，数据要素已经上升为主要大国的战略层面，各国数据战略的愿景都希望本国本地区成为全球最具吸引力、最安全和最具活力的数据敏捷型经济体。数据战略将为各国乃至全人类社会提供完善决策和改善所有公民生活所需的数据。国家的未来取决于其是否能够利用自身优势，抓住日益增长的数据生产和使用所带来的机遇。中国数据处理的方式将确保拥有更多的数据可用于应对社会风险和经济发展，同时尊重和各国的共同价值观，建设人类数据命运共同体。为了实现数字化全球的未来，各个国家、各个企业甚至个人都必须在数字经济中抓住难得的历史机遇。

中国数据法律法规及数据权属的现状与问题

高富平*

一、数据驱动社会发展：我国数据法律体系

我国政府已深刻认识到信息化对整个人类社会发展带来的影响，信息化带动工业化成为我国经济发展的基本战略。大数据、云计算、人工智能等技术在本质上也是信息化发展的新阶段。2016 年，在《2006—2020 年国家信息化发展战略》的基础上形成的《国家信息化发展战略纲要》，实质上将"数字化、网络化、智能化为特征的信息化"作为建设网络强国、落实"四个全面"战略布局的重要举措。国务院于 2015 年 8 月发布《促进大数据发展行动纲要》，明确了我国全面发展大数据应用的发展目标及主要任务，"数据不仅可以治国，还可以强国"成为共识。

2017 年 12 月 8 日，习近平总书记在中共中央政治局就实施国家大数据战略进行第二次集体学习时发表重要讲话指出，"要构建以数据为关键要素的数字经济"。2020 年 3 月 30 日，中共中央、国务院发布了《关于构建更加完善的要素市场化配置体制机制的意见》，正式将数据明确为五大生产要素之一。实际上，21 世纪伊始，我国就开始制定涉数据法律

---

* 高富平，华东政法大学互联网法治研究院院长。

法规，大致形成了数据保护和利用法律体系。

（一）坚持刑法先行，打击个人信息不法使用行为

1. 个人身份信息保护基本法

《中华人民共和国身份证法》是个人身份信息保护的基本法，该法规定的基本身份信息（居民身份证登记的项目）包括姓名、性别、民族、出生日期、常住户口所在地住址、公民身份证号码、本人相片、指纹信息、证件的有效期和签发机关。进入 21 世纪后，随着网络的普及应用，我国个人信息保护问题凸显，甚至危害到个人安全。主要表现为个人身份信息滥用问题且相当严重，以至于形成了个人信息买卖的灰色产业链——以非法获取公民个人信息为上游；以买卖公民个人信息为中游；以利用公民个人信息实施网络诈骗等违法犯罪行为或利用不法获取的个人信息从事商业经营行为为下游。个人信息的非法获取和非法流通给个人和社会带来安全风险，成为数字经济发展的毒瘤。

2. 个人信息刑事保护制度

2009 年，《中华人民共和国刑法修正案（七）》[以下简称《刑修（七）》]针对个人信息侵害行为，引入个人信息刑事保护制度，以惩治"出卖和非法提供个人信息行为""盗取和以其他方法非法获取个人信息行为"。2015 年，《中华人民共和国刑法修正案（九）》[以下简称《刑修（九）》]再次对刑法第 253 条作出修改，将罪名统一为"侵犯公民个人信息罪"。2017 年 5 月 9 日，最高人民法院和最高人民检察院联合发布《关于办理侵犯公民个人信息刑事案件适用法律若干问题的解释》，对刑法规定及其适用作出详细解释，形成较为具体的刑法规则。

侵犯公民个人信息罪主要惩治以下两种行为：一是"违反国家有关规定，向他人出售或者提供公民个人信息"的行为。"出售"是通过金钱交易方式向他人提供个人信息；"提供"既包括向特定人提供，也包括向不特定人提供，即公开。通过信息网络或者其他途径"发布公民个人信息"的行为也被认定为刑法中提供公民个人信息。未经被收集者同意，

将合法收集的公民个人信息向他人提供也属于"非法提供"。二是"窃取或者以其他方法非法获取公民个人信息"的行为。"窃取"指未经允许、采取不正当手段获取公民个人信息;"非法获取"是指违反国家有关规定,通过购买、收受、交换等方式获取公民个人信息。

侵犯公民个人信息罪的入罪要件为"情节严重"。情节严重的,处三年以下有期徒刑或者拘役,并处或者单处罚金;情节特别严重的,处三年以上七年以下有期徒刑,并处罚金。

(二)在数据安全观下,建构数据安全法律保障体系

1. 全新数据安全观之内容

伴随网络化、数字化和智能化纵深推进,人类进入数据驱动发展时代,数据不仅是人类交往和社会运行的工具,而且成为社会经济的基本资源。在这样的背景下,数据安全保护的客体范围被扩张,数据安全不仅包含了作为社会资源的事实数据,还包括了人们创制的内容或与他人交往的内容。数据是基础资源,数据的安全不仅关系到一个组织(企业、社会组织)的安全,还关系到社会经济、社会稳定和国家安全。全新的数据安全观,至少包括以下三个方面。

第一,数据安全关系企业安全和国家安全。在大数据时代,数据安全上升为资源安全,而资源安全关系着经济安全和企业安全,成为企业至关重要的一部分。数据不仅承载着经济使命,而且也关系着社会治理,并影响着政治安全和国家安全。尤其是数据的跨国流通,数据输出国必然会以其特有的价值观念主导和影响数据输入国,从而威胁到该国文化主权和国家安全。2014年,在中央网络安全和信息化领导小组第一次会议上,习近平总书记即指出,"没有网络安全就没有国家安全"。

第二,网络安全关系数据安全。从互联网到物联网络,无处不在的智能终端和传感器将人、物、自然界和组织互联互通(形成所谓的万物互联),并源源不断地产生各种各样的数据,最终形成大数据。因此,各种网络服务平台、网站在支撑政府、企业和社会组织运行的同时,也实

际掌握了巨大的数据资源。因此，互联网基础设施的安全问题，自然成为数据安全的重要组成部分，数据与网络的共生性决定了数据安全与网络安全存在着共生关系。数据安全依赖网络安全，没有网络安全就没有数据安全。

第三，隐私安全成为数据安全的重要内容。随着互联网、智能手机、传感器等新科技应用的不断普及，越来越多的个人数据被采集并存储下来，当个人数据广泛地存在于政府、银行、医院、通信公司、购物网站、物流公司等组织之中时，每个人的活动将无时无刻地被不同组织的数据库"记录"和"监视"。当这些数据被技术整合后，大数据就能够把人的行为进行放大分析，并逐渐还原个人生活全貌，使个人隐私无所遁形。个人数据的利用涉及个人的尊严和自主（自由），关系隐私利益。个人信息跨境流动还将涉及公民基本权利（隐私权）保护的问题，因此公民基本权利保护不仅是国家安全问题，还是国际政治问题。

2. 数据安全法律保障体系

在这样的数据安全观念下，我国的法律体系是以《中华人民共和国国家安全法》（以下简称《国家安全法》）为核心，以《中华人民共和国网络安全法》（以下简称《网络安全法》）和《中华人民共和国数据安全法（草案）》[以下简称《数据安全法（草案）》]为两翼的数据安全法体系。2015年7月1日全国人大常委会通过了《国家安全法》①，在"总体国家安全观"指导下构筑以《国家安全法》为核心的国家安全体系。2016年11月7日，全国人大常委会表决通过了《网络安

---

① 《国家安全法》第二十五条规定："国家建设网络与信息安全保障体系，提升网络与信息安全保护能力，加强网络和信息技术的创新研究和开发应用，实现网络和信息核心技术、关键基础设施和重要领域信息系统及数据的安全可控；加强网络管理，防范、制止和依法惩治网络攻击、网络入侵、网络窃密、散布违法有害信息等网络违法犯罪行为，维护国家网络空间主权、安全和发展利益。"

法》，填补了我国综合性网络信息安全基本法律的空白，为国家维护网络主权提供法律依据，为网络参与者履行相应的网络安全义务提供基本遵循。《网络安全法》成为我国实施国家网络强国建设的重要法律制度保障。

2020年7月，全国人大法工委起草的《数据安全法（草案）》提请十三届全国人大常委会第二十次会议审议。《数据安全法（草案）》将"数据安全"定义为"采取必要措施，保障数据得到有效保护和合法利用，并持续处于安全状态的能力"。草案将"促进数据开发利用""保护公民、组织的合法权益"与"维护国家主权、安全和发展利益"作为立法目标。从"数据安全"的定义和立法目标来看，草案将安全的外延扩及至数据权益保护和数据合法利用以及数据利用秩序安全（交易安全保障）。"数据安全"不只是静态的安全（维持保密、可用、完整三性，安全控制和防范泄露），也涵盖了动态的安全，即数据活动或数据利用秩序的安全。在国家提出以数据为新的生产要素，大力推进数字经济发展的背景下，广义的"数据安全"具有重要意义。不过，《数据安全法》应当围绕"维护国家主权、安全和发展利益"，建立相应的安全制度，为数据经济发展建构安全环境，划定数据利用的"红线"和"底线"。

（三）规范数据开放，促进数据要素市场的供给

在数据化时代，数据具有无限价值，大数据可以服务于各种决策，具有商业合作、社会治理价值、科学研究价值。然而，每个单位所掌握的数据是有限的，如何获得足够"大"的数据是大数据应用的关键。这就要求掌握数据的各个主体愿意将数据提供出来，供他人使用。

1. 政府数据开放的意涵

数据开放不同于信息公开。信息公开是民主政府建设的要求，旨在实现公民知情权等民主权利。政府掌握着大量数据，开放这些数据可以

形成大数据应用的公共数据池。政府数据开放的目的决定了所开放的数据主要是政府掌握的基础数据，如人口数据、地理数据、水文天象数据、楼宇数据、交通数据等。数据开放也不同于政务信息共享。2016 年 9 月，国务院颁布的《政务信息资源共享管理暂行办法》就是将政务信息共享主体限定在政府部门及法律法规授权具有行政职能的事业单位和社会组织之间。

数据开放是政府向社会持续供给数据产品，作为政府步入数据时代后的一项公共服务。依据《上海市公共数据开放暂行办法》，公共数据有两个相互关联的标准：一是主体须为公共管理和服务机构；二是数据的形成须是在依法履职过程中采集和产生。公共数据的开放是指公共管理和服务机构在公共数据范围内，面向社会提供具备原始性、可机器读取、可供社会化再利用的数据集的公共服务。

截至 2020 年 6 月，我国地方政府制定的公共数据开放清单见表 1。

表 1　2015—2020 年我国地方政府制定的公共数据开放清单

发布年月	发布单位	文件
2015 年 1 月	青岛市人民政府办公厅	《青岛市关于加快推进公共信息资源向社会开放的通知》
2017 年 12 月	贵阳市人民政府	《贵阳市政府数据共享开放实施办法》
2018 年 1 月	巢湖市人民政府	《巢湖市政务数据资源共享开放管理暂行办法》
2018 年 3 月	重庆市人民政府	《重庆市政务信息资源共享开放管理办法》
2018 年 3 月	银川市人民政府办公厅	《银川市城市数据共享开放管理办法》
2019 年 8 月	上海市人民政府	《上海市公共数据开放暂行办法》

发布年月	发布单位	文件
2019 年 11 月	福州市人民政府	《福州市政务数据资源管理办法》《福州市公共数据开放管理暂行办法》《福州市政务数据资源共享开放考核暂行办法》
2020 年 6 月	浙江省政府	《浙江省公共数据开放与安全管理暂行办法》

2. 规范公共数据开放标准

公共数据的开放分为不得开放、有条件开放和无条件开放三类。对涉及商业秘密、个人隐私，或者法律法规规定不得开放的公共数据，列入非开放类；对数据安全和处理能力要求较高、时效性较强或者需要持续获取的公共数据，列入有条件开放类；其他公共数据列入无条件开放类。这三种类型也不是绝对的，而是可动态调整的，甚至非开放类公共数据依法进行脱密、脱敏处理，或者相关权利人同意开放的，可以列入无条件开放类或者有条件开放类。这意味着公共数据采取分级分类规则，首先要圈定非开放数据，然后明确可开放数据范围，制定数据开放清单。开放清单应当标注数据领域、数据摘要、数据项和数据格式等信息，明确数据的开放类型、开放条件和更新频率等。

政府数据开放只是数据开放利用的基础和先导，真正的数据要素市场建设还需要全社会数据要素的流通利用。《上海市公共数据开放暂行办法》提出了多元数据开放设想，要求行业主管部门多元化进行数据合作交流，引导企业、行业协会等单位依法开放自有数据，鼓励具备相应能力的企业、行业协会等专业服务机构通过开放平台提供各类数据服务。与此同时，该办法还提出推动非公共数据交易措施，要求行业主管部门制定非公共数据交易流通标准，依托数据交易机构开展非公共数据交易流通的试点示范，推动建立合法合规、安全有序的数据交易体系。公共数据开放的真正作用在于引领整个数据的开放。

（四）保护数据权益，构建我国数据资源利用秩序

数据保护涵盖了个人数据保护和非个人数据保护两个方面，或者说涉及数据上主体利益保护和数据财产利益保护。

1. 数据主体利益保护

个人信息（个人数据）是数据的重要组成部分，但不是数据的全部。许多工业数据、行业数据并不涉及个人，纯粹是数据财产权保护。个人信息保护旨在保护个人信息在收集、存储、处理、使用过程中不被不当地泄露和滥用，以确保个人尊严、自由和平等利益不受侵犯。由于个人数据是大数据应用的基础，加上个人数据与非个人数据之间并不存在明显的界线，能否识别到具体个人取决于拥有多少数据或算法的强弱。因此，保护个人在个人数据上的权益不受侵犯是大数据利用的前提。

2012年12月28日，第十一届全国人大常委会第三十次会议通过了《关于加强网络信息保护的决定》（以下简称《决定》），标志着我国开始引入域外保护个人信息处理中的个人主体权利的制度。《决定》明确宣布："国家保护能够识别公民个人身份和涉及公民个人隐私的电子信息。"这是第一次以法律形式宣布保护个人信息，对个人信息保护而言具有里程碑意义。

自2013年开始，《决定》确立的基本原则和规范被一些法律所吸收和细化。例如，2013年，《中华人民共和国消费者权益保护法》（以下简称《消保法》）第二次修订，正式对消费领域个人信息的收集、使用进行了规定。2016年颁布的《网络安全法》对网络运营者收集、使用个人信息进行了规定，其规则与《决定》《消保法》如出一辙。略有不同的是，《网络安全法》具体规定了个人信息的提供需经被收集者同意，但经过处理无法识别特定个人且不能复原的除外。2020年颁布的《中华人民共和国民法典》（以下简称《民法典》）的人格权编对个人信息保护作了基本规范，成为目前个人信息保护的基本规范。同时，2019年3月4日，十三届全国人大二次会议将《个人信息保护法》列入本届立法规划，在不久将会出台，成为个人信息保护的基本法。

2. 数据财产利益保护

数据的财产权保护亦涉及两个方面：一是纯粹非个人数据的财产权益保护；二是能够关联到具体个人的个人数据的财产权益保护。前者因不涉及数据上的主体权利，所以相对简单，基本上可以按照"谁创造价值，谁享有权利"的原理来设计财产权益归属。当数据涉及个人，就存在主体权利保护问题。在这方面，首先必须明确，源自域外的个人数据（信息）保护制度旨在保护主体权利或数据上人格尊严或自由，因而个人数据上主体权利并不是私法上的财产权。在个人数据具有财产价值新认知下，必须考虑其财产权的配置问题。

在数据资源化、资产化背景下，我国也在不断寻求对数据产权的保护。在制定《中华人民共和国民法总则》（以下简称《民法总则》）过程中，曾经对数据保护进行过一定讨论，并曾将数据信息列为知识产权的客体。但是，数据作为一种新型知识产权客体是一个非常有突破性的规定。《民法总则》第 127 条最终作出开放性规定："法律对数据、网络虚拟财产的保护有规定的，依照其规定。"2020 年的《民法典》也维持了现状。因此，数据上能否成立专有权或成立什么样的财产权至今仍然没有权威说法。

下面分别对我国个人信息保护制度和数据财产权保护（数据权属）制度作简要论述。

二、数据主体权益保护：我国个人信息保护法

个人信息（又称个人数据）是大数据的重要组成部分，是大数据应用的基础，个人信息保护是大数据的基础性制度。自20世纪70年代开始，国际社会就已经开始探索个人数据处理中的个人权利保护问题，甚至将个人数据的保护视为数据保护的全部。后来人们意识到，数据是一种新型社会资源，数据保护并不能简单等同于个人数据保护，甚至是两回事。个人信息保护旨在保护个人信息在收集、存储、处理、使用过程中不被（不当地）泄露和滥用，以确保个人尊严、自由和平等利益不受侵犯。

（一）个人信息保护之现行法律法规梳理

在《决定》出台之前，我国存在防范个人身份信息滥用、冒用、盗用的法律，但是没有建立起个人信息保护制度。个人数据关乎个人，而个人是主体，因而个人信息上存在主体利益，即个人尊严或自由。因此，个人信息保护制度不是保护个人对信息的使用决定权，而是规范个人信息处理行为，建立个人信息处理的条件和程序规则，防范个人信息处理行为对个人主体权利的侵害。

就个人信息收集和使用的基本规范而言，《决定》确立了以下规则：一是收集使用必须合法、正当、必要；二是收集要明示信息的目的、方式和范围，并经被收集者同意；三是保密和安全存管原则；四是任何组织和个人不得窃取或者以其他非法方式获取公民个人电子信息，不得出售或者非法向他人提供公民个人电子信息。

《决定》主要价值在于填补我国个人信息领域的立法空白，除其本身具有的规范价值外，更重要的是其所确立的原则和规则为其他法律所吸收。可以说，我国个人信息保护法呈分散立法状态，在基本遵循《决定》确立的制度规则下，有不同的侧重和特点（见表2）。

表2　目前我国个人信息保护立法表

法律名称和时间	适用范围	主要规则
《征信业管理条例》（2013年）	征信业务中个人信息的收集和使用	除依照法律、行政法规规定公开的信息外，采集个人信息须经本人同意；禁止采集个人的宗教信仰、基因、指纹、血型、疾病和病史信息等法律禁止采集的个人信息；除取得其书面同意的以外，不得采集个人的收入、存款、有价证券、商业保险、不动产的信息和纳税数额信息

法律名称和时间	适用范围	主要规则
《消费者权益保护法》（2013修订）	消费场景中个人信息保护	明确消费者享有个人信息保护权，适用"个人信息保护法"基本规则
《网络安全法》（2016年）	网络运营者对用户的个人信息保护	个人信息收集和使用的基本原则和规则；个人信息安全保障义务；针对违法或违约收集和使用行为的删除权；针对错误个人信息的更正权。个人信息视为关键信息内容，为关键信息基础设施运营者设定了本地存储和向境外提供需要进行安全评估，并依法进行
《电子商务法》（2018年）	电子商务经营活动中个人信息保护	明确电商经营具有保护用户个人信息权利（查询、更正、删除）行使；在个性化推送时，向该消费者提供不针对其个人特征的选项
《民法典》（2020）	一切自然人的个人信息保护，不受领域或场景限制	清晰界定个人信息与隐私；明确个人信息处理采取"同意+法定例外"规则；从阻却违法或民事责任的角度规定了个人信息使用者的自由；明确个人信息四种权利，即查阅权、复制权、更正权和删除权；等等。

我国对个人信息采取法益保护，而不是权利保护，并且我国个人信息保护规则相对简单，主要依赖个人的同意保护个人利益，但是知情同意的有效性难以得到充分的保证，同意往往与交易或服务捆绑，很难反映同意者的真实意思，实践中的同意很难起到应有的保护个人权益的作用。个人信息的利用是社会的普遍需求，而个人信息又关涉个人利益。因此，必须建立不侵害个人利益的个人信息使用规则，以切实保护个人信息中存在的个人利益。

（二）《民法典》中个人信息民事保护规范

《民法典》顺应时代需求，对自然人的个人信息涉及的人格利益作了全面的保护。"人格权编"将"隐私权与个人信息保护"作为一章规定，也表明个人信息保护与隐私保护具有密切关系。

1. 个人信息保护与隐私保护的区分

隐私及隐私权在不同国家或不同法系有不同的定义。在最广义上，隐私权是个人不受不法干扰的自由权，被视为人权。《民法典》将隐私定义为"自然人的私人生活安宁和不愿为他人知晓的私密空间、私密活动、私密信息"（第 1032 条）。通说认为，隐私是指自然人不愿让他人知道的私密性信息，或者不愿他人干涉或他人不便干涉的个人事务，以及不愿他人侵入或他人不便侵入的个人空间（或领域）；隐私权是一种消极性民事权利，它只是赋予自然人在其隐私利益受到侵害时，寻求损害赔偿救济的权利。

在大陆法（包括我国）的语境下，个人信息保护区别于隐私，个人信息保护旨在建立个人信息的合法和正当利用规则，以保护关于个人的数据（信息）不被滥用；而隐私保护主要保护个人防范其私密信息（属于隐私范畴的个人信息）被擅自泄露和公开，防范个人生活空间和安宁被侵害。

不过，个人信息保护与隐私保护相互关联。因为，私密信息可落入个人信息范畴，有关私密信息利用的规则与隐私保护会产生重叠。同时，通过扼制个人信息滥用行为也可以保护个人的安全及利益。因此，个人信息保护与隐私保护具有重合之处。

2. 个人信息的定义

个人信息是以电子或者其他方式记录的能够单独或者与其他信息结合识别特定自然人的各种信息，包括自然人的姓名、出生日期、身份证件号码、生物识别信息、住址、电话号码、电子邮箱、健康信息、行踪信息等。个人信息的定义采取概括加非穷尽列举方式。实际上，个人信息是没有边界的概念，理解个人信息关键是理解其信息识别个人的特性。这里的识别既包括识别个人身份（根据行为特征判断是谁），又包括识别个性特征（如消费偏好、兴趣爱好等）。识别的方式包括单个信息识别以及结合其他信息识别。在某种意义上，碎片化的信息是否属于个人信息取决于结合多少信息及其算法或算力。

《民法典》将个人信息分类为私密信息和非私密信息。私密范畴的个人信息存在隐私利益和信息主体利益，而非私密范畴的个人信息仅存在信息主体利益。因而私密信息同时适用有关隐私权的规定，而非私密信息则仅适用个人信息保护的规定。

3. 个人信息权益的保护方式

《民法典》在人格权编细化了"自然人的个人信息受法律保护"原则，并没有赋予个人对其信息的使用决定权，而是采取法益保护，即只有个人信息处理（使用）行为侵害了个人利益才承担法律责任。

依据《民法典》第1035条，个人信息使用最为实质的条件是"同意＋法定例外"规则;《民法典》并没有规定例外情形，而是交由其他法律、行政法规规定。《民法典》第1036条从阻却违法或民事责任的角度规定了使用人的使用自由。在下列情形下，行为人不承担民事责任:（1）在该自然人或者其监护人同意的范围内合理实施的行为;（2）合理处理该自然人自行公开的或者其他已经合法公开的信息，但是该自然人明确拒绝或者处理该信息侵害其重大利益的除外;（3）为维护公共利益或者该自然人合法权益，合理实施的其他行为。

《民法典》第1037条确认了自然人对个人信息享有的四种权利:查阅权、复制权、更正权和删除权。这四种权利存在于特定个人信息处理关系中，请求特定数据控制者履行相应的义务，以防范数据控制者滥用个人信息，侵害信息主体的权利。另外，《民法典》还规定了个人信息处理者安全保障义务（第1038条）和国家机构、授权机构的个人信息保密义务（第1039条）。

（三）"个人信息保护法"的溯源与期待

追根溯源，个人数据（个人信息）保护制度源自《世界人权公约》

第 12 条对公民隐私权（本质是个人自由）保护。个人信息（数据）保护的真正含义是，保护数据主体权益（尊严、自由或隐私）不因数据处理或使用受侵害，而不是保护个人数据（信息）本身；其保护方式是建立个人数据处理基本原则，明确个人数据处理使用的法定条件和程序，而不是赋予个人对信息（数据）的支配权。

个人信息保护制度的基本逻辑：个人数据来自个人，个人是主体，因而对个人数据的处理必须尊重主体的尊严和自由。对数据上主体权利的保护源自自然人有自主决定个人事务的基本权利以及个人事务不受干预的自由，但是这种自主决定并没有演绎为私人对个人数据使用的决定权，仍然停留在宪法的公民基本权利层面。正因为如此，个人数据的使用并不是"非经同意不得使用"（"同意"在世界各国也并非使用的唯一条件），个人数据的使用必须在事先确定的特定目的或法定事由的范围内进行，超出该范围就被认为是侵犯个人尊严和自由。显然，将个人数据的使用控制在个人事先同意或法定事由的范围内，也意味着个人数据不再能够被分享（利用）。实际上，域外个人数据保护法中的"同意"规则并不是为个人数据流通（利用）而设计的，显然，现有个人数据保护制度并没有将个人数据视为资源。

在数据为资源的背景下，个人数据需要流通，需要建立既能保护个人权利，又能够实现个人数据流通利用的制度，现有的源自域外的个人数据保护制度无法提供答案。要使个人数据（信息）流通使用，必须超越域外个人数据保护法的理念，根据我国的国情和数据要素化背景下设计个人数据保护制度。首先，我们要区分个人数据上主体权利和资源（财产）权利，主体权利保护的是数据之上的人格尊严及自由，而资源或财产权利保护的是谁生产或创造了价值，二者具有不同的理论基础。其次，按照这样的理论，个人数据的财产权（资源使用权）应当配置给生产者，但是生产者及之后的控制者行使数据使用权时必须尊重数据上主体权利。数据上存在的两种权利并不矛盾，可和谐共生。

"个人信息保护法"正在制定过程中。面对尚未公布的"个人信息保护法"，我们充满期待，其中最主要的是面向数字经济发展的需要，如何适当平衡个人信息主体权利和数据资源权利，提出数字经济时代的个人信息保护的中国方案。

三、数据资源权属：数据财产权保护问题

数据要素是数据作为生产要素的简称，生产要素指进行社会生产经营活动时所需要的各种社会资源。数据要素化即数据资源化。传统观念认为，数据并非生产要素或资源，因而数据要素化首先要解决的问题是如何使数据成为社会生产经营活动的资源，建立数据资源的利用秩序。产权通常是一切资源利用秩序构建的制度工具，因此需要对数据的权属进行确定，并对数据利用秩序作出探讨。

（一）事实数据的保护问题

人类社会是在认识世界的过程中不断进步发展的，而人类对客观事实的认识组成了人类思想的内容。一些学者将人类思想内容分为数据、信息和知识三类，之后被发展为普遍接受的四类，即数据、信息、知识和智慧。这四类构成从数据到智慧的递进式体系，即 DIKW（Data-Information-Knowledge-Wisdom）。最为典型的表达是："智慧源于知识，知识源于信息，信息源于数据。"[①] 在这样的体系中，数据是人类对客观世界

---

① Jennifer Rowley，The wisdom hierarchy：representations of the DIKW hierarchy，https://www.researchgate.net/publication/41125158_The_wisdom_hierarchy_Representations_of_the_DIKW_hierarchy. 也有学者从信息科学的角度，认为 DIKW 结构并不合理，方法上有缺陷，不应当作为信息科学和管理的标准。数据是以适当语义和程序方式记录的任何东西，信息是一种弱知识（知识也是弱知识），智慧是那些适当行为人对宽泛的实践知识的掌握和使用。参见 The Knowledge Pyramid：A Critique of the DIKW Hierarchy，http://inls151f14.web.unc.edu/files/2014/08/fricke2007.

的观察、记录和描述，属于事实。因此，数据从内容上来看是事实，经解释被赋予特定含义为信息，而信息构成知识。

在数字化时代，任何事实、信息、知识都可以以数字化的方式呈现（形式上都演变为 0 和 1），都可以被计算处理。被计算机处理过的都可以称为"广义的数据"，尽管在许多场景下我们都用"数据"做表述，但其含义并不相同。在计算机语境下，一切数字化处理和呈现的都是数据。这样的数据可以分为两类：一类是数字化的知识（亦为信息），包括一切人创制的具有特定含义的成果、作品；另一类是数字化的事实，即采用数字化的方式记录、呈现的客观事实。通过设备（如传感器、智能设备等）对人、事、物进行客观的、数字化的记录，形成关于某个对象的全信息性数据，也可以称为"大数据"。从这个意义上说，大数据正在替代人类自己的观察、测量、记录，成为人类认知世界的工具。

人类文明和社会发展存在一个基本的制度假设，即对客观世界的观察和认知的基本事实不能设定专有权，将客观事实"私有化"，客观事实变为数据时也不能被私人控制。上述的制度假设正是知识产权制度设计的前提。

知识产权制度有两个基本制度假设：一是其不保护客观事实或客观规律。比如，依据《中华人民共和国著作权法》（以下简称《著作权法》）第 5 条，"时事新闻"和"历法、通用数表、通用表格和公式"不能取得著作权；同样，《中华人民共和国专利法》第 25 条规定，"科学发现""智力活动的规则和方法"等不授予专利权。这样规定是因为赋予客观事实或规律以专有权，会妨碍事实和规律的传播和利用，阻碍社会进步。二是知识产权制度仅赋予具有创新（创造）性的知识一定期限的专有权（知识产权），而信息、事实、知识本身仍然处于公共领域，保持创造成果的公开性和可获取性，以便再传播和再创新。

事实数据不具有创造性，因此在传统的知识产权体系下，难以解决事实数据的保护问题。也正因如此，在《民法总则》及其之后的《民法典》中，均没有将数据明确为知识产权的客体。可以说，传统知识产权根本就不触及事实数据的保护。

（二）有价值的事实信息的保护

在现行知识产权体系中，对有价值的事实信息也应当给予保护，其保护的不再是创造性，而是对投入（资金、劳动等）的保护。另外，在保护方式上不是采用事先赋权的方式，而是采用救济（事后）的方式给予保护。

1. 著作权保护

在现行《著作权法》体系下，数据库是作为汇编作品被加以保护的。《著作权法》第 14 条规定："汇编若干作品、作品的片段或者不构成作品的数据或者其他材料，对其内容的选择或者编排体现独创性的作品，为汇编作品，其著作权由汇编人享有，但行使著作权时，不得侵犯原作品的著作权。"因此，只有具备独创性的劳动成果，才能成为《著作权法》意义上的"作品"，才能受其保护。而汇编的内容要具有独创性，就必须在内容的选择和编排上有特色或独到之处。在通常情形下，数据集并不能满足汇编作品的要求。当然，我们不排除一些事实数据的编排具有独创性，有获得著作权保护的可能性。

2. 反不正当竞争法保护

在大数据出现之前，信息产品保护问题就一直存在。围绕加工形成的信息产品——数据库，大致形成了赋权保护和救济保护两种模式。赋权保护体现于欧盟创立数据库权，而世界大多数国家采取反不正当竞争法保护，我国亦不例外。

反不正当竞争法是禁止以违反诚实信用原则或其他公认的商业道德手段从事市场竞争行为，维护公平竞争秩序的一类法律制度的统称。反不正当竞争法不仅保护经营者的利益，而且也保护消费者的利益以及竞争机制本身所代表的社会公共利益。[1] 因此，反不正当竞争法依赖民事救

---

① 王先林:《竞争法视野的知识产权问题论纲》,《中国法学》2009 年第 4 期。

济（主要靠受害主体提起民事诉讼）与行政处罚和刑事制裁三种手段实现其目标。①

《中华人民共和国反不正当竞争法》（以下简称《反不正当竞争法》）（2017年修订）第2条第1款规定："经营者在生产经营活动中，应当遵循自愿、平等、公平、诚信的原则，遵守法律和商业道德。"经营者任何违反诚信原则、商业道德的行为，都构成不正当竞争行为。因此，第2款对不正当竞争行为的定义为："指经营者在生产经营活动中，违反本法规定，扰乱市场竞争秩序，损害其他经营者或者消费者的合法权益的行为。"

《反不正当竞争法》的一般条款也相当于给予司法机关的授权书，借此法院依据诚实信用和商业道德，对于一切有害于市场竞争的行为予以认定，从而克服了成文法的不周延性和滞后性，使反不正当竞争法成为企业创新成果、合法商业利益的兜底保护利器。因此，反不正当竞争法时常也能够实现对有价值的信息的保护。

反不正当竞争作为数据保护的利器，自"大众点评诉百度不正当竞争案"②开始已经形成了较为成熟的裁判规则。该案中法院在判断百度公

① 《反不正当竞争法》在法律责任一章规定了民事责任（第20条）、行政责任和刑事责任（第21条至第28条）。

② （2015）浦民三（知）初字第528号，（2016）沪73民终242号。基本案情如下：汉涛公司以百度公司在百度地图、百度知道中大量抄袭、复制大众点评网点评信息，直接替代了大众点评网向用户提供内容，并擅自使用"大众点评"知名服务特有名称，在新浪微博相关回复中虚假宣传称双方存在合作关系等行为构成不正当竞争，向上海浦东新区法院提起诉讼。2016年5月26日，浦东新区法院作出一审判决，判定百度公司大量抄袭、复制大众点评网点评信息的行为构成不正当竞争。百度公司不服，向上海知识产权法院提起上诉，2017年8月30日，上海知识产权法院作出二审判决，驳回百度公司的上诉请求，维持原判。

司的行为是否违反商业道德时，提出了四个需要综合考虑的因素，我们可以将这四点抽象为此类案件的判断标准：一是被诉行为是否具有积极的效果，是否因使用他人数据而获得利益或商业上的好处；二是使用的涉案信息是否超出了必要的限度，理想状态下应当遵循"最少、必要"的原则；三是超出必要限度使用信息的行为对市场秩序所产生的影响，它是否使得其他市场主体不愿再就信息的收集进行投入，破坏正常的产业生态，并对竞争秩序产生一定的负面影响；四是技术不影响行为正当性判断。法院在判断时要坚持技术中立原则，任何一项新技术应用仍然要受法律评价。[①]

3. 商业秘密保护

商业秘密是作为针对保密性信息的一种财产权，被纳入知识产权体系。各国立法均对经营者的商业秘密予以保护，赋予其排他性的权利。商业秘密拥有者可以处分、转让或许可他人使用商业秘密，这意味着商业秘密具有了财产权的一般特征。

我国《反不正当竞争法》第9条和《刑法》第219条对商业秘密的界定基本一致，将商业秘密界定为："不为公众所知悉、具有商业价值并经权利人采取相应保密措施的技术信息和经营信息。"通常理解，商业秘密具有三性，即秘密性、价值性、实用性。

商业秘密在本质上仍然是基于行为规范对特定信息的合法商业利益保护的一种制度，而不是一种针对特定信息的排他性支配权。商业秘密为当事人提供了一种保护数据的方式，但它的适用有严格的入门条件，即秘密性。而大多的数据（库）不能满足这一条件。一旦将个人自我保密控制扩张至一切有价值的数据，实质上就导致数据"私有化"，进而导

---

① 法院认为，无论是垂直搜索技术还是一般的搜索技术，都应当遵循搜索引擎服务的基本准则，即不应通过提供网络搜索服务而实质性的替代被搜索方的内容提供服务，本案中百度公司使用涉案信息的方式和范围已明显超出了提供网络搜索服务的范围。

致从数据上获取知识的垄断，危害信息自由和商业自由。因此，商业秘密制度不宜随意扩张和延伸于数据保护。

（三）数据控制者的权利保护

1.作为生产要素的数据类型

数据赋权的困境在于，我们仍然用传统的法律观念和制度解决时代发展所面临的新问题。事实上，人类社会已经进入大数据时代，今天我们所讲的资源意义上的数据，不同于工业文明时期人类观察和记录形成的事实数据，因此不能用传统制度来解决这个时代的新问题。

在如今的泛在网络环境下，联网的传感器、智能设备等各种终端，无时无刻不在对客观世界（包括人、组织、物、自然）的运行和活动进行数字化记录，形成所谓的大量事实数据（相对于分析之后具有特定含义的信息而言，这些数据被称为原始数据）。这些数据又可以被挖掘分析，通过先进算法技术进行分析，认知所观察的对象或客观世界，生产出知识甚或智慧（洞察规律、预测未来、辅助决策等）。也就是说，机器生产数据，机器分析数据，是"生产"知识的新方式。在这里，数据成为新的生产工具（人工智能）的"生产资料"，而智能分析或 AI 正在辅助人类认知世界，生产新知。数据作为生产要素的真正含义是在传统知识生产（认知和创新）之外，构建以智能机器为主的新的知识生产体系，以支撑人类社会的运行和发展，驱动人类社会走向数据智能时代。在这样的时代，需要建立大规模的机器生产、处理、分析、应用数据的秩序，给每个环节的数据价值创造者以激励。根据分析结果是否具有创造性决定是否给予保护，似乎不足以解决数据的社会化配置和利用问题，而是需要承认支撑数据分析的数据生产者的贡献，肯定其分享数据进行分析利用所创造的价值。

因此，不是所有的数字化内容都能够成为生产要素，都可以资产化。可要素化的数据资源是由网络、传感器、智能设备自动记录形成的原始性事实数据，而不是所有的数字化知识（信息）。信息和知识有价值，但不能成为可以被个体垄断的财产。能够并需要要素化的仅仅是机器生产的、对客观世界的数字化记录（大数据）。数据作为生产要素并不是要突破现有知识产权制度，而是要构筑一种新的数据智能秩序，解决数据从作为生产原材料到可用资源的供给问题。

2. 数据资源化的产权新范式

这样的数据之上可以设立怎样的产权？在国内外尚无一致观点。虽然许多研究文献也在使用数据所有权（data ownership），但是数据有别于传统的有形物，这决定了即使存在归属（控制）关系也不可能成立物权法意义上的所有权。其中，最为重要的特点是数据价值不固定、不完整、不确定甚或不清晰，碎片化的数据无法评估价值；数据的价值不仅取决于数据量的多少，还取决于使用什么样的算法或分析工具。

赋予数据权利人以所有权并不能确保权利人对数据长期、稳定、排他的利用。虽然让生产者拥有数据所有权有许多益处，如生产者有足够的动力生产加工数据，使数据资源达到最优配置，但是也可能使数据利用（权、责、利）关系变得异常复杂，反而不利于实现数据的价值。这些特征决定了不宜用传统的所有权范式构筑数据资源有效利用秩序，我们需要承认数据控制者有权许可他人使用数据，便可以使生产者获利并对其产生激励。总而言之，数据产权应当是一种使用权，是基于控制产生的使用权。

资源权利配置一定是根据资源特性，以资源最有效的利用为目标。数据资源权利配置旨在构筑数据资源有效利用秩序，而不在于固定特定主体对特定资源之间的支配关系。在数据世界，也很难建立起类似"一物一权"的清晰的产权关系，[①] 只能遵循"谁生产，谁控制；谁控制，谁决定"的原则，将数据使用决定权赋予数据形成和价值创造者，让数据

———————————

① 数据天然具有在同一时间为众多主体非排他使用的可能性，虽然在某个时点上静态观察数据总是在某个主体控制下，但是放在数据海洋中却很难清晰分出控制边界，即划定控制者自由与他人不自由之间的界线。

创造者获得数据产生的收益。数据赋权的本质是解决原始数据的生产者和数据集的生产者向他人提供或分享数据（市场化配置数据）的法律能力和动力问题。

因此，有形物排他支配的方式（所有权）不适用数据财产，并不能成为构筑数据利用秩序的制度工具，数据资源化、资产化需要新的财产权范式。这样的新范式以控制能力为基础，以数据使用权为核心，以促进数据安全有序利用为宗旨。在现有的法律框架下，只要法律对数据控制者合法的使用权（包括许可使用）予以认可和保护，就会开启数据要素市场。未来国家立法方向是规范数据利用行为，限制数据控制者滥用数据行为、不合理垄断行为，以形成公平有序的数据要素市场。

以5G、人工智能、物联网等为代表的新型基础设施建设会加速我国数字化进程，基于新型基础设施形成的数据能否成为新的生产要素，还取决于数据社会化、市场化配置和利用、数据保护等制度是否能够建立起来。因此，数据要素与新基建一脉相承，新基建只有与促进和规范数据流动、分享、分析和应用的制度建设联动规划和部署，才能真正实现新基建在数据经济的基础设施作用。

数据资源化、市场化利用的前提是有大量可靠可用（可作任何关联或匹配分析）的原始数据，而数据的价值发现在需求端，而不是供给端，任何数据流通都是为了数据本身的价值升值。因而数据要素市场一定是在需求驱动下，配以高效的数据供需匹配、数据分享或流通机制，形成可供不同目的、不同场景的算法或智能工具进行运算分析的数据集（数据集合），最终生产出知识或智能服务。数据的全生命周期（从数据的生产到数据的流通、汇集，再到特定分析），均应进行质量、安全和合规管理，控制数据利用的风险。为了实现数据的流通，就需要培育不同类型的数据商业化模式，建立行业性的数据流通利用平台，并为各参与主体设立相应的权利、义务。另外，数据流通应当建立"商业驱动、技术支撑、法律保障"三位一体的数据流通利用体制，保障数据有效、安全和有序流通，利用平台服务成为新基建配套的基础设施。

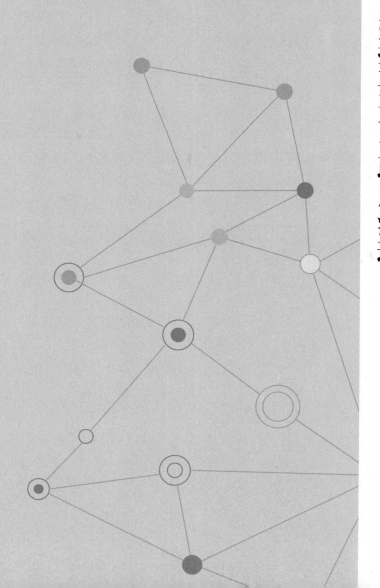

第二篇　数据要素与政府治理

数字政府急需数据治理体系

潘　锋[*]

一、数据治理是数字政府之"魂"

当数据成为第五大生产要素时，这是一种本体的回归。回顾北京市推动信息化建设 20 多年的历程，数字政府建设取得了相当的成就，但信息化、信息乃至数据更多作为手段，缺乏从治理的视角来认知、理解和实践，这或许是多年努力与实际成效并未完全匹配的深层次原因之一。

因此，当我们谈论数据的时候究竟应该从何谈起？这是一个本源问题，还是一个实质问题，更是一个战略问题。我们认为，至少可以从哲学、认识论以及仿生学的不同角度来重新审视和深刻认知数据，这样我们才能够将城市作为一个整体来看待，我们的思路才不会形而上学，我们的实践才能够返璞归真。

从哲学角度看：这个世界本就是由物质、能量和信息构成的。物质以土地为代表，能量以电力为表征，唯独数据，作为产业也是刚刚起步，遑论作为基础资源。

从认识论角度看：数据是客观的，而信息则是"主观"的，是客观

---

*　潘锋，北京市经济和信息化局副局长。

物质世界在人脑中的反映！当下，我们如火如荼地谈论城市大脑的时候，根本上，我们谈论的还是信息以及构成信息的数据。大脑究竟是如何工作的？这是个哲学本源问题，或许将永久地研究下去。那么城市大脑呢？归根结底是联结主义的反映，人脑由无数个神经元联结而成，而城市则由无数个人脑联结而成。因此，城市首先需要联结。

从仿生学角度看：城市大脑是仿生人脑在城市中的映射，或许可以成立。关键在于人类的神经系统与生俱来，后天只是需要训练；而城市则不然，构成城市神经系统的网络需要我们重构，网络中传输的内容需要我们治理。目前，将城市比作生命有机体的话，则城市的"智慧"还停留在草履虫阶段（外部刺激，全身响应）。

综上，我们需要将"资源＋联结＋治理"合并在一起思考城市智慧问题（或者城市大脑）。从这个意义上讲，政府相对于城市而言，或许是"脑垂体"，后者决定了人是否能正常成长，而不会成为畸形。以政府为例，核心是内外有别，各有侧重。

首先，政府内部所有的行为要和职责挂钩，所有的工作要依职、依责、依法办事，用数据说话，只有这样才能在根本上提升政府的效率效能，用数据形成管理考核的闭环。

其次，政府外部更多的作为要和开放衔接，无论是数据、流程还是场景均应如此，而开放是双向的，当政企协同成为常态，则势必形成政府和社会之间高效的数据流动，我们目前对社会数据采取的"统采共用、分采统用"策略就是开放带来的另一个效用，继而提升全社会范畴的数据治理能力，促成数据闭环。

最后，内外双重的作用力会有效地刺激和带动产业（特别是战略新兴产业）的发展，产业反过来又会为政府治理、数据治理以及社会治理输送能量，继而孵化培育完整的产业链，最终形成产业闭环。而管理闭环、数据闭环、产业闭环的真正形成，或许就是数字政府以及数据治理体系的建设初心，这是我们多年来不断思考和践行的方向。

二、数据治理驱动数字政府发展之"道"

（一）世界各国数字政府建设的启示

数字政府在推动经济社会发展、提升政府治理效能、增进人民福祉等方面的作用日益凸显，也正因此，数字政府建设已经成为全球政府建设的重要内容，有些领先国家纷纷把数字政府建设作为政府改革的重要内容，以应对正在到来的智慧社会的挑战，以期顺应潮流、抢占高地。其中，不乏很多给我们工作带来启发以及值得我们学习借鉴的方面。

1. 普遍做法

世界各国发展数字政府的主要做法基本表现在以下几个方面：一是构建高层次的跨领域跨部门统筹协调机制、设立专门机构、健全数字政府运行制度，大力推进政府数字化转型；二是搭建云平台，加强协同集成，加快政务数据资源和基础设施数字化，在政府日常分析、决策和监管方面充分运用数字化技术，推动政务服务一体化、综合化、主动化、精准化；三是建立网络化平台，加强与企业、社会组织合作，提供开放式、合作式公共服务，推动公共服务日益数字化、移动化、智能化，不断满足日益增长的公共服务需求；四是实施数字身份战略，大力发展与社会各界的数字伙伴关系，积极构建数字政府发展环境。

2. 发展趋势

一是重视数字政府的顶层架构。结合数字技术、经济社会的痛点热点问题和当下最紧要的任务或需求，从信息基础设施、数据体系、数字技术创新融合、数字安全等方面编制阶段性的发展规划和具体行动指南。二是持续深化政务大数据应用。强调"数据流动"驱动价值挖掘、通过数据开放，推动公众及社会团体、机构积极参与数据开发、数据应用。三是不断提升数字政府智慧化。通过对数据资源的充分挖掘、及时研判以及共享释放，科学应对社会治理主体多元、治理环境复杂、治理内容多样等问题。四是政府自身转型升级，引领全社会的数字服务能力。不断优化调整政府内部的组织架构、运作程序以及管理服务，通过政府的数据能力和数据治理体系建设，带动整个社会数据发展和应用。

3. 启发借鉴

从服务型政府角度出发，无论是美国的数据开放、英国的平台即政府、新加坡的整体政府，还是爱沙尼亚的数字公民，重点都是围绕如何为公民服务，用数据进行全社会赋能。一方面，把政府数据作为建设核心，围绕数据的采集、加工、应用和服务来加强基础建设和应用推广；另一方面，积极推进政府改革以适应数字社会，并通过数字政府建设带动和提升全社会的数字化水平，通过虚拟世界的整体政府建设促进现实政府的组织改造和职能优化。过程中，及时出台相关的制度法规，规范和保障数字政府健康运行和相关人的权益与隐私安全。

一是要客观认识我国成就。经过多年建设，我国数字政府建设在基础设施、数据生产及服务体系等方面已经取得明显进步，尤其是党的十八大以来，"互联网＋政务"发展迅猛，政务融合度显著增强。特别是我国有独到的发展优势，在发展数字政府方面应有充分信心。其一，明显的制度优势，全国一盘棋、执行力强，好的经验可以快速推广应用；其二，巨大的市场优势，各级政府的需求体量巨大，应用场景复杂多样，为相应的技术应用和数字经济的发展提供广阔空间；其三，庞大的产业优势，我国拥有大批技术服务提供商，其中不乏世界一流企业，可以快速响应各级政府的服务需求。

二是要紧紧围绕数据核心。数字政府首先要有数据，要有源源不断的数据来源，要保证政府各种数据能够采得到、存得住、管得好、用得上，能够保障像水龙头一样进行内部按需共享，能够满足社会的服务需要。因此，要以数据应用为导向、数据治理为重点，构建全国一体的数据体系，做好数据治理，保障数据安全，不断激发社会利用政府数据创新各种服务。

三是要积极探索模式创新。数字政府建设和发展会持续引发很多新现象和新问题，需要改革思维解决，依托模式创新推进。"电子商务的今天，就是数字政府的明天"，重点用好移动互联网、大数据和人工智能技术，增强管理服务能力和科学决策水平。

四是要加快制定制度标准。减少数据采集、共享交换和服务成本，增强社会预期和内生动力。培养各级领导干部用数据说话、管理和决策的思维习惯，不断增强全民数字能力，消弭"数字鸿沟"。

（二）数字政府是技术与管理的集成

信息化，本就是"技术＋管理"的综合集成。归纳和总结国外先进国家和地区的经验做法，可洞悉数字政府的数据治理本身也有技术、管理两个维度的本质特征，而这些构成了我们的总需求、总目标和总任务。

1. 技术维度

一是数据化，实现政府资源和业务的数据化。通过构建大数据驱动的政务新机制、新平台、新渠道，按数据流动规则和规律实现政府流程再造，形成"用数据对话、用数据决策、用数据服务、用数据创新"的现代化治理模式。

二是智能化，实现政府管理和决策的智能化。随着数字政府的不断发展，大量的数据将被沉淀下来，通过对这些数据资源的挖掘、及时研判与共享，实现社会治理的科学决策和准确预判，促进政府管理和公共服务效率与效能的提升。

三是云端化，实现政府应用和服务的移动化。云平台是政府数字化的最基本技术要求，政务"上云"促成由"各地各部门分散建设"向"集群、集约式规划与建设"演化，是政府整体转型的必要条件。应用服务云端化为数字政府建设进程中更有效地使用移动互联网、物联网、人工智能等技术构建科学的基础框架。

四是高效协同，实现政府办公和开放的协同化。强调政府在组织互联互通、业务协同方面实现跨层级、跨地域、跨部门、跨系统、跨业务的协同管理、服务与交互。各级政府部门充分发挥协同作用，推动管理与服务模式转型升级。

五是动态演进。实现政府变革的迭代演进。不同技术条件、需求阶段和社会响应趋势下，数字政府形态所表现出的特色、价值及影响存在差异，在不同服务模式的驱动与用户需求的倒逼下，政府数字化形态经历过或正经历着从信息数字化到业务数字化再到组织数字化的转变。

2.管理维度

一是整体政府。打破各部门内部业务壁垒，以全局、整体的思路调度资源、协同工作，以一体化、整体化的理念开展管理和服务。

二是在线政府。充分应用互联网、移动互联手段，提供永不打烊的政府服务，面向社会公众和企业提供更加高效、人性和便捷的服务。

三是开放政府。政府审批服务全过程留痕、全流程监管，政府办事公开、透明，社会公众和企业深度参与社会治理中，政府与社会充分互动。

四是智慧政府。灵活运用数据资源和信息技术做好决策支撑、精细管理和对外服务，政府调控管理能力更强，决策更加科学智慧，服务更加便捷高效。

五是创新政府。信息技术与政府管理深度融合，形成观念创新、制度创新、管理创新、业务创新、技术创新、模式创新的政府新形态。

（三）数字政府的核心是数据治理体系

数字政府的数据治理核心就是要确保政府能够合适地管理和使用数据，并在合适的地点、合适的时间、为合适的人（群）提供合适的信息。而城市治理中的数据治理，政府一般是数据治理的主体。从宏观层面看，是针对数据经济、产业乃至整个社会数据化过程的治理；从中观层面看，是针对政府对社会公共事务治理中产生或需要的数据资源的治理；从微观层面看，是针对政府信息系统所存储数据的治理。

概括起来，政府数据治理就是以现代化治理为理念指引、以善治为最终目标、以规章制度为保障、以城市要素为主体、以城市科技为途径，对政府数据与社会公共数据进行全程管理和全面治理，保障数据的共享开放利用，以实现数字经济效益和智慧社会效益最大化的过程。

据此，笔者认为，数字政府和数据治理体系的关系至少应包括以下三个层面。

1. 数字政府是目标，数据治理体系是手段

数字政府需要数据治理体系的强力支撑。数字政府借大数据之手传递服务温度，准确捕捉现在并预测未来，通过推行数据政务让服务变得更加温情、聪明，政府治理更加高效、智能，社会结构更加和谐、融合，最终激发国家巨大的体量转化为创新的能量。

数字政府的基础是数据，没有海量数据，数字政府就无从谈起。数据采集、数据存储、数据共享、数据开放、数据分析、数据运用等，都需要政府具有足够的数据治理头脑（或意识）和强大的数据治理能力。数据治理头脑是指要懂得在顺数而为，循数治理。数据是政府治理的重要资本和重要依据，政府对数据的治理是政府治理现代化的前提。数据治理能力是大数据时代对政府治理提出的新要求，这种能力就是采集存储数据、开发应用数据、规范管理数据的能力。对传统的文件管理，政府已经积累起一整套行之有效的管理制度和运行机制，而数据治理则是政府面临的新课题。

📖 专　栏 ·······

城市数据治理的基础能力

数据治理的核心环节是数据应用，通过盘活海量数据资源，充分释放数据潜力，使数据之"沙"汇聚成"塔"，其关键要素是网络通、交换快、计算敏、安全高，这也构成了后续北京数字政府建设的挑战和要求。

网络通。加速推进5G等建设，整合城市各种网络资源，建设统一的网络基础，支撑不同感知终端间的数据汇聚、互联互通和共享应用，为推进城市数据治理奠定网络基础。

交换快。利用5G技术大带宽、大连接、低时延等优势，提升数据流转效率，提高数据传输速度，打造城市数据"高速公路"，实

现城市数据实时连接、实时共享交换，实时应用。

计算敏。基于深度学习、神经网络等技术设计数据模型和分析算法，实现实时运算分析、PB级数据秒级运算，提升数据洞察能力和基于场景的数据挖掘能力，为数据插上翅膀，让数据展翅翱翔。

安全高。基于多方安全计算技术在数据加密状态下进行高效的数据融合计算，在保护敏感数据安全的前提下实现有效的数据合作，又不损失数据价值，达到数据可用而不可见。

2. 数字政府是"表"，数据治理体系是"里"

两者相辅相成，辩证统一。数字政府建设关键不简单在"数字"，而在于用"数"于"治"，回归政府治理本位才能抓住对数字政府的基点理解。因此，注重并加强数据治理系统性、开放性和可持续性是数字政府的发展趋势和内在要求，解决了"本质"问题，表象问题也就不攻自破了。

从内涵来看，数字政府可实现精准计算和高效数据治理，形成数据资产并应用于政务管理、公共服务、经济社会发展等领域而构建的政府形态。从外延来看，在数字政府的目标导向下，政府更多地扮演设计者而非管理者，不仅能运筹帷幄地掌舵，更能够高屋建瓴地预测、分析，从而促进国家治理体系的数字化转型。

3. 数字政府是国家治理体系的有机组成，数据治理体系是治理能力现代化的魂魄

数字政府作为推动国家治理体系和治理能力现代化的战略支撑，是数字中国的重要组成部分，是优化营商环境、推动社会经济高质量发展的重要抓手和引擎，是践行新发展理念、增强发展动力、增强人民福祉的必然选择。

数据治理体系实现数据智能与价值再造，通过全量、多维度的大数据和数据全生命周期治理，挖掘数据价值，促进政务服务精准化、治理现代化与决策科学化，更好的数据意味着更好的决策。

综上，当前各级政府普遍欠缺数据治理体系的构建，小、散、乱

是普遍特征，建立健全城市级的数据治理体系，让数据在城市有机体中有序高效流转是当务之急；否则，数字政府依然会退化为政府数字。

三、北京探索数字政府与数据治理之"路"

北京市的数字政府和数据治理体系建设伴随着城市信息化 20 多年的发展历程，其间历经了 2008 年奥运会、城市副中心建设以及大数据行动计划启动实施三个最具代表性的里程碑，极大地带动和促进了北京数字政府的建设。客观地讲，北京今天研究和推进数字政府建设不是空中楼阁，而是有一定的积淀和基础。但作为首善之区，面对首善标准，也感到压力巨大。IT 界常说的"后发优势"，于北京而言恰恰是"先发劣势"，个中原委不言而明。因此，北京市既要遵从客观规律办事，更要充分发挥自身优势。行百里者半九十，我们始终在探索奋进。

（一）发展历程

北京市的信息化发展大致可分为"网上""云上""数上""智上"四个阶段，目前正处于由"云上"向"数上"过渡的时期。

1."网上"阶段

2001—2014 年，是部门信息化工程和政府上网工程为核心的"网上"阶段。2001 年以来，北京市先后建成了电子政务内网、外网、有线政务专网和全球最大的城市级集群通信网（800M）。2006 年建成全国首个政务信息资源共享交换平台，同期建设了人口、法人、空间地理等基础数据库，这一阶段信息化建设为实现信息共享和互联互通奠定了基础。

2."云上"阶段

2015—2018 年，以政务云建设和信息系统入云为核心的"云上"阶段。2015 年底，北京市按照"2+1"架构完成了市级政务云建设，截至目前，已为 79 个市级部门的 1214 个业务系统提供了可靠云服务，局部应用达到国内领先水平，综合绩效十分明显。副中心首批搬迁单位 90% 以上的政务信息系统均已实现入云。

3. "数上"阶段

2018 年启动实施北京大数据行动计划至今，北京市开始步入以数据共享开放和"互联网 + 政务服务"为核心的"数上"阶段。数据资源成为城市发展的重要战略资源，传统信息化基础设施和应用系统进行深度整合与重构。在入云基础上，建立以数据共享开放为核心的大数据资源体系和以政务服务为核心的一体化服务体系。

📖 专　　栏

北京大数据行动计划

北京市于 2018 年 4 月召开大数据工作领导小组第一次会议，启动实施北京大数据行动计划。确立了"四梁八柱深地基"的总体设计框架，围绕"优政、惠民、兴业、安全"的总目标，夯实基础、创新应用，从政务数据汇聚共享、政企数据融合、大数据基础设施完善、构建完善标准及评估评价体系、推动全市大数据应用以及相关产业发展等方面，以数据为驱动，践行新型智慧城市、数字生态城市的发展实践。

市大数据平台是支撑北京大数据建设的重要基础设施。平台依托互联网、政务网、局域网和专网，与国家平台、领域平台、区级平台和社会数据形成数据吸纳反哺机制，形成大数据"汇、管、用、评"四位一体管控体系。提供数据资源服务、计算资源服务和大数据共性组件服务三大类服务。提供四种服务模式，分别为共享交换模式、数据接口模式、融合共建模式和全集约模式，其中后三种模式属于服务的主流发展方向。共享交换模式是将大数据平台作为数据流转通道的传统数据调度模式。数据接口模式是通过 API 接口服务的形式向各部门业务应用提供在线服务。融合共建模式是指利用多租户、沙箱、联邦计算等技术，支撑各类跨节点、跨库的多方数据融合计算分析应用。全集约模式是部门业务应用系统构建全部依托大数据平台能力，真正实现应用与大数据平台的紧密共生。

截至目前，北京市已经建立起以"目录区块链"为核心和引擎的政务及社会数据汇聚融合共享体系，城市综合治理、"互联网＋政务服务"、领导辅助决策以及交通、环保、医疗卫生、教育等领域大数据应用不断成熟，用数据说话、用数据管理、用数据服务正在成为城市发展和市民生活的主题。

4．"智上"阶段

当前，北京市正在并行向以"云大物智移"新技术环境下的数据资源开发利用和融合应用为核心的"智上"阶段演进，通过建立健全大数据产业生态，实现城市大数据共享开放和深度应用，数据成为城市"共治、精治、法治"的重要支撑，建成世界级智慧城市。

（二）顶层设计

近年来，伴随着云计算、区块链、大数据、人工智能等新一代信息技术快速发展和深度应用，一方面为城市综合运行感知及资源优化配置能力提升奠定了良好的基础；另一方面如何实现不同技术和管理模式的综合集成也同时考验着数据治理者们的智慧。总体上，北京市在上述几个关键技术的关系问题上，形成了如下顶层设计。

1．政务云：数据治理体系的定鼎之钧

政务云提供了数据治理的基础环境，支撑数据流动、存储与计算。过去，各部门的信息系统分散在各自的机房环境中，数据标准不同、技术架构各异，天然形成"孤岛"，造成共享难等诸多问题。早在2015年，北京市创新采用"企业投资建设、政府购买服务"的竞合模式搭建市级政务云，实现政务机房、网络、数据资源的集中和整合。自政务云投入使用以来，市级层面全面停止各部门硬件资源采购，按照"入云为常态、不入云为例外"的原则，要求各部门信息系统务须迁移入云，部门机房逐步关停，做到"应入尽入"，解决了数据物理空间分散问题。

就政务云而言，要从网络、存储、算力等维度加强技术支撑，切实增强数据应用能力。在网络方面，运用物联网技术丰富数据采集维度，利用5G技术带宽大、速度快、延时低等优势提升数据流转效率，打造数据"高速公路"。在存储方面，探索与互联网应用特征相适应、与政务信息安全要求相匹配的数据存储方案，稳步推动分布式数据库应用，实现数据高效存储和弹性扩展。在算力方面，加快分布式架构转型，充分发挥云计算等技术高性能、低成本、可扩展的优势，满足海量数据分析处理对计算资源的巨大需求。

2. 目录链：数据治理体系的定海神针

数据治理的一大难点就是如何在保障数据所有权基础上实现数据的融合应用。自2018年4月北京市全面启动实施北京大数据行动计划以来，北京始终高度重视区块链、大数据等新技术、新模式的应用，创造性地将区块链的理念和技术与北京政务信息资源的共享、开放、应用实践有机结合在一起，针对共享难、协同散、应用弱等长期桎梏问题，利用区块链将全市各部门的职责、目录以及数据高效协同地联结在一起，打造形成了职责为根、目录为干、数据为叶的"目录区块链"系统，为全市大数据的汇聚共享、数据资源的开发利用以及营商环境的改善提升等提供了支撑、创造了条件、营造了环境。北京"目录区块链"系统不仅成为全市大数据行动计划的"定海神针"，更是营商环境改善等重点应用不可或缺的"神来之笔"。

区块链技术的引入，有效消除了数据所有方因信息"所有权让渡"造成"事权转移"的顾虑，规范数据使用行为，严控数据获取和应用范围，确保数据专事专用、最小够用、未经许可不得留存，杜绝数据被误用、滥用。在满足各方合理需求的前提下，最大限度地保障数据所有方权益，确保数据使用合规、范围可控。

📖 专　栏

"目录区块链"助力数据治理体系建构新秩序

北京市利用区块链理念，建立"职责—数据—库表"三级目录体系，并通过"目录区块链"系统加以锁定。首先，市委编办、市经信局、市财政局等部门严格依据部门职责确定数据管理责任，实现职责—目录—数据的强关联、严绑定，为数据、系统、应用上了"户口"，解决了数据缺位越位问题；其次，依托"目录区块链"将部门间的共享关系和流程上链锁定，构建起数据共享新规则、新秩序，共享单元下沉定位到"处室"，为共享、协同、整合立了"规矩"，解决了数据流转随意、业务协同无序等问题；最后，所有数据共享、业务协同行为在"链"上共建共管，无数据的职责会被调整，未上链的系统将被关停，建立起部门业务、数据、履职的全新"闭环"，解决了应用与数据脱节、技术与管理失控等问题。

截至目前，市级60个政务部门的8969条职责目录7.1万条数据目录完成上链，600个系统上链后完成"交钥匙"和数据挂接工作（占应交钥匙系统数的53%，不交钥匙的系统主要是新建未投入运行系统）；汇聚54个部门14945项102亿条数据，三大电信运营商和美团等网企业756项544亿条数据。

总体上，通过"上户口""立规矩""建闭环"等系列组合拳的运用，基本建立数据共享新格局、数据应用新机制和数据治理新秩序，在特大型城市管理、社会治理和民生服务等应用中取得成效。

3. 职责明：数据治理体系的定盘之星

如果没有动态真实数据的更新与共享利用，数据治理发挥的功能就仅仅停留在既定赛道上完成规定动作的状态，无法在复杂多变的社会治理中实现更加"智慧"的管理。当前，无论是管理部门还是社会企事业单位和各类机构，各条线数据分散现象或多或少存在，数据多头收集时有发生。这既增加了信息报送、采集、存储成本，也导致数据责任主体不明，数据安全、数据质量难以保障。

自2018年以来，北京市级政府各部门，以职责为根基，逐条梳理建立"职责目录"，通过与"职责目录"一一对应形成全市"数据目录"一本大台账，利用区块链的分布式存储、不可篡改、合约机制等特点，建立起北京市"目录区块链"，将各部门目录"上链"锁定，建立职责、系统、数据之间的对应关系，实现了数据变化的实时探知、数据访问的全程留痕、数据共享的有序关联。由此，在根本上解决了数据共享难题，提升政府内部工作效率的同时，为"放管服"等营商环境改革提供了有效的数据支撑和规则保障。

职责是能够明确源数据管理的唯一主体，保障数据完整性、准确性和一致性，减少重复收集造成的资源浪费和数据冗余。同时，通过建立数据规范共享机制，实现数据多向赋能。将价值有限的单线条数据，有效联动为发挥关键作用的高价值数据，提升数据利用效率和应用水平。

4. 大数据：数据治理体系的定格之举

大数据开放共享为智慧城市建设提供更多的数据来源，大数据融合使智慧城市服务更加优质，大数据挖掘使服务更加精准。政府要注重树立数据治理理念，盘活数据资源，剔除劣质资源，追求数据经济和社会效益与数据安全和隐私保护的动态平衡。

通过目录链、职责系纾解了数据"不敢用""不能用"的问题后，还面临局部数据"不好用"的桎梏。有些部门和单位在数据采集、存储、处理等环节可能存在不科学、不规范等问题，导致错误数据、异常数据、缺失数据等"脏数据"频频产生，无法确保数据质量。另外，由于领域条线繁杂、业务种类多样，多个部门往往数据采集标准不一、统计口径各异，同一数据源在不同部门的表述可能完全不同，看似相同的数据实际含义也可能大相径庭，数据一致性难以保障。这给全局数据建模、分析、运用造成障碍，"单打一"的数据治理效果大打折扣。

5.AI（人工智能）：数据治理体系的终极目标

城市的数据来源众多、体量庞大、结构各异、关系复杂。从如此繁杂的海量数据中挖掘高价值、关联性强的高质量数据，需要高效的信息技术支撑和可靠的基础设施保障。由于缺乏能够指导分析解决实际问题的 AI+ 业务的数据建模与算法优化能力沉淀，数据资源利用大多停留在表面，数据应用尚不深入、应用领域相对较窄、数据与场景融合不够，导致数据之"沙"难以汇聚成"塔"，海量数据资源无法盘活，数据潜力得不到充分释放。除此之外，作为一个复杂巨系统，城市的数据治理体系建设中，非结构化数据的 AI 处理需求也日益凸显。通过 AI，基于深度学习、神经网络等技术设计数据模型和分析算法，城市数据洞察能力和基于场景的数据挖掘能力不断提升。

（三）未来展望

"十四五"时期，如何进一步构建开放、创新、融合、智慧的数据治理体系，建构支撑城市共治、精治和法治的数字政府，加速更大范围和更深层面的善治，是我们努力探索的方向。

1. 拓展场景开放，推动城市共治

作为一座超大城市，北京具备了发挥数据治理价值的最关键要素之一——充沛的应用场景。在政府有效引导、社会和企业的积极参与下，正在形成大数据产业与应用协同发展、技术供给与市场需求全面对接的良性循环。通过不断向外开放应用场景，不仅带动了全球性领军企业、高成长性创新企业的落户与发展，也吸引了具有创新精神的海内外大量人才集聚。各企业和人才通过丰富多彩的应用场景实践，重构了人们对于海量数据挖掘和运用的现实方式和想象空间，孕育着新一波生产率增长和消费者盈余浪潮的到来。

目前，围绕市民关心，北京正积极探索智慧城市与城市科技紧密结合的城市创新体系。一方面，要把过去相对封闭的应用场景向社会开放，通过"揭榜制"、设立"政企联盟"等多种方式，鼓励更多的企业和机构参与电子政务建设，融入信息化的全生命周期；另一方面，要率先在"政通人和"的广泛联结上下功夫，政府内部不同部门之间、市区街居之间、政府和企业乃至民众之间，要真正打通并有效协同。只有这样，才有了"共治"的基础，也只有这样，才能让个人、法人有效快捷地参与进来，人民城市才能人民建、人民管。

📖 专　栏 •

北京市"移动公共服务平台"助力"政通人和"

1. 统一身份认证平台

统一身份认证平台对内整合各级政府部门互联网业务系统，对外面向企业（法人）和群众（自然人）提供统一的账户注册、身份核验、登录认证以及跨系统单点登录服务。企业和群众只需注册一个账户，便可登录全市各个政务服务业务系统办事，达到"一网通办"效果。平台先后集成了国家公安部人口库、国家企业库、北京市法人库、电子营业执照系统、国家移民局出入境证件核验服务等各类权威身份认证源，可为北京市各类机关、企事业单位提供身份认证，并为中国大陆公民、港澳居民、华侨、永居外国人提供身份认证服务。

截至目前，统一身份认证平台已对接 60 余个部门 200 多个业务系统，为 1600 万自然人用户、190 万法人用户提供服务。

2. 电子签章应用系统

电子签章应用系统为全市政务领域产生的电子文档、电子证照等各类电子文件提供统一的电子签章验章服务，为政府部门提供电子印章市级政务云集中托管，并与国家统一电子印章平台对接，实现全国互信互认。

截至目前，电子签章应用系统已为政府部门的 1184 枚电子印章提供云集中存储，对接市规自委、市住建委、市经济信息中心、经济技术开发区等 17 家单位，与市级电子证照系统、统一行政审批平台系统的对接，实现审批过程中审批结果、回执及电子证照的版式文件加盖电子印章专用章的服务，在24类电子证照上远程加盖电子印证1万余次。

3. 电子证照库

统一的电子证照库具备支撑全市电子证照制证、签发、共享与核验等能力，为法人、自然人提供办事服务。电子证照管理系统作为国家政务服务平台电子证照地方节点与国家平台对接，面向全市各级政务服务部门提供政务服务事项的电子证照目录发布、制作、依权责应用等标准化服务，具备与各级部门政务服务系统对接能力，实现了纸质证照与电子证照同步签发，在业务办理过程中共享使用电子证照，实行网上证照查验，提高了办证效率和用证便利化水平，突破了网上全流程办事瓶颈。

截至目前，共完成36个委办局274类8515万张电子证照的制作与存量证照纳入工作，支撑各类电子证照在政务大厅、网上办事大厅、北京通App及BAT小程序上的应用，为简化办事流程，改善营商环境提供支撑。

4. 统一支付平台

统一支付平台是面向公众和企业的一站式缴费和支付平台，覆盖行政事业性收费和公共民生收费。平台所涉及的执收单位包括北京市内按照有关法律、法规、规章规定的国家机关、事业单位、代行政府职能的社会团体及其他组织。平台已集成多种缴费渠道，包括微信、支付宝、银联、招商银行等；支持的支付方式包括微信免密支付、微信公众号支付、微信小程序支付、支付宝免密支付、银联云闪付支付、招行App支付、招行免密支付，支撑各执收单位通过使用北京市统一支付平台完成非税类缴费、便民类缴费以及部分经营性缴费。

统一支付平台已与会计职称考试缴费、计算机等级考试缴费、自学考试缴费、普通高考缴费、成人高考缴费、路侧停车缴费、人力资源师缴费以及"一网通办"统一支付平台等完成对接并上线。

截至目前，平台支撑完成约 3575 万笔交易，交易金额约为 6.3 亿元。

5. "北京通" App

"北京通" App 是北京市城市服务移动化和政务服务移动化的统一入口。"北京通"以身份通、数据通、应用通和民心通为理念，通过特色服务和功能的革新，实现以下四个转变：一是"北京通"App 的统一身份认证功能，实现"数据孤岛"和"应用烟囱"由"分布部署"向"逻辑集中"的转变；二是电子证照的创新应用，实现由"我向政府证明"转变为"政府给我证明"；三是众多便民服务的集成应用，实现由"群众跑腿"转变为"数据跑路"；四是依托多种移动端便民服务渠道的增加、用户反馈模块的上线以及新建立的"用户服务星级评价"功能，让服务更精准、更贴心、更好用，实现由"群众找政府"转变为"政府在手边"。

"北京通"App2.0 于 2019 年 12 月上线，具备亮证、办事、查询、缴费、预约、投诉、通信七大类实用性功能，用户一次注册即可享受北京市政府相关部门提供的政务服务和公共服务事项。目前，"北京通"已注册用户 425 万人，接入 905 个政务服务事项。

6. 综合办公平台

综合办公平台是北京市"移动 +PC"为一体的综合服务门户，通过统一建设通用性 PaaS+SaaS 的系统办公服务，为政府部门提供个性化平台，支撑各委办局不同办公需求。依托统一的用户管理和认证服务实现单点登录，借助移动互联网技术，实现对会议全流程管理、沟通交流、信息报送、流程审批、统一文件、知识汇集、移动办公和行政办公区园区服务等应用功能的集成融合。对内资源整合，对外应用集成，实现门户融合、办公信息及数据互联互通。

截至目前，平台具有 10 大核心功能、17 项基础功能、370 个功能点。其中，公务员邮箱服务 122 家市级部门，近约 6 万个用户；短信平台和网络传真系统服务 31 家委办局 53 个系统接入，年发短信量约 600 万条，网络传真 18 万封。

当然，手握"场景优势"的北京，在一些方面依然存在着阻碍场景开放与转化的瓶颈问题。在治理过程中，政府是治理的主要行为体，但同时治理的发展方向又在互联网大潮中体现出多中心化趋势，仍需持续发力，从技术产品主导的场景开发向技术业务融合的场景开发转变，让"生地"变为"熟地"，将优势化为"先手"。

2. 深化数据开放，推动城市精治

透明度作为善治的基本要素之一，每位公民都有权获得与自身利益相关的政府信息，包括立法活动、政策制定、法律条款、政策实施、行政预算、公共开支等。政府数据开放是提升政府工作透明度、推动政民互动和数据资源利用及城市精细化管理的重要手段，让管理机构设置更合理、管理程序更科学、管理活动更灵活，同时最大限度地降低管理成本。实践证明，只有通过数据开放才能进一步在全社会范围内释放"数据红利"，只有通过应用倒逼才能不断检验修正数据质量，也只有通过建构全社会范围内有序共享开放的数据治理体系，"精治"才不会成为一句空话。

目前，北京市正持续优化"完全开放""专区开放""实验开放"等开放模式，探索实现政务数据、社会数据等多源数据协同应用。2019年，北京市依托市级大数据平台建设了金融数据专区，在金融服务、中小微企业贷款等方面取得一定成效。2020年以来，我们加快拓展行业领域，如民众急需且社会数据丰富的交通、教育等，建设更多的数据专区，将专区打造为城市有机体的"新陈代谢"系统，推进政府和社会数据的互补、反哺及融合，集各方之力解决城市管理痛难点问题。

在开放过程中，需要重视政府机构间的"联合开放"。通过跨部门、跨层级的组织合作与各类城市科技的深层次嵌入，推动组织形式创新、共享合作和流程再造。另外，要充分考虑数据开放的长效运营机制，探索完全开放政府许可、非商业性使用政府许可、收费许可等运营模式，规范并保障政府开放数据安全可靠，数据利用有据可依。政府越来越多地为公众参与城市治理创造新的空间，帮助公众通过行使问责权、参与权等方式参与城市精治。

📖 专 栏 ....

北京市的数据开放实践

北京市公共数据开放工作于 2012 年启动。2019 年 10 月，北京市大数据工作推进小组办公室印发《关于通过公共数据开放促进人工智能产业发展的工作方案》，提出"推进一般公共数据无条件开放""建设公共数据开放创新基地，通过特定方式面向人工智能企业进行有条件开放数据"。

1. 无条件开放

截至目前，北京市通过统一开放平台"政务数据资源网"面向社会无条件开放市卫健委、市交通委、高法等 68 个单位的 1516 类 490 万条数据。

2. 有条件开放

北京市建设公共数据开放创新基地，通过数据专区、应用竞赛等方式，在不转移数据所有权和控制权、清洗脱密脱敏和确保安全的情况下，向北京市相关企业有条件开放公共数据资源。

3. 金融数据专区

依托创新基地建设金融公共数据专区，经市政府批准印发《关于推进北京市金融公共数据专区建设的意见》，市经信局与北京金控集团签署《北京市金融公共数据专区授权运营协议》，通过市场手段推动政府公共数据在金融领域的社会化应用。

目前专区汇聚 27 家单位涵盖 200 余万市场主体的登记、纳税、社保、不动产政府采购等 17 亿条高价值数据，支撑首贷中心审批通过贷款 2403 笔 105.69 亿元；支持工商银行、建设银行推出"普惠大数据信用贷款"和"云义贷"，为 55 家小微企业发放贷款超 3600 万元，充分彰显了大数据对于普惠金融的重要意义，既精准定位小微企业，又实现快速投放，一定程度上缓解中小企业融资难融资贵问题。建设金融公共数据专区，推进政企数据融合应用。

4. 线上数据交易平台

探索建立集数据登记、评估、共享、交易、应用、服务于一体的流通机制，培育和推进数字经济发展，目前已通过平台达成人工智能数据集、数据可视化等数据交易或服务合作。

5. 开放竞赛

连续 4 年与"中国研究生智慧城市技术与创意设计大赛"合作，面向参赛者专项开放数据集，创新应用方案通过"政务数据资源网"向社会开放并择优在政府内部推广；2019 年 11 月，举办"AI+司法服务"创新竞赛，通过定向邀请模式，共同筛选了清华大学等 10 家单位参赛；2020 年 2—6 月，举办"2020 北京数据开放创新应用大赛——科技战疫·大数据公益挑战赛"，共有 5525 支参赛团队 6709 人参加，提交作品总数 23290 件，最终 22 个作品分获各赛道一、二、三等奖；2020 年 7—8 月，举办"北京数智医保创新竞赛"，共有 49 个单位组成 63 支团队参赛。市公安交通管理局设立首都智能交通管理联合创新中心，通过应用竞赛的方式，在局机关特定办公场所，向千方科技、格灵深瞳等人工智能企业开放数据，供其开发应用算法和产品。

3. 提升算法水平，推动城市"法"治

党的十八届四中全会通过的《中共中央关于全面推进依法治国若干重大问题的决定》提出了"良法是善治之前提"。可以看出，法治是善治的基本要求，没有健全的法制，没有对法律的充分尊重，没有建立在法律之上的社会程序，就没有善治。法律作为善治的要素之一，不仅是体现国家职能和作用的必要手段和重要形式，而且可为政策执行提供"标尺"。

在大数据时代，"法"治还有另外一层含义。站在城市的立场，探析数据的视野，北京有 3000 多年的历史文化沉淀，有各实验室、百千位院

士以及各总部治理的经验沉淀，具备强大的算法基础。但就现阶段来说，还存在如下两方面问题：一方面，大量专家、学者乃至机构的知识、经验依然停留在个体的大脑里，这些都是隐性知识，没有显化为显性知识，后者是计算机可以计算或参与的前提；另一方面，政府和企业或者社会之间，大量的运行机制、规则、流程等，没有显化为专业领域所需要的规范、标准等。

数据治理是提升城市算法水平的关键，可以通过数据治理对城市规则及运行机制进行优化完善，以期不断提升政府治理效率和能力，优化营商环境，加速相关问题解决的同时，推动实现以人为本的众智之城。

四、小结

本文力图从时空、中外、前后多个维度来阐释数字政府、数据治理体系及其交相辉映的内在联系，目的还是要面向未来、着手当前。在战略上高度概括，我们的发展理念理应聚焦在以下四个方面。

一是把握平衡点。古语道"独行快、众行远"，数字的核心归根结底是人的智慧，上升到城市生命体、有机体的高度上，则是个人的"小"智慧以及由此衍生拓展到的众人的"大"智慧。数据治理和数字政府需要充分发挥和释放个人—众人—人人的力量，所谓"人人为我、我为人人"，聚众力、集众智，方可众志成城。

二是找准突破点。古今中外的政府以及数字政府的建设，矢志不渝的初衷本意均可凝练为8个字——民生为首、开放为要。政府的使命和职责始终都是让人民当家作主、为人民服务、不断增进民众的获得感；而开放是一把弥合政企罅隙的方式和手段，只有政府带头充分开放，全社会范围内数据的有序流动、充分共享以及共建共用才有可能，才能真正优政，真正服务市长、市民和市场，继而带动企业、行业以及产业的持续健康快速发展。

三是立足"公约数"。大千世界、芸芸众生，小到个体，个性千差万别；大到组织，文化百花齐放。在这样一个复杂巨系统中，共性和个性之间的那个通用、通行介质是唯一的"受力点"和"着力点"，笔者将其概括为"最大公约数"，后者是整个生态体系借以维系良性运转的轴心，考验着各级管理者的智慧。数据，无疑就是这个"最大公约数"，唯一能够代表和承载所有个体、群体乃至机构"内涵"的综合集成体。因此，当我们能够建构城市级数据治理体系的时候，数据背后所"代言"的共性、个性以及共性和个性之间就有了最为公约而持续的新秩序。在这里，数据与个人、城市、文化等是高度平衡、辩证统一的。

四是笃行不忘初心。广义地讲，为人民服务是政府恒久的初心，我们做数字政府就是为了更好地践行这一点；狭义地讲，各级政府部门的"初心"是由"三定"职责所赋予和定义的，当数据可以承载其价值或使命，并有序流动的时候，以"职责为本、数据为根"就理应成为每个部门（人）的"初心"，我们就势必要完成从"有数"到"优数"再到"善数"的迭代演进。当我们能够做到数据全生命周期的管控，当数据可以依规有序地从"生"到"死"（删除），当用户可以在需要的地点、需要的时间、获取需要的数据的时候，我们就可以说，数字政府的数据治理体系，似水无形、善莫大焉！

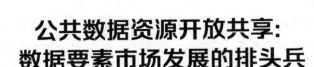

公共数据资源开放共享：
数据要素市场发展的排头兵

王伟玲　吴志刚 *

随着互联网的快速发展和数据资源价值的日益显现，公共数据资源开放共享已经日益成为近年社会关注的热点。尤其是智慧城市的发展，对公共数据资源的开放共享提出了更迫切的要求，使公共数据资源的开放共享越来越得到国家和各级政府的普遍关注。与此同时，信息技术发展到现阶段，信息获取方式极其便捷，政府、社会、市场等不同主体对公共数据的使用有极大的需求，而很多部门掌握了大量可公开的数据资源可以满足不同主体的数据需求，但受制于体制机制不完善、标准规范不健全、安全形势加剧等种种问题，促成了公共数据开放共享成效有待进一步提升的发展局面。本文研究了公共数据资源开放共享的理论基础、目的和意义、国内发展现状，并对发展公共数据资源开放共享提出了相关建议。

一、推动公共数据资源开放共享的战略价值

（一）数据要素市场培育对公共数据开放共享提出新要求

2020 年 4 月 9 日，中共中央、国务院公布了《关于构建更加完善的要

---

* 王伟玲，赛迪研究院（中国电子信息产业发展研究院）智库信息化与软件产业研究所数据治理研究室主任、研究员。吴志刚，赛迪研究院（中国电子信息产业发展研究院）智库信息化与软件产业研究所所长、中国软件评论中心副主任。

素市场化配置体制机制的意见》（以下简称《意见》），明确提出"加快培育数据要素市场"。推进数据要素配置模式探索，破除数据自由流动的体制机制障碍，深化数据要素价格改革，加快建立健全数据治理体系，充分发挥数据这一新型要素对其他要素效率的倍增作用，培育发展数据要素市场，对释放数据红利推动数字经济高质量发展具有十分重要的战略意义。

公共数据开放共享是推动数据在公共部门间流通的催化剂，是公共单位数据价值向社会释放的加速器，更是构建数据要素市场的探路者。《意见》明确提出以数据共享责任清单为抓手，加快推动政府共享，研究建立公共数据开放和流动的制度规范。近年来，在公共数据开放共享等文件的推动下，我国公共数据开放共享取得积极进展。但是开放数据质量不高、共享意愿不强的现象依然存在，政府、企业、个人不同主体获取数据的困难依然存在，致使经济社会运行的各个领域未能得到全面的数据支持。加快政府数据开放共享，政府先行，让政府数据像水一样，随需而动，滋养各个领域，可以为企业和个人数据要素市场化有序流动提供良好经验。

（二）公共数据资源开放共享是适应时代发展的必然选择

在信息社会，随着大数据、云计算、物联网、移动互联网等新技术及相关的创新应用不断加快，海量数据正在政务管理、产业发展、城市治理、民生服务等众多领域不断产生、积累、变化和发展，数据资源也正和土地、劳动力、资本等生产要素一样，成为促进经济增长的基本要素。政府作为最大的制造者和使用者，占有 80% 的公共数据资源，加快政府数据资源向社会开放和利用是政府加快行政管理改革主动适应时代发展的必要选择。自 2009 年起，以美国率先开通政府数据服务网为里程碑，已有 63 个国家和地区推进政府数据开放，英国、美国、加拿大、巴西、新西兰、澳大利亚等国家已将政府数据开放纳入了国家发展战略。我国政府在做着开放数据的努力，但是开放程度仍远不及世界领先国家。根据开放知识基金会发布的政府开放数据普查结果，在 70 个国家和地区政府中，我国综合排名第 35 位。

（三）公共数据资源开放共享可提高公共决策的质量和效率

公共数据资源在国家和各地方战略和政策的制定，在农业、水利、能源、交通、国土规划、环境保护、城市建设、防震抗灾以及重大工程建设等方面都发挥着极其重要的作用。公共数据资源开放共享通过横向与纵向业务应用系统的融合，在一定程度上加强了部门间的沟通与合作，决策的质量和工作效率有了很大提高。联合国公布的《大数据促发展：挑战与机遇》白皮书中，重点指出政府利用互联网数据可以对社交网络和手机短信中的信息进行情绪分析，从而对失业率、疾病暴发等进行趋势预测分析。通过利用数据资源共享开放实现政府行政管理方面的运作效率提高，估计欧洲发达经济体可以节省开支超过 1000 亿欧元。更具体的例子，如在美国纽约市，随着详尽犯罪记录数据的开放，不仅开发出了提示公众避免进入犯罪高发区域和提高警惕的手机应用，从而降低犯罪发生的概率；而且还将犯罪记录信息和动态交通数据结合起来，起到指导调配警力的作用。纽约公共交通系统的动态数据公布后，不仅出现了手机应用为公众出行提供实时建议，而且为地铁系统在客流高低峰时段热点站和普通站之间的调配提出更优的方案。这些在原来警察局或交通部门各自垄断数据的情况下是不可想象的。

（四）公共数据资源开放共享为社会带来巨大商业机会

除了提高公共决策的质量和效率外，公共数据资源开放共享还蕴含着巨大的商业价值。例如，关于空气质量和噪声的数据可以被用来估测房价，"大众点评"之类的饭店推荐网站上也可以同时纳入质监部门卫生检疫的测评。而这些又会反过来促进环境治理、激励饭店提高卫生标准。另外，公共数据资源开放共享还能吸引大量高科技人才和企业的关注，激发前沿的创新和应用。企业利用公共数据资源可以使决策更为准确，从而提高整体运营效率。例如，百度通过开放数据平台实现精准营销。阿里巴巴通过对淘宝网客户交易记录进行分析，能够以极低的成本准确评定每个商户的信用等级。阿里巴巴 2010 年开展的"淘宝网"中小企业无抵押贷款，至今累计坏账率也仅有 1.94%，而且盈利可观。再看国外，公共数据资源增值性应用为美国的医疗服务业每年节省 3000 亿美元，为制造业在产品开发、组装等环节节省 50% 的成本，为欧洲的公共部门管理每年节省 2500 亿欧元，为全球个人位置数据服务提供商贡献 1000 亿美元。

（五）公共数据资源开放共享可推动社会全面发展

开放政府数据的意义不仅在于可以推进政府公信力建设，使民众了解并行使自身的权利，同时能为社会和企业所用，从而创造更多社会价值。科技、教育、文化、医疗等领域的发展都以相应门类的公共数据资源为基础。发达国家十分重视数据资源对社会发展的作用。比如，在美国政府数据网站上的一幅由 16 万份行政区地图组成，精确到道路、建物、水系、行政区界线等详细资料的庞大美国地图，为地图公司和导航设备企业提供了大量的实际帮助。医疗卫生领域，能够利用数据资源避免过度治疗、减少错误治疗和重复治疗，从而降低系统成本、提高工作效率，改进和提升治疗质量。公共管理领域，能够利用公共数据资源开放共享有效推动税收工作开展，提高教育部门和就业部门的服务效率。零售业领域，通过在供应链和业务方面使用数据，能够改善和提高整个行业的效率，零售商有可能将其经营利润提高 60% 以上。

二、我国公共数据资源开放共享发展现状和存在问题

（一）我国公共数据资源开放共享发展现状

为了更好地满足社会日益增长的信息服务需求，促进信息消费，推动软件与信息服务业发展，各地各部门积极推进公共数据资源开放共享，

并取得显著成效。

1. 政策制度体系建设日趋完善

党中央、国务院对公共数据开放共享工作高度重视。习近平总书记强调指出，"要以信息化推进国家治理体系和治理能力现代化，统筹发展电子商务，构建一体化在线服务平台，分级分类推进新型智慧城市建设，打通信息壁垒，构建全国信息资源共享体系"。[①] 李克强总理多次就加快国务院部门和地方政府信息系统互联互通，推动政务信息跨地区、跨层级、跨部门互认共享作出重要指示，在 2017 年《政府工作报告》中指出要"加快国务院部门和地方政府信息系统互联互通，形成统一政务服务平台"。国务院连续发布两批部门数据共享责任清单，加快发布第三批部门数据共享责任清单，推动数据共享范围持续扩展、公共数据开放共享共用不断深化。国务院办公厅会同国家发展和改革委、中央网信办、中编办等多个部门联合发力，加强统筹规划和整体部署，以管理办法、实施方案、责任清单等政策措施，为顺利推进公共数据开放共享提供了根本遵循。国家系列政策密集出台，为公共数据开放共享注入强心针，驱动各地各部门积极响应，加快推进本地本部门公共数据开放共享政策体系建设，为各地各部门公共数据开放共享指明方向（见表1）。

表 1　2016 年以来公共数据开放共享相关国家政策

时间	文件内容
2016 年 9 月	国务院印发《政务信息资源共享管理暂行办法》，明确各部门数据共享的范围边界和使用方式，厘清各部门数据管理及共享的义务和权利

---

① 中共中央文献研究室：《习近平关于社会主义经济建设论述摘编》，中央文献出版社 2017 年版，第 200 页。

时间	文件内容
2017 年 5 月	国务院办公厅印发《政务信息系统整合共享实施方案》提出了加快推进政务信息系统整合共享、促进国务院部门和地方政府信息系统互联互通的重点任务和实施路径
2017 年 8 月	国家发展和改革委、中央网信办等五部门联合印发《加快推进落实〈政务信息系统整合共享实施方案〉工作方案》，按照"先联通，后提高"的原则分解任务，确保按时完成"自查、编目、清理、整合、接入、共享、协同"等工作
2017 年 10 月	政务信息系统整合共享推进落实工作领导小组办公室和政务信息系统整合共享推进落实督查工作组联合印发了《关于开展政务信息系统整合共享应用试点的通知》，聚焦 20 个放管服改革重点领域，在 9 个地方 16 个部门开展 30 个试点示范应用，推进试点地区、部门与共享平台体系的数据对接，打造一批信息共享和业务协同典型应用标杆
2018 年	国务院又相继出台《进一步深化"互联网＋政务服务"推进政务服务"一网、一门、一次"改革实施方案》《关于加快推进全国一体化在线政务服务平台建设的指导意见》等文件，旨在强调各地区信息化系统的集约化建设和互联互通，有效汇聚、充分共享政务服务数据资源
2019 年 12 月	国务院办公厅印发《国家政务信息化项目建设管理办法》，进一步优化政务信息化建设的审批流程，加强对项目建设投资与运维、绩效评价、审计等的联动管理，以制度推动实现政务信息资源纵横联通、整合共享
2017 年 2 月	中央全面深化改革领导小组第三十二次会议通过《关于推进公共信息资源开放的若干意见》
2018 年 1 月	中央网信办、国家发展和改革委、工业和信息化部联合印发《公共信息资源开放试点工作方案》

2. 组织机构保障体系逐步清晰

自政务信息系统整合共享工作启动以来，各地各部门都高度重视体制机制建设，积极推动公共数据开放共享各项工作。从国家部委来看，基本上都建立了相应的组织领导体系和常态化工作机制，有的部委主要领导带头组织推进，有的部委制订了周密的组织推进计划，将工作计划细化到每周、每月。从地方政府来看，自2018年新一轮行政机构改革启动以来，地方政府纷纷成立大数据相关机构，虽然这些大数据相关机构在隶属关系、组建形式、职责界定方面存在差异，但是基本都具有公共数据开放共享职能，成为地方推进公共数据开放共享的主力军。各地积极探索公共数据开放共享工作机制和组织方法，涌现出一些富有成效的组织模式。例如，贵州建立公共数据开放共享调度机制，以数据使用部门提需求、数据归属部门做响应、数据共享管理部门保流转为基准，对全省政务数据资源从汇聚、共享、交换、应用进行全过程统一管控，推动公共数据开放共享交换取得实效。上海市建立了政务信息系统整合考核评价机制，对各委办局政务信息系统整合工作进行年度考核评估，并将评估结果与信息化项目审核相衔接，提高了评估工作对整体工作的推动力度。

3. 数据开放共享通道日益通畅

公共数据开放共享平台是国家政务信息化的核心应用设施，也是非涉密公共数据开放共享交换的主要枢纽和重要通道。自2017年以来，国务院和各级政府依托国家电子政务外网，积极推动国家、省、市、县（区）公共数据开放共享交换平台建设。目前，依托国家数据共享交换平台、全国一体化在线政务服务平台等综合性公共数据开放共享交换体系，以及公安、税务、海关、信用等各垂直管理行业的纵向数据共享交换体系，各省可以通过中央级节点实现跨域数据共享交换，很大程度上缓解了政务数据"条块分割、烟囱林立"的不利局面。截至2019年6月底，通过国家数据共享平台共接入76个中央政务部门和32个省级平台，平台汇聚发布部门共享目录16497条，累计受理60个部门、31个省（区、市）和新疆兵团数据共享申请6090次，面向27个部门和31个省（区、市）提供查询／核验 4.66 亿次，累计提供库表交换 448.99 亿条、文件交换 79.89TB。全国信用信息共享平台联通范围不断扩大，截至 2018 年 11 月，已联通 44 个部门、32 个省（区市）和 70 家市场机构，归集信用信息超 285 亿条，归集黑名单信息约 1382 万条，归集重点关注名单信息约 1002 万条。在地方层面，各省市依托自建数据中心搭建共享交换平台，也在不同程度上实现了省市县各级数据的汇聚共享。例如，海南省公共数据开放共享交换平台初步实现了省、市、县全覆盖；截至 2019 年 12 月，陕西省公共数据开放共享交换平台与 76 个省级部门和 13 个市（区）实现业务对接，发布省级政务信息资源目录 1996 条，下沉国家信息资源目录 13539 条，挂接政务数据资源 352 个，代理了国务院部门共享数据资源 52 个。截至 2020 年 4 月底，我国已有 130 个省级、副省级和地级政府上线了数据开放平台，其中省级平台 17 个，副省级和地级平台 113 个。从 2017 年的 20 个到 2018 年的 56 个、到 2019 年的 102 个，再到 2020 年上半年的 130 个，政府数据开放平台日渐成为地方数字政府建设和公共数据治理的标配。

（二）我国公共数据资源开放共享存在的问题

在充分肯定我国数据资源开放共享工作取得成绩的同时，我们还应清醒地看到许多亟待解决的问题，突出表现在：数据资源开发不足、利用不够、效益不高，相对滞后于信息基础设施的建设；政府信息公开的制度还不完善，政务数据资源共享困难、采集重复；公益性信息服务机制尚未理顺；数据资源开放共享的市场化、产业化程度还比较低；数据资源产业规模较小，缺乏国际竞争力；信息安全保障体系尚不够健全，对不良信息的综合治理亟待加强；法律法规及标准化体系还需要进一步完善。具体说明如下。

1. 公共数据资源开放共享法律法规尚未形成

我国尚未出台专门的推动数据开放的法律法规文件。以 2012 年我国公布的与信息化建设相关的文件来看，国务院印发的《"十二五"国家战略性新兴产业发展规划》确定了七大重点产业发展方向、主要任务及二十个重大工程项目，物联网、云计算、数字虚拟技术等位列其中。2012年5月，国家发展和改革委印发《"十二五"国家政务信息化工程建设规划》，提出重点构建国家电子政务网络、深化国家基础数据资源开放共享、完善国家网络与信息安全基础设施、推进国家重要信息系统建设四个主要任务，而与数据有关的产业和项目难见其踪。在中央网信办等部委的推动下，2017年、2018年相继推出公共信息资源开放相关的政策文件，但法律法规文件仅限于局部地方的区域行为，尚未上升到国家层面。

与数据资源开放共享有关的法律法规建设是推动开放共享的重要保证。《电子签名法》的通过是我国在这一领域的重要进步。但是，总的来说，这方面的立法还是严重滞后于现实工作的需求。一些重要法律法规由于种种原因，长期得不到通过；一些法律还没有进入立法程序，甚至还没有组织开展研究。这种滞后现象已经明显地影响了数据资源开放共享工作的进展。例如，没有政府信息公开方面的法规就影响政府信息公开的进展；没有信息共享的法规就影响部门间电子公文流转、部门间的会商、会签，也影响网上业务系统发挥更大的作用。因此，亟须加快有关政府数据资源立法进程。

2. 公共数据资源开放共享的行政体系尚未建立

我国尚未构建起与行政层级对应的多级公共数据开放体系。目前很多项目都是由各个部门分别主导建设的，这些部门在建设时只是根据本部门需要，对于其他部门实现信息公开开放共享与协作考虑不足，再加上政府体制中广泛存在的条块管理模式，造成了目前普遍存在的"信息孤岛"和重复建设现象。各个政府部门对数据资源的分割和垄断，使巨大的政府数据资源开放共享需求与实际开放共享情况相差极大，这不仅造成了极大的浪费，也降低了政府的社会服务效率、协同管理水平和应急响应能力，成为阻碍数据资源开发应用的瓶颈。我国由于在国家层面尚未构建起完善的公共数据开放战略，因此难以形成中央—省—市—县

（区）完整的多级公共数据开放体系。

3. 公开数据资源开放共享力度有待进一步加大

数据资源开放共享的目的，不仅是监督政府工作，还可以激发创意，通过数据再处理来增加数据价值。目前，我国数据资源公开共享建设都是区域性的，如北京市在 www.bjdata.gov.cn 上开放了 API，同时也提供了 4 个使用开放资源的移动应用可以直接下载安装；上海市在 www.datashanghai.gov.cn 上提供了多个使用公开共享数据的网站和应用商店链接。如果在未来不同的地方都提供自己的 API，对于第三方开发者来说就会带来极大的困扰，它们需要为适应不同地区的 API 开发功能相近的软件，这在成本上的投入是非常大的。对于应用程序的用户来说，也会带来很多不便。因此，提供 API 也是需要从全局考虑的问题。

4. 数据资源开放共享市场化、产业化程度低

我国市场经济体制正在逐步完善的过程中。对于新兴的数据资源市场来说，市场机制还没有得到充分的发挥。主要表现为体制性的垄断和不公平的市场竞争环境。大量优质的数据资源被政府或事业单位或个别的国有企业占有，行政性的垄断使社会资本很难进入这一领域。由于经营风险很大，使这些数据资源得不到充分的开发和利用。市场机制得不到有效发挥，数据资源的市场化和产业化程度低，是当前数据资源开放共享工作中又一个重大问题。同时，由于公共数据资源"社会化增值"开放问题具有难度，应先从政务部门等公共服务部门开始尝试。国务院印发的《关于促进信息消费扩大内需的若干意见》已经明确了"两类单位"要推进公共数据资源开放共享，而公共数据资源开放共享也是市场需要的，应先以政务部门和这"两类单位"为起步。同时可以补充列举，将排他性的行政授权经营单位等划入范围。

5. 数据资源开放共享带来一系列安全及标准问题

当前，全世界都面临着信息安全的问题，"棱镜门""震网病毒"震惊世界。计算机犯罪、网络病毒的蔓延和破坏、网上有害信息的污染、网上机要信息的流失和窃取、网上的违法犯罪活动、信息系统内部人员

的违规和违法、信息安全产品的失控以及网络的脆弱性、网上权益违规行为、网上隐私信息和著作权的窃取和滥用等多方面威胁着信息安全。我国同样面对着这些问题。公共数据资源的开放共享难免会带来个人信息泄露，必须考虑如何避免这样的情况发生，才能消除数据资源开放共享的障碍；公共数据资源开放共享必须保证所公开的信息是可信的，没有受到篡改，没有被别有用心的人在文件中植入恶意的代码；公共数据资源是否要进行不同安全等级的保护，而企业用户和个人用户是否有同样的权限都是要考虑的问题，访问开放数据资源的应用授权也是要考虑的问题。对于数据资源开放共享来说，统一标准是提高开放共享效率、实现互联互通、信息共享、业务协同的基础。由于缺乏可参照实行的标准体系，开发中存在系统兼容性、互联互通性不够的问题。如何实现数据资源建设的规范化和标准化，是亟待解决的问题。

三、我国公共数据资源开发共享的对策建议

（一）理顺公共数据资源管理体系

探索和建立科学的、符合数据资源开放共享规律的、适应社会主义市场经济要求的管理体制，是促进数据资源开放共享工作健康有序发展的重要基础和保障。在宏观层面，国家要制定数据资源开放共享重大方针政策、重大规划和研究重大问题，加强统筹协调和分类指导。在中观层面，各地要积极探索数据资源开放共享管理的新模式。鼓励有条件的地方探索建立数据资源开放共享管理部门，加强数据资源开放共享全过程的管理。中央各部门要加强本部门数据资源开放共享规划和管理，加强与其他中央部门的分工协作，加强与地方政府的协调。在跨部门、跨地区的信息共享问题上应当建立有效的协调机制。涉及两个以上部门的数据资源开放共享项目，信息化主管部门应该负起组织协调的责任，以该项目主要相关部门为主建立协调机制。在微观层面，各类机构和企事业单位应该将数据资源开放共享管理工作列为日常管理的重要内容，认

清基层单位中各类业务对数据资源的真正需求，合理组织、协调数据资源的开放共享活动。有条件的单位可借鉴国外 CIO 制度的一些思路和做法，探索适应本单位实际情况的数据资源开放共享管理体制。

（二）完善公共数据资源法制体系

立法先行，为全社会共享共用公共数据资源提供法律保障。一是开展数据资源政策法规研究工作，确定立法重点，制订立法计划，加快政策法规的研究制定工作和已出台政策法规的实施进程，尽快使数据资源开放共享工作步入法制化轨道，依法开展数据资源的开放共享工作。要把公共数据资源开放共享立法作为一项系统工程来对待，需要制定《政务数据资源公开条例》以及《公共数据资源开发共享法》等相关法律法规来加以配合。要处理好政务信息公开和保护国家秘密的关系，在政务信息充分公开的基础上对原来的保密法和相关法律法规加以修改与补充。二是从法律上规定信息服务机构的服务必须接受政府部门的指导和监督；协调各部门之间的法律关系，逐步依法建立信息网络发布及共享体制；建立基本信息保障制度，依法保证足够比例的经费投入，确保信息能被迅速及时地提供给利用者；如果在提供公共数据服务过程中损害使用者的权益，必须承担相应的法律责任。三是加强各部门间的沟通协调，促进相关法规的研究制定工作，各地方要根据当地实际，加快地方性政策法规体系的建设，并逐步建立起中央—省—市—县（区）多级数据开放战略体系。

（三）建立标准化统一协调机制

为进一步适应数据资源开放共享的需要，我国应加快建立数据资源开放共享标准化工作的统一协调机制，积极制定信息内容标准、信息服务标准和相关技术标准。一是加强标准化工作的统一领导和统筹规划，建立有效沟通协调机制。由国家标准化管理委员会统筹规划我国数据资源开放共享的标准化工作，有效发挥各相关专业技术委员会的作用，建立制定数据资源开放共享相关标准的协调工作机制。二是通过国家标准对数据资源开放共享建设进行规定，必须采取集约建设的方式，必须利用现有的公共平台进行建设，标准中同时规定必须开放的数据类别和格式，以及如何进行数据的交换传输，以技术手段帮助实现不同部门间信息的共享。三是建立适应信息化建设的标准修订工作机制。引入数据资源标准的动态维护机制，满足数据资源开放共享对标准的时效性和动态性需求，建立专业、权威的数据资源标准的注册与服务平台，形成一套面向全社会提供标准规范相关服务的专业化体制，以及相关标准的修订机制。四是加强数据资源标准符合性测试和评估工作。本着有效整合现有资源的原则，采取强强联合的方式，尽快建立和形成面向全社会的、开放式的标准联合试验、验证机制及标准实施监督机制。建立和完善标准符合性测试、验证工具开发、标准符合性验证评价机制。五是通过国家标准规定，要适应移动应用的时代趋势，提供相应的 API，并规定 API 的基本格式，这样既能方便数据资源提供方进行 API 的开发，也大大降低了第三方软件开发者的开发复杂度，提高代码的重用率，从而降低开发成本，促进公开数据资源的开放共享。

（四）推进社会化增值开放共享

数据资源社会化增值开放共享是推动数据资源开放共享整体工作中的一个重要环节。应该从法律、经济以及行政改革等方面采取措施，加以推进。一是鼓励社会力量参与数据资源再利用增值开发，政府机构要主动公布可再利用数据资源的目录、机构的职能、申请利用的程序以及收费标准等；要按照公正、公平、公开的原则，授权申请者使用相应的政务数据资源；在申请者和政府机构提供者之间利益要均衡。二是建立数据资源目录登记制度。一些地方政府已建立了公共数据资源开放服务平台，或者综合门户网站的维护机构。中央一级政府也应筹划公共数据资源开放共享平台，并建立数据平台网站。可以考虑着手编制统一的目录分类和编码标准，规定登记、发布和注销等程序规范，采取目录集中管理、信息分布提供的方式开展服务。三是建立数据资源社会化增值开放共享绩效评价制度。将数据资源社会化增值开放共享绩效评价列入电子政务效益评估的总体框架之中。设计可度量的指标，评估数据资源社会化增值开放共享的数量、质量、收费的合理性以及申请者的满意度，还要注意收集社会力量从事政务数据资源增值开发的实际效果。根据评估结果，制定相应的奖惩制度，以进一步促进数据资源的广泛利用。

（五）营造良好的数据文化环境

强化信息意识，首先要让全社会普遍接受"信息是一种重要资源"的科学理念，要使人们认识到，经济社会的发展不仅要利用物质、能量资源，还要充分利用数据资源，并且将这种理念转化为人们的实际行动。一是大力发展信息服务机构，推动数据资源产业的发展，鼓励数据资源社会开发和服务，使信息服务机构成为连接信息供给与需求的纽带。二是开拓和发展新的信息服务方式。现代信息技术的进步日新月异，信息服务应当充分利用技术进步的成果，发挥智慧和创造力，创新服务模式，提高数据资源开发与利用的效果和效率。三是完善价格体系，提高普遍服务能力。完善价格体系，要按照信息服务的不同性质，建立相应的价格机制。政府数据资源是一个国家数据资源的主要组成部分。为公众获取政府公开信息提供方便、快捷的导航与检索系统是政府应有的责任和义务。政府数据资源向社会服务应当是免费的，或只收取消耗性物品的成本费。

数据治理优化地方金融服务与监管

何晓军*

随着新信息技术与社会生活的逐步融合，数据已经成为重要的资源要素，2018年，习近平总书记在中央政治局第二次集体学习时特别强调了大数据对提升国家治理现代化水平的重要性，并要求建立健全大数据辅助科学决策和社会治理的机制，借助新技术手段加大力度推动社会治理模式的创新。在金融领域，数据要素的作用尤为突出，2003年，中国银监会就提出了构建以数据仓库为基础平台的新一代银行监管信息系统暨"1104工程"，强化对银行业金融机构经营数据的采集监测以及分析处理，以实现对银行业金融机构经营风险的预警。随着近年来，地方新兴组织和新兴金融业态的蓬勃发展，地方金融监管难度与压力凸显，广东省金融系统借助归集整合公共网络、政府信息、借款主体以及地方金融机构经营情况等各类数据信息，并通过大数据分析实现对中小企业与地方金融机构的精准画像，率先将成果应用到地方普惠金融服务以及地方金融监管之上，为采用数据治理模式优化地方金融服务与监管探索出一条新路径。可以说，数据要素的有效应用成为新形势下维护地方金融稳定发展的有力支撑，数据治理成为完善地方金融监管不可或缺的有益举措。

---

* 何晓军，广东省潮州市委副书记、市长。

一、双层金融监管体制下地方金融监管压力和难度不断加大

2008年以来，我国逐步允许地方政府试点设立地方性金融机构，如小额贷款公司、融资性担保公司、典当行、融资租赁公司、商业保理公司等，并授权各省级政府对此类机构进行设立审批、日常监管和风险处置，逐步形成了以中央金融监管部门为主、各地方政府金融工作部门配合补充的金融管理体制。各地早期成立的地方金融工作办公室（局）逐渐承担起地方政府赋予的有限金融监管权限，除履行金融服务、融资协调等发展服务职能外，还兼具地方金融机构的日常监管以及各类地方涉众金融风险处置等多项职责。

近年来，地方新兴机构和新兴金融业态呈现蓬勃发展态势，数量不断增加。目前，全国有小额贷款公司8600家、融资性担保公司约9000家、典当行8000多家、融资租赁公司和商业保理公司各6000多家，地方资产管理公司50多家，以及农业专业合作社180多万家、社会众筹机构约200家、地方各类交易所300多家，工商登记为投资公司的更是数不胜数。

随着地方金融组织数量增多，各类金融创新层出不穷，地方金融资产规模迅速扩大，地方金融潜在风险压力和相应的监管难度急剧增大。尤其是借助互联网、移动通信等技术，一些地方新兴金融机构突破了区域性限制，跨省市、跨区域开展经营，资金来源和流向复杂，极易发展成为严重的非法集资案件。如在云南泛亚非法集资案件中，共涉及全国20多个省份的22万户投资者，430亿元资金最终无法兑付。为此，党中央、国务院对深化金融监管体制改革，维护国家金融安全作出了一系列重要部署，压紧压实地方金融监管职责和风险处置责任。2013年，党的十八届三中全会再次强调了要完善监管协调机制，界定中央和地方金融监管职责和风险处置责任。随后国务院出台有关指导意见，明确地方政府要承担起部分不吸收公众资金、限定业务范围、风险外溢性较小的金

融活动的监管职责。2017 年，全国金融工作会议召开，会议明确指出新时期做好金融工作需紧紧围绕服务实体经济、防控金融风险、深化金融改革三项任务，把握好回归本源、优化结构、强化监管以及市场导向四大原则，为我国金融业改革与稳定发展指明了方向。会议还强调了地方政府要在坚持金融管理主要是中央事权的前提下，按照中央统一规则，强化属地风险处置责任。金融管理部门要努力培育恪尽职守、敢于监管、精于监管、严格问责的监管精神，形成有风险没有及时发现就是失职、发现风险没有及时提示和处置就是渎职的严肃监管氛围。

二、地方金融稳健发展亟待数据要素应用与治理创新

2018 年下半年，深圳市等多个城市的金融服务部门逐步挂牌设立地方金融监督管理局，开始履行地方金融监管职能，伴随着中央把更多金融监管职责赋予地方政府，各地早期成立的金融办日常监管、风险处置等监管责任不断压实，地方金融监管也来越成为我国金融监管体系中不可或缺的组成部分。在完善地方金融监管体制机制、厘清地方"属地处置"权责后，最为困扰地方金融服务与监管的仍是人员编制匮乏、监管模式手段单一、地方金融组织庞杂等实际问题。有鉴于此，广东省金融监管部门积极探索数据要素应用创新，借助新一代信息技术，强化对数据的归并共享、标准集成以及挖掘分析，用金融科技提高地方金融服务和监管水平，确保地方金融的稳健发展。

第一，强化数据归并共享，解决信息不对称问题，实现对中小微企业金融服务的高效化。中小微企业普遍存在经营规模有限、抵押物缺乏、财务信息不透明等特征，商业银行无法通过现有的信贷数据以及资信评级判定其偿债能力，因此需要更加丰富和准确的数据集合去验证企业的经营状况，如通过用水用电数据印证企业日常运营情况，用税收数据测算企业的收入以及盈利情况等。通过探索将散落在政府部门的各类数据归并形成的数据集，解决商业银行与中小微企业间的信息不对称问题，

降低信贷的风险。此外，在形成较为完善的数据集后，通过前后期对比，可以大致勾勒出企业经营概貌以及资金需求的具体时间点以及期限，从而助力商业银行实现对中小微企业金融服务的高效化。

第二，强化数据标准集成，弥补现场监管手段不足，实现对地方金融机构监管的精准化。地方金融组织庞杂、业务模式多样。目前，广东省仅备案的地方金融机构就超过 1.5 万家，仅靠十多名监管人员通过传统方式进行不定期现场检查和分析企业财务数据，难以及时发现违规行为以及潜在风险。此外，随着混业经营的快速发展，金融体系内在关联性不断强化，例如，银行资金通过各种途径大量涌入融资租赁、商业保理等领域。面对业务交织带来的监管难度，地方金融监管部门急需借助金融科技手段优化数据分析，通过科学编制并不断完善监管指标体系，建立起审慎监管和行为监管协同的监管体系，拓展监管外延，强化对各类监管对象的非现场检查，及时采集提取、梳理集成并核对整理地方金融机构的经营数据，对可疑的金融行为进行有效筛查和甄别，并采取精准的监管措施。

第三，探索数据挖掘分析，构建风险监测系统，助力地方金融风险防控决策的科学化。随着金融业态的不断创新，金融风险迅速演变，"发现难、研判难、决策难、控制难、处置难"的监管难题日益凸显，给地方金融风险防控带来前所未有的挑战。一些非法金融活动依托互联网快速扩散，形式隐蔽复杂，涉案资金规模巨大，风险传染性和社会危害性极强，单靠"人防"的传统金融监管模式已无法应对。为此，地方金融监管部门必须转变风险防控思路、改进防控手段，依托数据要素构建金融风险监测预警模型，对网络舆情数据、新金融业态交易数据进行挖掘分析，提高金融风险精准识别和动态预警能力，将风险隐患化解在萌芽状态。

三、积极探索数据治理实践优化地方金融服务与监管

（一）利用数据要素提升小微金融服务效率

广东省私营和个体经济占到全部市场主体的 98%；就业人数达 4500

万人，占全省就业人数 70% 以上。但长期以来，私营和个体经济的融资需求一直未能得到传统金融机构的足够重视。为深入贯彻落实习近平总书记在民营企业座谈会上的讲话精神，广东省地方金融监管局率先打造"数字政府 + 金融科技"模式，搭建了涵盖技术层、数据层、画像层、功能层以及服务层的广东省中小企业融资平台（以下简称中小融平台），借助大数据应用助力中小企业解决融资难题（见图 1）。

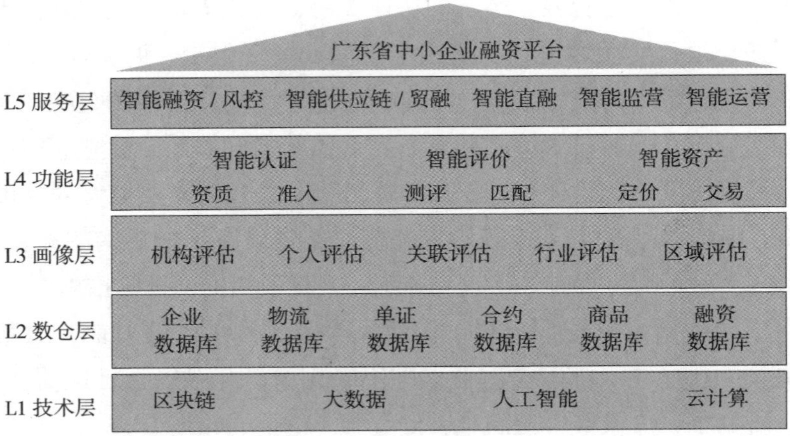

广东省中小企业融资平台					
L5 服务层 智能融资 / 风控 智能供应链 / 贸融 智能直融 智能监营 智能运营					
L4 功能层 智能认证 智能评价 智能资产 资质 准入 测评 匹配 定价 交易					
L3 画像层 机构评估 个人评估 关联评估 行业评估 区域评估					
L2 数仓层 企业数据库 物流数据库 单证数据库 合约数据库 商品数据库 融资数据库					
L1 技术层 区块链 大数据 人工智能 云计算					

图 1 广东省中小企业融资平台系统架构

平台包括五个层次。一是技术层。采用区块链、大数据、人工智能、云技术等新信息技术整合数字资源，运用区块链技术建立信息共享、隐私保护和互信机制，用大数据、云计算等技术与政务部门信息实现交叉验证，核实贸易真实性，为中小企业信贷提供支撑；二是数仓层。借助广东省搭建的"数字政府"，完成对税务、市场监管、社保、海关、司法、科技以及水电气等政府部门散落数据的归集整合。目前，已接入 34 个政府单位的 250 项政府数据，如机动车登记信息、不动产登记信息、高新技术企业认定信息、许可证信息、企业黑红名单信息等金融服务核心需求数据都已完成接入。三是画像层。建立中小企业信用评价体系，运用风控模型、交易数据关联分析、聚类分层等大数据、云计算技术为中小企业进行风险画像并开展信用评价。目前，已经完成对全省1100多万家企业信息的全面采集，开展商业信用分析评价、风险评价和画像。四是功能层。引导有信用的中小企业和商业银行在平台上分别发布融资需求和信贷产品，并进行线上智能匹配撮合，并通过线上线下联动进一步实现对中小微企业的综合性金融服务。其中，线上部分，通过智能营销咨询与分析，精确定位客户需求，为入驻平台的企业提供包括信息披露、资讯推送、政策推荐方面的服务；线下部分，依托广东省股权交易中心进一步对中小企业开展融资培训、路演、孵化培育等企业综合服务。五是服务层。依法依规对金融机构开放中小企业信息查询和共享，完成平台数据资源的最终输出并集中政策资源为中小企业融资提供增信、贴息和风险补偿等配套服务。

自2020年1月正式上线发布以来，中小融平台不断拓展功能，中小企业贸易融资与供应链金融模块也已经成功上线。截至2020年底，平台已入驻金融机构374家，发布金融产品1089款，发布惠企政策249条；累计服务企业数达76.4万家，实现融资近5万笔，实际撮合融资400亿元，提供笔均融资近80万元的纯信用贷款，得到了制造业中小企业的广泛好评。

（二）利用数据资源打造智能监管系统

为尽快摸清地方金融机构底数，广东省地方金融监管局借鉴原中国银监会"1104工程"（银行业金融机构监管信息系统）经验，开发建设"广东省金融智能监管系统"（以下简称智能监管系统），设置备案登记、监管督导、数据报送、数据储存、风险预警、企业评级、协同处置7个子系统，借助数据治理推动地方金融监管由被动向主动模式转变，实现对地方金融业态的日常智能化监管及企业"一企一界面"的全息画像。监管信息系统采用区块链技术，利用验证节点和非验证节点对监管数据进行分布式管理，利用共识机制以及智能合约实现数据的交叉比对验证，确保金融监管数据的实时报送、不可篡改；构建 P2P 网贷蜂巢（COMB）指数 ①、小额贷款公司"楷模"（CAMEL+RR）监管评价体系、交易场所强力（FORCE）指数 ② 等模型，采取基础报表和定性、定量等多维度指标，对各类地方金融机构开展风险评级画像；此外，还借助人工智能抓取交易合同数据进行比对验证，及时发掘潜在的交易风险。

以小额贷款公司"楷模"监管评级系统建设为例，通过创建监管评级体系、开展针对性评级工作以及结合差异化监管措施强化对地方金融机构的事后监管。一是借鉴国际标准创建"楷模"监管评级体系。广东是国内首个将国际银行业 CAMEL 评估体系改良运用于小贷公司监管评级领域的省份。秉承"风险为本"的监管理念，"楷模"监管评级体系充分结合定量与定性因素、静态和动态条件、总量和结构分析，全面深入评价小贷公司的经营管理和风险状况，从资本充足（Capital Adequacy）、资产质量（Asset Quality）、公司治理及内部控制（Management）、盈利及经营效率（Earnings）、风险覆盖与流动性（Liquidity）等 5 个基本要素角度设计了 63 个评价指标，另外结合两个附加条件服务实体产业状况（Real Economy）、社会责任与声誉风险(Social Responsibility & Reputation Risk)设计了 14 个指标，强化地方金融机构的社会责任意识，引导行业更好赋能实体经济。二是建立智能评级积分系统，科学划分评级结果。积极制作集数据采集、计算、评分、汇总分析功能于一体的智能评级计分系统，

---

① 网贷蜂巢（COMB）指数，分别从信用风险（Credit Risk）、操作风险（Operational Risk）、管理风险（Management Risk）、经营风险（Business Risk）四个维度构建风险评价模型，对互联网金融企业开展风险评估。

② 交易场所强力（FORCE）指数，根据功能不同，将交易场所分为金融资产类（Financial Asset）、其他类（Other）、股权交易类（Regional Stock）、商品类（Commodity）、交易场所（Exchange）五类，从信用、合规、管理、经营四个风险维度进行评价，形成 17 张基础报表、28 项一级指标、43 项二级指标，构建的交易场所风险指数。

利用监管数据自动计算定量评分（分值占比 66%），并指导各地根据日常监管情况开展定性评分（占 34%），有效杜绝人为干预。评级结果从优到劣划分为 AAA、AA、A、BB、B、C、D、E 共 8 个等次，其中，高评级小贷公司 RR 得分 12 分（含）以上冠"+"，表明服务"三农"和小微企业等社会贡献突出。广东省 389 家小贷公司中，获 A 级以上评分的有 44 家，占比 11.3%；获 B 至 BB+ 级评分的有 94 家，占比 24.2%。评级结果与行业发展实际和日常监管掌握情况基本吻合。三是制定差异化监管措施实施针对性监管。制订《评级结果运用指引》，从融资杠杆、融资渠道、监管措施、创新业务、其他优惠政策等 5 个维度 20 项具体措施上，对不同评级的小贷公司实施差异化精准监管，评级越好，融资杠杆越高、融资渠道越丰富、单户贷款余额上限越大，在开展业务创新、申请优惠政策方面的支持越给力，同时，评级结果冠"+"的小贷公司（BB+ 以上），将在创新业务、评先评优中获得优先支持，充分营造"扶优限劣"的政策氛围。

（三）开发金融风险大数据监测平台

为了及时研判各类金融风险事件，广东省金融监管部门将风险防控关口前移，依靠大数据技术，借助全网的底层数据，精准打造风险监测预警模型，从"盯紧关键人、跟踪资金流、监控业务线"三条主线开展信息线索收集，先后搭建了深圳金融风险监测预警平台、联合腾讯开发灵鲲金融安全大数据平台（以下简称灵鲲系统）以及广东省地方金融风险监测防控金鹰系统（以下简称金鹰系统），实现对非法集资等涉众型金融犯罪的早预警、早处置。

第一，利用数据清洗，排查关键数据信息。如灵鲲系统通过收集涉及 300 余万商事主体的近 500 项行政数据，结合腾讯公司掌握的月活跃 10 亿以上的社交传播信息和互联网支付信息，形成基于全网的底层数据，开展关键字清洗排查掌握关键数据信息。

第二，利用数据交叉验证，筛选出风险企业。如通过金鹰系统收集信访数据、"12345"热线数据、微信小程序投诉举报信息等实现提前预警，并结合网络大数据采集、政府专供信息等进行数据交叉验证，筛选出风险企业。目前，金鹰系统已经对全省50多万家重点目标企业进行实时监测和风险评级，挖掘出地方金融机构20多万家，筛查出重点关注企业25750家。再如灵鲲系统上线以来，对4.7万家新兴金融企业进行重点分析，识别出风险企业1500余家，累计移交线索近1000条，有效提升了金融风险精准预警能力。

第三，利用数据挖掘分析，构建风险模型。在对上千个非法金融活动样本案例以及监测风险信息进行挖掘分析、提取风险特征后，灵鲲系统建立了包括8个维度的监测预警模型，再结合数据清洗、AI智能分析、交叉对比等，实现对P2P网贷、网络传销、外汇交易、投资等10多类金融业态以及各类网络金融犯罪行为的识别监测，并以风险指数形式直观展现和推送给监管部门，大大提升了对涉众型金融犯罪的早期预警能力。

四、持续探索金融数据应用和治理新模式

在数据要素应用和治理方面，广东省利用各种新兴技术先行先试，在服务实体经济、强化地方金融监管、防范化解金融风险等方面取得初步成效。例如，金鹰系统对作为重点排查领域的非法集资风险进行深入挖掘，共发现305条风险线索，经推送核查处置，7%的风险事件被立案，2%的风险事件受到行政处罚，3%的风险事件移交公安和市场监管部门作进一步深入核查，16%的风险事件被列入经营异常名录，在利用数据治理发掘识别早期金融风险方面探索出一条新路径。未来，我们将进一步强化数据对接及部门合作，充分挖掘数据要素在改善地方金融服务与监管领域的巨大潜力。

第一，引入"监管沙盒"，强化金融科技守正创新。近年来，英国、美国、新加坡等多个国家的金融监管部门已陆续推出"监管沙盒"，探索适宜金融创新发展的新型监管机制与办法。通过一定时间对创新金融产

品及服务的观察，提取相应数据信息进行分析比对，密切监测进入"监管沙盒"开展创新金融活动实验的金融机构以及金融科技企业，及时发现金融产品缺陷及风险隐患，营造安全、普惠的金融创新发展环境。2020年，中央经济工作会议特别提出金融创新必须在审慎监管的前提下进行。目前，深圳市、广州市都已经获得了中国人民银行"金融科技"创新试点的许可，我们将借政策红利，进一步探索"监管沙盒"在地方金融监管中的应用，进一步强化金融可以的守正创新。

第二，深化粤港澳金融科技合作，推动更高水平的改革创新。粤港澳大湾区已经成为国际金融科技创新最活跃的区域之一，全国百强金融科技企业中，落户大湾区的占比达1/3。中国人民银行数字货币的研究试点工作已经在深圳开展，香港金融管理局也正在与中国人民银行数字货币研究所就使用数字人民币进行跨境支付开展技术测试合作。金融科技的创新发展将成为大湾区金融融合的重要突破口。接下来，我们将进一步探索金融科技在反洗钱、风险控制、供应链金融等领域的运用作用，如在广东中小融平台基础上，探索跨境数字金融服务创新，以跨境贸易融资为重点推动海关、物流、资金等信息交叉验证，搭建粤港澳区块链贸易融资平台，借助推动三地贸易融资与跨境支付的便利化，推动更高水平的金融改革创新。

第三，推进数字普惠金融，探索金融支持乡村振兴的新路径。2020年，广东省的大部分地区采用移动支付方式的消费规模平均增速超过60%，其中潮州市等地实现了同比增速翻倍。在县域地区，采用移动支付方式的农户占比超过50%，是银行转账等支付方式的两倍。数字金融在县域地区的普及率已经显著提升。2021年，在完成脱贫攻坚任务后，我们将进入到全面推进乡村振兴的新阶段，通过探索数字普惠金融，破解农业农村农民发展的资金约束，成为助力乡村振兴战略实施的重要抓手。接下来，我们将率先在潮州市探索"智慧城乡 + 数字信用 + 普惠金融"的新模式，通过对接政务数据系统，推进乡村信用体系建设，完善农户、农业的信用信息；以规模农业和新型农业经营主体的供应链为核心，通过对涉农信息、卫星遥感数据和涉农经营主体信息的分析，建立整体授信模型，为供应链上游农户与下游的经销售提供综合性的金融服务；完善政府性融资担保体系，对商业银行开展数字普惠金融创新给予补贴激励，探索数字金融支持乡村振兴新路径，助力广东区域经济平衡发展。

第四，强化信息数据对接，实现央地监管协同。目前，各监管机构均在采用自身设计的数据信息系统实施监管与监控。由于缺乏统一的数据标准和接口标准，系统间相互孤立、彼此分散，形成了新的"数据孤岛"。随着央地双层金融监管模式的建立，还需要进一步探索央地间金融监管协同，强化监管数据信息交流与交换，实现资金流动数据的有效对接，从而搭建起更加完备的数据流、信息流，构建更为精准的风险监测模型，助力区域性、系统性金融风险的防范化解。

"数据监管沙盒"赋能数字新经济

钟 宏*

随着信息化发展进入新阶段，数据对经济发展、社会秩序、国家治理、人民生活的影响更加凸显。2017 年 12 月，习近平总书记在中央政治局第二次集体学习时指出，要构建以数据为关键要素的数字经济。世界各国也都把以数据驱动的数字经济作为实现创新发展的重要动能，2020 年美国、欧盟、中国相继出台数据战略，制定顶层战略框架，提出创新治理体系，在技术研发、数据共享、安全保护、经济发展等方面进行整体布局。

一、数据要素战略需要"创新型"监管

（一）政府落实数据要素战略面临三大挑战

2020 年是数据要素元年，中共中央、国务院 4 月 9 日发布《关于构建更加完善的要素市场化配置体制机制的意见》，分别指出了土地、劳动力、资本、技术、数据五个生产要素领域的改革方向，并明确了完善要素市场化配置的具体举措。数据作为一种新型生产要素被写入其中，"加快培育数据要素市场"成为中国数据要素战略的关键内容。落实数据要

---

* 钟宏，清华 x-lab 数权经济实验室主任、清华大学技术创新研究中心研究员。

素国家战略，亟须中央和地方政府统筹规划形成基础性制度，并制定统一原则、多级协同、有序推进的行动方案。但数据作为新型生产要素，缺乏成熟的市场机制与治理经验，各级各地政府在制定政策方针时，普遍面临着以下挑战。

1. 兼顾数据安全与利用

2020 年 7 月 3 日，《中华人民共和国数据安全法（草案）》（以下简称《草案》）经全国人大常委会审议，面向社会公众征求意见。作为国家推进的首部数据安全领域立法，草案体现国家坚持数据安全与发展并重的原则，如强调各级各政府部门的数据安全主体责任，同时承担政务数据公开和推动数字经济发展的职责。但数据安全观与发展观如何平衡，可能会成为困扰政府部门执行数据要素国家战略的关键问题。数据安全法的本质是监管法，监管体制的合理化是核心，需要处理好监管机构内部的纵向与横向关系，甚至国内与国外监管体制的关系，在《草案》中尚缺乏明确的说明。国务院、各部门和各地方后续会出台配套法规，但形成"法律树"需要一段时间。因此，在相关法律法规出台和监管体系逐步完备过程中，加速落实数据国家战略，有必要构建一套监管机构间长期、协同、包容的创新治理模式。

2. 数据确权与利益分配

数据要素涉及政府、公众、拥有数据机构、数据科技企业及第三方服务机构五大主体方的重要利益。政府推动数据要素市场化，制定数据资源确权、开放、流通、交易相关制度，首当其冲须面对多元主体间数据权属界定这一核心难题，这也是国家培育数据要素市场基础理论和制度体系研究的重点方向之一。仅以互联网应用平台的数据权属为例，平台上的数据属于个人所有、平台所有、个人与平台共有还是公共所有？法学界尚无统一结论。扩展到政务数据、公共数据、商业数据、个人数据领域，数据权属与分配机制需要考虑多种因素，如隐私保护、权益保护、促进共通共享、防止垄断与不正当竞争等。

政府与监管机构作为多方利益协调的主体，政策法规制定既要考虑政策的长期稳定性，还要考虑多元主体利益博弈动态调节的需要。而美国以私营部门市场化主导的数据资产市场，其政策与经验都不适合中国的国体国情。中国各级政府、监管机构应建立多元治理框架，围绕数据要素市场化配置体制机制政策与法律法规制定，构建一套以促进数据流通交易为目标和先试先行与持续迭代的治理模式。

3. 应对全球化与智能化

2020年9月8日，中国发起《全球数据安全倡议》，提出全球数据正在成为各国经济发展和产业革新的动力源泉，同时数据安全风险对全球数字治理构成新的挑战。世界各国亟须共商应对数据安全风险之策，共谋全球数字治理之道，阻止数据安全问题政治化等"逆全球化"单边政策。中国倡导共同构建和平、安全、开放、合作、有序的网络空间，如在2020年中国国际服务贸易交易会上发布了《北京市关于打造数字贸易试验区实施方案》，提出探索试验区内跨境数据安全有序流动的发展路径和推动跨境数据流动等数字贸易重点领域政策创新，加快推进北京市数据跨境流动安全管理试点。数据安全涉及国家主权，数据流通促进国际贸易，数据要素全球化必须建立数据跨境流通与监管的多边共同治理模式。

数据安全保护与流通交易，必须依托数据技术标准与基础设施支撑体系。近年来大数据、人工智能、区块链、多方安全计算、边缘计算、量子保密通讯等信息网络技术不断创新，数据加密传输、数据资产确权与可信交换、数据可用不可见等新模式不断涌现。为政府保护数据安全、促进数据共享、实现数据交易、扩大数据应用提供了新的解决方案，让数据经济成为数字经济新的增长点，进一步加速以数据驱动的智能生活、智能经济、智能社会的到来。为适应万物互联、智能决策的未来治理，在推进国家治理现代化的过程中应提早规划，构建数据驱动的智能治理模式。

（二）欧盟"数据监管沙盒"治理的启示

中国数据要素国家战略，亟须建立"新型治理"体系，包括协同监管、动态创新、多边共治、智能治理等创新监管模式。国家与地方政府如何形成统一的顶层战略框架，同时开展不同地区与领域的创新，欧盟发布的《欧盟数据战略》，基于"数据监管沙盒"的监管框架与创新生态值得研究与借鉴。

1. 构建统一的数据监管框架

欧盟致力于成为数据驱动型社会的榜样和领导者，为了促进数据经济快速崛起，欧盟制定了《欧盟数据战略》，提出构建欧盟共同数据空间，即统一数据市场的战略目标。基于这一核心战略，提出构建跨部门治理框架、加强数据基础设施投入、提升数据能力和构建数据空间四大支柱性战略措施，并就扩大国际影响力提出一系列具体措施。欧盟委员会以《欧盟数据战略》作为欧盟每项新立法措施的制定和评估依据，以不断完善其统一的监管框架。

2. 横纵结合的数据创新生态

为应对欧盟委员会各部门间、成员国之间行动不一致而造成的市场内部隔阂，欧盟推动构建一个横向的跨部门治理框架。一是构建"欧洲共同数据空间治理立法框架"，以解决部门内部和部门间数据互操作和公共数据开放等问题。二是推动高质量公共数据再利用，以支撑中小企业发展，欧盟计划于2021年第一季度启动高价值数据集执行条例的程序。三是探讨通过立法明确数字经济各参与方的关系，鼓励跨部门横向数据共享，如明确数据使用规则、评估知识产权框架等。

作为横向数据治理框架的补充，欧盟支持纵向基于产业的欧洲共同数据空间建设，包括工业（制造业）、绿色协议（环保）、移动、卫生、金融、能源、农业、公共管理、技能九大领域。这些数据空间将提供大量数据池，以及支持数据使用和交换的配套工具和基础设施，从而为在不同部门复制相同的治理概念和模型提供支撑。

3. 基于"监管沙盒"的创新治理

《欧盟数据要素》提出兼顾创新与监管的治理模式，以促进数据经济发展。欧盟委员会提出其监管的方法是制定政策环境所需的监管框架，培育和构建充满生机的生态系统。为实现这一目标，欧盟委员会为应对数据经济创新与转型的需要，将避免采用过于详细和严厉的事前监管，提出基于"监管沙盒"，进行创新管理试验，从而不断迭代基于不同场景的灵活的治理方案。基于欧盟单一市场监管环境的优势，欧盟将积极推动全球数据合作、制定全球标准，形成全球化治理模式。

二、"数据监管沙盒"提升政府治理能力

2015 年英国政府科学办公室提出了监管科技的概念，指出监管科技是金融监管的未来。"监管沙盒"作为创新型监管科技的解决方案，在金融领域正发挥着重要的作用。

（一）"监管沙盒"是新型治理模式

欧盟基于"数据监管沙盒"，形成兼顾创新与监管的灵活治理体系，通过试验不断完善欧盟的顶层监管框架，以适应数据经济创新与转型的需要，构建欧盟充满活力的数据生态系统，并形成全球化的治理体系。《欧盟数据战略》以"数据监管沙盒"为代表的新型数据治理体系，为跨境数据流通与监管、多边合作建立共同数据市场、促进国际数据经济和贸易提供了一套解决方案。

1. "监管沙盒"是监管新趋势

如何针对金融科技快速发展调整金融监管架构是一个全球性问题，营造兼顾创新和风险防范的良好治理环境是各国正在探索的重要方向。"监管沙盒（Regulatory Sandbox）"最早由英国金融行为监管局于 2015 年提出。作为一个"安全空间"，在监管沙盒中的商业主体可以测试新型产品、服务、商业模式、交付机制，不会因为存疑行为而引发通常监管。"监管沙盒"在充分发挥金融科技创新活力的同时兼顾市场风险防范，将创新可能引发的不确定风险限制在可控范围内。

"监管沙盒"在运作中主要涉及三方主体，即"监管沙盒"实施主体、

参与测试的金融科技企业、金融消费者，由上述主体围绕沙盒准入、测试实施、沙盒中止、沙盒退出等环节进行沙盒测试。依据法律授权，监管沙盒实施主体制定沙盒测试的准入条件，会同金融科技企业制定测试方案与测试要求，明确创新产品的监管豁免与合规管理范围。"监管沙盒"实施主体对于测试中的金融创新产品实施全程、动态监管，同金融科技企业密切沟通并提供合规性评估与指导，并且结合具体情况对测试方案进行调整，可以中止沙盒测试并责令其予以退出。沙盒测试期限届满，项目退出沙盒测试进入评估反馈阶段。"监管沙盒"实施主体同金融科技企业对测试结果进行评估，评价此创新产品的金融风险、商业价值并且进一步探讨其在更大范围应用的可行性（见图1）。

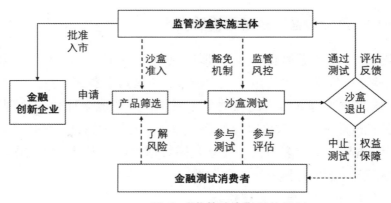

图1 "监管沙盒"运作机制

2. "监管沙盒"驱动金融创新

数字化时代下金融科技迅速发展，新金融环境与大量复杂金融交易产生的海量数据对传统金融机构监管数据治理带来了全新的挑战。2018年《银行业金融机构数据治理指引》正式发布，明确要求"金融机构应当将监管数据纳入数据治理"，并在高管责任、管理制度、数据质量、信息系统四个层面提出总体要求。2020年1月14日，中国人民银行向社会公示2020年第一批6个金融科技创新监管试点应用，标志着中国版"监管沙盒"进入监管层实操阶段。2020 年银保监会进一步发布《关于卡组监管数据质量专项治理工作的通知》，要求开展为期 1 年的监管数据治理专项治理，充分体现了监管机构对数据治理的重视程度（见图 2）。

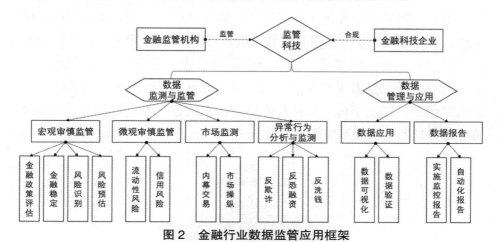

图 2　金融行业数据监管应用框架

　　金融行业对数据监管，经过近几年"监管沙盒"的应用和监管尝试，已初步形成行业监管规则和治理模式，对金融机构数据治理能力提升和数字化转型起到了推动作用。从金融机构内部经营看，形成了金融机构数据治理与监管数据治理的协同，促进金融机构完善数据质量管理体系，形成统一的数据标准，推动基于数据标准的内部合规管理体系建设。从金融机构数据资产管理看，监管数据是金融机构的一类优质数据资产，以这些关键数据资产为基础，不断探索风险分析、合规管理、数据应用、内部审计的核心创新能力，在数字化监管时代抢占数字转型创新的先机，从监管数据资产开发利用中获得回报。

（二）"数据监管沙盒"治理体系

　　2020 年作为数据要素元年，中国提出数据要素国家战略，数据在促进数字科技创新，推动政府治理现代化，驱动产业数字化转型等方面将发挥关键性作用。各级政府可以借鉴欧盟基于"数据监管沙盒"的治理模式，发展以"数据要素监管沙盒"为解决方案的数据监管科技创新模式与治理体系的中国模式，推动数据要素国家战略的实施。

数据要素监管沙盒，简称"数据监管沙盒"，是针对数据这一新型生产要素，驱动数字经济发展为目标，依托政府作为数据要素市场治理主体，多方共建的创新型监管科技解决方案，帮助政府形成跨境跨区域、多部门协同、数据驱动智能化科技创新与治理试验平台。"数据监管沙盒"治理体系是数据要素国家战略背景下，政府推动数据要素市场化体制机制创新，并基于前沿科技监管理念构建的创新与监管并重、长期可持续的数据要素市场治理体系（见图3）。

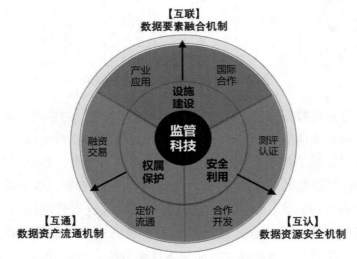

图3 "数据监管沙盒"治理体系

1. "科技监管"提升治理能力

作为世界最大的 IT 研究与顾问咨询公司，每年 Gartner 发布的技术成熟度曲线（Hype Cycle）是科技产业界的风向标。2020 年，Gartner 发布了十大技术趋势，如超自动化（Hyperautomation）、自主化机器（Autonomous Things）、透明度和可溯源性（Transparency and Traceability）等。"超自动化"可以利用人工智能（AI）和机器学习（ML）等手段，实现流程自动化和增强人类的工作能力。而自主化机器包括无人机、机器人、轮船等利用 AI 来执行通常由人类完成的任务。Gartner 认为技术的发展正在引发信任危机。超自动化和自主化机器的大量使用，越来越多的应用和机器，使用基于数据的 AI 人工智能算法来代替人类作出决策，人们逐渐意识到其个人数据的重要性，以及对人工智能算法控制的必要性。

"数据要素监管沙盒"治理体系，以"科技监管"为核心理念。作为国家数据要素战略的顶层治理架构，必须基于面向未来的监管理念，即从人力决策监管转向数据智能决策监管，从传统法规监管转向科技算法监管，从事后被动监管转向事前预测监管。以"科技监管"为核心还体现在"监管沙盒"需要不断引入最前沿的科技，构建科技创新沙盒实验环境，才能了解最前沿科技对数据活动带来的潜在风险和监管挑战，还需要借助最新科技如人工智能、区块链、边缘计算、多方安全计算等技术，不断升级数据要素的安全保护能力和监管能力。

2. "三大机制"培育要素市场

中国提出加快培育数据要素市场战略以来，国家网信办、国家发改委等部委征集数据要素相关课题，为推进数据要素国家战略政策制定提前布局。各地政府也纷纷出台促进数据要素市场培育的相关政策，如《广州市加快打造数字经济创新引领型城市的若干措施》《浙江省公共数据开放与安全管理暂行办法》《深圳数据条例（征求意见稿）》《天津市公共数据资源开放管理暂行办法》《重庆市关于构建更加完善的要素市场化配置体制机制若干政策措施（征求意见稿）》《北京国际大数据交易所设立工作实施方案》等。

政府培育数据要素市场，需要完成三大核心任务，即加大数据互联互通的基础设施投资，建立数据资源安全治理体系，构建数据流通交易平台。围绕三个关键任务，"数据监管沙盒"治理体系，以"监管科技"为核心，坚持"互联、互认、互通"三个长期原则，构建数据要素融合机制、数据资源安全机制和数据资产流通机制，帮助政府构建创新与监管治理体系,动态优化法律法规及政策(见图4)。

图4 "数据监管沙盒"原则与应用框架

数据要素融合机制,重点发展数据要素共同空间。主要包括数据要素基础设施规划与建设、数据要素产业与应用标准制定、数据要素跨境流通与国际数据经济合作三个治理框架,突出数据要素的物理互联、产业互联和国际互联。

数据资源安全机制,重点发展数据安全协同体系。主要包括数据资源安全共享与应急管理、数据主体身份认证与能力评测、数据资源受托管理与增值运营三个治理框架,突出数据安全协同制度互认、身份能力互认、管理运营互认。

数据资产流通机制,重点发展数据资产流通平台。主要包括数据资产权属界定与利益保护、数据资产定价与流通机制创新、数据资产融资与信用风险控制三个治理框架,突出数据资产权益保护互通、交易市场互通、融资渠道互通。

3."五方共治"构建试验生态

"数据监管沙盒"既是监管系统,也是数据应用的创新试验平台。可以帮助政府建立数据要素市场的各类数据应用场景创新试验环境,如跨境数据流通与监管、工业互联网数据共享智能生产、车联网车道数据协同智能自动驾驶、病历数据多方隐私计算优化智能诊断算法、供应链上下游仓单数据质押融资、政府部门间数据可用不可见统计查询等。

"监管沙盒"可以支持数据要素市场参与主体，包括数据持有方、数据需求方、数据运营方、数据服务方、数据治理方，建立多方共同治理的仿真生态。帮助政府在沙盒实验中，充分模拟各类场景，监控系统运行状态，检测数据质量标准，测试智能治理规则，收集各方反馈意见，检验应急处理效果，动态优化治理方案。实验环境可以建立协同高效的创新生态，有效降低创新试错成本，加速构建数据要素产业链，探索国际合作多元化机制。

在以国内大循环为主体、国内国际双循环相互促进的新发展格局下，推动数字经济创新与开放，一些地方政府也明确提出"监管沙盒"试验方案。2020年4月2日，《广州市加快打造数字经济创新引领型城市的若干措施》中提出聚焦国家定位，建设数字经济创新要素安全高效流通试验区，加快探索数据安全高效治理新模式，全面开展对数据确权、个人数据保护等相关法律法规的预研，开展数据确权流通沙盒实验，形成一批实验性成果。2020年9月7日公布的《北京市关于打造数字贸易试验区的实施方案》，提出构建数字服务贸易产业生态圈，打造现行政策"沙盒"试验田。

（三）政府"新治理"促进数据要素市场发展

"数据监管沙盒"作为一个治理体系，参考美国和欧盟数据战略框架的设计原则，借鉴国际和中国数据治理相关标准，结合国家数据要素战略目标及立法方向，研究中央和地方政府出台的数据相关政策及法规方案，联合高校及研究机构对数据治理开展前沿研究，基于央企及数据科技领军企业的数据管理全链条技术方案，围绕地方数字经济规划与产业数字化转型需求，构建的服务于国内国际双循环战略的数据创新与监管治理体系。"数据监管沙盒"也适用于中央和地方政府数据治理整体政策框架的制定，并有助于中央和地方政府相关部门基于分管职能推动数据要素市场的发展。

1. 优化数据要素市场环境

"数据监管沙盒",为省级政府构建数据要素顶层治理框架,在组织架构、目标规划、法律法规、流程机制、知识平台等方面,帮助政府建立基础性制度"试验田"。围绕组织架构与职责、管理制度与流程、科技创新与研发、产业政策与监管等方向,动态输出数据要素政策、原则、规划、实施路径,促进数据要素市场建设。

在数据统筹治理方面,省级政府需要尽快构建数据管理的领导机制和决策机制,有序推动制定公共数据资源确权、开放、流通、交易相关制度,形成数据产权保护法律法规保障体系。省级数据管理委员会可以依托"监管沙盒",构建一个"统筹决策、协同配合、分级管理、按职履职"的立体监管组织架构,基于治理上链、可视化管理,统筹规划和组织协调全省公共数据管理工作,研究审议并组织落实全省公共数据管理方针政策、重要规划、标准规范和规章制度,协调解决全省公共数据管理工作的重大问题、重要事项,协调上下级政府实现公共数据共享等。

2. 发展数据要素创新模式

基于云平台和技术工具组成"数据监管沙盒",建立以政府作为监管主体的多方协同开放治理模式,搭建数据共享流通的制度试验环境,持续优化监管模式与政策机制,形成"互联、互认、互通、共建、共治、共享"的数据要素创新生态。

在公共数据开放利用方面,省级政府需要建立"市场驱动、政府统筹"的治理体系以适应数据要素市场创新发展的需要。如创新公共数据社会化授权运营模式,包括数据定向开放、授权开放,政企数据互换、数据共享等方式,创新公共数据要素流通方式和数据运营模式。设立公共数据运营机构,授权有关法人和非法人组织开展合法的数据开发利用活动,支持、鼓励社会力量特别是平台类企业丰富数据资源、提高数据质量,以市场化手段取得相关社会化数据资源使用权,并利用公共数据开展科技研究、咨询服务、应用开发、创新创业等活动。建立健全公共数据安全管理机制,基于"监管沙盒"探索数据权属创新机制,特别是政府和国有机构持有数据资产保值增值，确保不改变公共数据权属和所有权基础上，开展数据权益与分配模式的先行先试。

3. 提高技术支撑保障能力

"数据监管沙盒"作为前沿技术的创新平台，起到新技术测试、安全评估、场景试验与监管增效等作用，促进"科技监管"水平与数据经济运行保障能力。

在数据共享与跨境流通方面，"数据监管沙盒"利用前沿技术如区块链、联邦学习、基于密码学技术的密态计算、基于可信执行环境技术的可信计算等技术手段，建设多方可信安全计算平台，使政府部门、企事业单位、个人数据实现可用不可见的数据共享应用环境。充分发挥区块链技术去中心化、不可篡改、可溯源的特点，形成与智能合约相结合"算法跑路代替数据跑路"的数据使用方式。建设跨境数据服务试验区，在"监管沙盒体系下，探索数据自由流通的机制，完善跨境数字贸易便利化政策立法及执法。

4. 提升数据统筹管理能力

建立数据公共空间形成数据聚合，是发展数据统一市场的重要前提。数据资源依靠"数据监管沙盒"等模式，形成可信监管与可视化管理环境。数据作为战略资产，地方政府应组织建立数据资产管理体系，必须强化数据统筹和管理能力。

"数据监管沙盒"对于推动产业数据的分级分类管理、数据标准统一、数据质量提升、数据目录共享，为政府提供了数据统筹管理的技术平台与治理环境，建立数据资产管理体系，形成数据质量与利用的评估体系。《2020年上海市公共数据资源开放年度工作计划》提出，上海针对防疫复工、卫生健康、交通出行、文化教育、信用服务、普惠金融、商业服务7个重点领域进一步加强开放力度，计划到年底开放数据累计达到5000项。上海市"公共数据开放平台"面向社会提供数据检索、数据预览、开放请求、需求反馈等功能，成立运营服务团队开展答疑解惑和技术对接服务，并为多源数据融合安全计算提供"数据监管沙盒"环境。

5. 落实数据安全管理要求

数据安全是数据监管的核心职责，是数据治理体系的基石。地方政府需要认真贯彻落实《中华人民共和国网络安全法》《中华人民共和国密码法》等有关法律法规和文件要求，制定数据隐私保护制度和安全审查制度。推动完善适用于大数据环境下的数据分类分级安全保护制度，加强对政务数据、企业商业秘密和个人信息隐私的保护。

在数据应急管理方面，"数据监管沙盒"可以基于堡垒机、联邦学习、同态加密、多方计算等新兴技术，在应急管理、疫情防控、资源调配、社会管理等方面，构建应急方案科技试验平台，逐步优化并形成数据要素应急管理高效协同配置能力，建立多层次、纵深化的数据安全管控模式。建立健全公共数据资源开发利用安全评测、风险评估、安全审计、保密审查、日常监测、应急处置等制度，不断提升数据安全防护水平。

三、"数据监管沙盒"赋能数字新经济

2019 年 12 月，中国人民银行支持在北京市率先开展金融科技创新监管试点，用"监管沙盒"模式推进金融业创新发展。据统计，全国公示试点应用项目已经达到 49 项，其中包括北京首批 17 项、上海 8 项、深圳 4 项、重庆 5 项、杭州 5 项、雄安 5 项、苏州 5 项。其中 43 个创新应用项目中，有 23 项为科技产品，20 项为金融服务类。

"数据监管沙盒"。以科技监管促进数字经济发展，以创新科技治理，建立高效市场机制，聚焦高质量数据资产，促进数据开发利用和价值发现，促进数字产业化、产业数字化、数据价值化、数字化治理的数字经济新四化。

（一）赋能数据融合经济，拉动新基建投资

数据要素的安全与利用，离不开数据基础设施的建设，以及面向产业数据空间和面向全球数字经济国际合作空间的建设。作为"数据监管

沙盒"治理体系的技术创新基础，重点是规划数据要素基础设施投资，发展数据安全和利用的科技研发与应用创新，结合产业和国际化需求，形成数据存储、处理、使用和互操作性的云平台及治理工具，完善数据要素治理的标准，形成数据资源化、资产化、资本化的技术治理体系。

1. 数据新基建带动数据资产投资回报

数据要素基础设施规划与建设，融合了 5G 高速移动网络、物联网、人工智能、云计算、大数据、区块链和隐私计算技术等，是数据要素流通的重要基础支撑技术体系。地方政府需要依托可信数据要素流通的技术支撑体系，加强新技术在数据产业的深度融合，提升跨机构、跨行业、跨地域的数据互联互通水平，充分使用可信高速的数据共享和增值便利通道，保证经济调节、市场监管、社会管理、公共服务、生态环境保护以及政府运行相关数据的安全和价值的流通。为基础设施以及数据共享的工具、架构和治理机制提供解决方案及产品技术的测试与选型，提供资金规划预测和投资回报评估。

2. 产业数据共同体推动数字化转型

数据要素产业与应用标准制定，建设产业数据共同空间，如农业、金融、教育、工业互联网等将为这些部门和领域提供大量数据，开发使用和交换数据所需的技术工具、基础设施、数据标准并制定适当的治理机制，降低数据共享和利用成本，促进数据产业应用和建立更为广泛的交易流通市场。推动制定与数据访问和使用有关的部门立法，以及旨在确保具有互操作性的相关机制，建立职能部门的数据监管体系。

3. 跨境数据流通促进国际数字贸易

国际数据流动应采取开放和积极的方式，全球数据治理与数字经济发展在互联互通环境中运营，需要加强国际数据流动竞争力。这一治理框架旨在建立多国和地区间跨境数据流通与监管试验环境，推动全球数据合作、制定全球标准，创建一个能使经济和技术蓬勃发展的治理体系。比如在全球公共医疗卫生突发事件的合作方面，建立"防疫应急数据合作监管沙盒"，并形成国际医疗数据长期合作创新框架。在数字经济与数字贸易领域，自贸区可以开设跨境贸易试验区，基于"监管沙盒"的创新体系，提高数据要素和数字金融的流通效率，推进监管科技治理和经济政策调节。

（二）赋能数据安全经济，发展数据服务市场

数据安全是数据资源共享流通的基本保障。基于数据要素融合机制框架形成的可信数据基础设施，还需构建基于共同价值观，基于身份认证，基于能力评测，符合相关法律法规的安全管理制度，建立可信互认的安全保障体系。

1. 数据安全治理促进数据产业发展

数据资源安全共享与应急管理，围绕数据主体和数据活动，建立数据安全监管体系，形成由管理目标、立法及制度规范、组织架构、流程机制、系统工具和知识管理组成的体系框架。建立"数据安全与应急管理的安全沙盒"，帮助地方政府从数据安全维度，测试安全制度和技术方案，优化公共数据资源开发使用方案，出台数据安全相关管理条例，形成动态治理、智能监管及应急处置新型安全体系。

2. 认证体系带动人才培养与能力评测

数据安全责任的落实，需要数据活动的相关主体全面参与，必须具备相关主体资格与核心能力，并严格按照制度与流程实施。数据安全主体与能力测评，可以对数据安全主体责任、安全制度与流程的设计、实施、反馈、监控等进行测试。建立数据主体身份、能力测评体系、动态监管的黑名单与白名单，配合奖惩制度，作为数据资源安全机制框架的基础治理框架。

3. 数据委托促进数据服务业爆发

数据要素市场由多方共同参与，包括数据生产方、数据采集方、数据治理方、数据运营方、数据平台方、数据开发方、数据消费方等。如政务数据开放共享，可选择数据定向开放、授权开放，政企数据互换、数据共享等方式。如政府委托第三方行使数据委托管理、数据开发与运

营等职责。需要建立数据资源受托的科技监管框架，明晰数据权责，维护数据主体方利益，促进数据开发利用，体现数据受托方价值，如健全数据资源分级分类安全管理制度等，在数据分级安全管理下进行资源开发。在金融领域的数据涉及个人隐私及商业秘密，建立"金融数据受托运营监管沙盒"，有利于在不同主体间，形成基于数据隐私保护的开放透明治理模式，发挥数据的价值，降低个人和商业组织的融资成本，降低金融机构的信用风险。

（三）赋能数据流通经济，创新数据资产融资

数据作为新型生产要素，伴随数字经济的发展，将成为具有巨大升值空间的资产。基于数据要素融通与数据资源安全机制框架，数据资产流通机制框架可以推动数据流通交易，促进数据的价值发现。

1. 数据资产权属界定与利益保护

数据不同于传统生产要素，数据全生命周期的数据资产开发利用难以清晰界定权属。作为新型生产要素，政务数据以及部分公共数据的权益、权利保护原则和机制尚不清晰，缺乏相关法律法规对数据权益的救济机制。"数据权属监管沙盒"基于司法区块链等新型司法治理模式，在现有法律法规制度下，探索基于数据应用场景，围绕数据使用秩序建立数据权属托管模式，实现数据资产先流通后分配等机制创新。面对国际数据交易，不同法律体系下，建立"跨境数据流通科技监管沙盒"，形成试验田，以逐个案例的模式探索，形成数据国际化权益保护机制。

2. 数据流通机制提升数据资产价值

数据资产流通应充分发挥各主体的作用，通过自律公约或行业标准的形式，逐步标准化各类场景应用下的数据定价规则。成立数据市场监管运行组织，制定数据交易的负面清单，引入数据交易登记机制，监督规范各类主体的数据交易行为。数据资产定价需要从实时性、时间跨度、样本覆盖面、完整性、数据种类级别和数据挖掘潜能等多个维度构建数据资产定价指标，并协同数据价值评估机构对数据资产价值进行合理评

估。"数据定价流通监管沙盒"可以为数据交易提供测试环境，发现数据交易的规律和市场风险，有助于监管机制的制定。

3. 数据融资提升企业金融抗风险能力

数据资产的确权、定价与流通，将形成庞大的数据资产池，应推动数据资产的金融产品创新与流通，助力国企数字化转型，数据评估纳入资产负债表，以资产进行递延融资等，建立以数据作为核心资源的数字化企业。结合"金融数据监管沙盒"，推动金融与产业结合，发现产业数据资产价值，促进对企业数字化转型投资的资金支持，做好数据资产主体信用评估体系。

四、小结

"数据监管沙盒"作为新型治理模式，是数据要素国家战略框架的重要基础设施，应成为中央和地方政府数据治理的核心方案。"数据监管沙盒"应成为政府数据监管新理念，促进数据要素配套体制机制改革，主动构建以监管科技为核心的治理生态，建立健全数据治理长效机制，统筹发挥创新试点和"监管沙盒"的作用，充分挖掘数据资产的价值，探索构建监管科技与数字经济创新共生互促的新范式。

数据共享推进应急管理体系和能力现代化

谢 伦 谢 磊[*]

一、数据治理视角下的应急管理支撑

（一）数据治理内涵

随着新兴技术的发展，全球数据量呈现爆发式增长，世界进入了数字时代。数字化的知识、信息成为重要的生产要素，并与实体经济深度融合，推动传统产业不断向数字化转型进而产生了数字经济这种新的经济形态。现阶段，大数据、云计算、移动互联网、AI 技术、5G 等的发展为数据治理框架的形成和优化提供了新的技术支撑，也为数据治理结构新范式的形成提供了新的思路。特别是近年来，有学者认为，数据作为一种关键战略资产，正在成为重塑国家治理组织的基础资源。

中共中央、国务院于 2020 年 4 月 9 日发布的《关于构建更加完善的要素市场化配置体制机制的意见》（以下简称《意见》）在传统的土地、劳动力、资本、技术要素外新增了数据要素，强调要深化要素市场化配置改革，促进要素自主有序流动，提高要素配置效率，进一步激发全社会创造力和市场活力。《意见》进一步强调了数据要素的重要性和地位，

---

* 谢伦，中国应急管理学会城市安全工作委员会副秘书长。谢磊，中国应急管理学会城市安全工作委员会副秘书长。

并明确要加快培育数据要素市场。数据作为第五大要素提出，充分体现出国家对数据要素价值及对国内经济转型重要性的高度认同。

以数据集中汇聚和数据共享为途径，基于云计算、移动互联网、数据中心、密钥认证等公共基础设施，实现对数据要素的处理、存储、管理和计算，形成支撑应急管理信息化的有机体系，是打破"信息孤岛"的关键举措。在实际的应用中，进一步引入各种人工智能算法和模型，实现应急管理核心业务的大数据关联分析、深度挖掘、应急仿真跟踪，是推进跨层级、跨部门应急管理数据融合、业务融合的技术保障。

从概念上看，数据治理并没有标准的、严格的定义，国际数据管理协会（DMMA）在其发布的《DAMA数据管理的知识体系和指南》（DAMA-DMBOK）中将数据治理定义为对数据资产管理行使权力和控制的活动集合（规划、执行和监控），指导和其他数据管理职能如何执行，在高层次上执行数据管理制度。在《DAMA-DMBOK2数据管理知识体系指南（第2版）》中，国际数据管理协会进一步延伸了数据治理的融合深度，强调将数据治理融入系统设计和开发过程中，增强了数据治理的落地性。国内有学者认为，数据治理是指从使用零散数据变为使用同一数据、从没有组织和流程治理到企业范围内的数据治理、从尝试处理主数据的混乱状况到主数据井井有条的过程，并最终使企业将数据作为企业的核心资产来管理。在这个层面，我们可以看到，数据治理涉及的不仅仅是数据处理的技术，还包括相应的数据治理战略、组织架构、政策标准、质量安全等方面。

（二）数据要素驱动下的应急管理支撑

在大数据时代，仅依靠技术手段建设系统的方式难以有效解决应急管理中数据管理和共享面临的所有问题。从数据治理主体的角度来看，数据主体涉及多种利益相关方。从数据治理的内容来看，数据治理包含了治理主体、治理领域、治理内容和治理方式，应急管理层面的数据治理涵盖数据管理与数据应用两方面，即强调数据动态汇聚、更新机制的设计和落地，又关注科学应急管理应用场景的实现、场景优化和应用改善。

在数据要素驱动下，应急管理支撑体系的构建可以从两个视角加以设计：一是应急管理内部视角。这一视角强调应急数据治理对于政府、第三方组织或个人开展应急管理运作的支撑作用，在这个层面，应急管理体系依托事件态势感知与决策支持系统，构建多维度应急事件画像、预案画像、人物画像、装备画像等，并根据应急管理的事前、事中和事后三个阶段，为预防准备、监测预警、应急处置、善后恢复等多个环节，为政府、第三方组织或个人的决策流程参考流程进行优化，提升政府、第三方组织或个人的决策质量。二是应急管理外部视角。外部视角主要讨论的是应急管理中涉及的政府和第三方组织，在外部层面，政府和第三方应急管理水平的提高，也可以改善其对于公众服务、特定人群服务的水平和质量，提高政务和第三方组织应对和处理社会危机、自然灾害等突发事件的反应速度，提高公众或特定人群对政府、第三方组织在应急层面的信任程度。

数据要素驱动下的应急管理支撑是提升和转变应急管理理念，促进应急管理体系创新的重要动力。其依托于数据收集、数据共享和分析技术的应用和扩展，又结合了应急管理中事前、事中和事后三个阶段的应用场景，进而形成了以"数据＋算法＋系统"为核心的应急管理数据治理体系，是新时期推进应急管理体系现代化的有力抓手和实现路径。

二、应急管理中的数据治理路径

（一）应急管理基础数据层建设

数据要素驱动下的应急管理是从应急管理各项数据的管理、处理和应用三个层面展开的，与一般的政府数据治理不同，应急管理中除最重要的政府主体外，还可能涉及突发事件所波及的所有地区和部门的力量，如非政府组织、社区组织、志愿者、学术界、社会公众、军队、专业应急救援力量、媒体、国际组织等。因此，在应急管理基础数据的建设中可能涉及多方的参与，形成政府、公众、企业和非政府组织多角色协同建设的框架。数字化管理以应急管理标准体系框架为中心，围绕应急管理的事前准备、事中响应和事后恢复的每一阶段进行相关数据的采集与整理，着力打基础、汇数据，有效协同应急管理相关部门数据、关联汇集社会化机构数据，建设纵向到底、横向到边的应急管理基础数据层。进而大力推动应急管理业务系统整合和信息归集共享。数字化处理是从数据挖掘处理层面出发，构建应急管理知识网络，通过机器学习、统计学、模式识别、神经网络、数据可视化等技术，实现应急管理大数据关联分析、深度挖掘、仿真评估，辅助支撑各类应急实践，提高应急管理效率，节省成本并减少损失。数字化应用则是以平台服务为目标，通过"数据＋应用"的深度融合，为政府、第三方组织或个人提供统一的应急管理资源、数据和业务支撑，有效提升重大突发事件的应急实施衔接配套、重大事件联动处理等的能力和水平。

1. 数据资源准备

数字经济的到来对应急管理提出了新的要求。一是随着应急管理体系和能力建设不断深入推进，各类数据在应急管理各阶段的集中趋势明显，同样地，因受到应急管理工作特殊性影响，各类应急管理数据的分散性、碎片化趋势也不可小觑。如何汇聚和利用好这些数据，为应急管理和决策服务，提升应急管理和决策水平是应急管理部门面临的重要任务。在应急管理数据治理路径中，首先应该做的就是要明确应急管理各阶段的工作，进而梳理各阶段工作的现状、特点和经验教训，为后续的数据采集、维护、更新等工作提供参考。

由于应急管理各个阶段的任务不同，且不同性质的突发事件也有发生机制和破坏方式的差异，针对不同突发事件进行应急管理时，在不同的节点，其数据的应用对象、业务需求的种类、用途和关注的侧重点都有差异。这就需要在数据资源准备阶段，能够根据突发事件的阶段特点，在不同阶段规划具有针对性的数据体系和知识体系，以起到辅助决策的效果。也就是我们所说的，数据体系或知识体系的构建需要与使用的目的相适应，能够回答数据是用来做什么的。

以政府部门的应急管理为例，在进行应急管理数据汇集的过程中，就需要从应急管理体系出发，充分考虑部门内外部的业务边界、部门边界以及地域边界。从政府部门的履职需求出发，对分散在不同部门、不同地域的数据进行横向汇集，再根据应急管理的数据更新要求，从互联网与社会第三方机构采集采购重要数据进行纵向汇集，构建应急管理专业数据中心，为应急管理辅助决策、抢险救援、舆论引导和恢复总结等环节提供智力支持。

2. 数据资源汇聚

在对应急管理体系相关的基础数据进行梳理后，我们需要对数据进行定义，并针对应急管理各阶段所需数据的特点和应用要求制定数据标准。标准化概念的发展与人类文明的推进有着密不可分的关系。可以说，标准化是分工与协作的基础，也是数据处理与应用的基石。因此，在这个层面，我们必须对来自应急管理部门、职能部门、第三方组织等的数据按统一标准收集、整理和进行数据分析。

应急管理专业数据中心应包括公共基础库和各类主题库。在公共基础库层面主要汇聚的是国家人口库、国家法人库、国家地理信息库等技术信息资源。而主题库则是部门的业务数据，其建设将根据应急管理各阶段的数据应用要求，构建应急知识标签体系，对应急管理专业数据中心的数据进行进一步标签化处理，并对相关特殊指标进行标签化管理。如针对应急管理中涉及的时间、空间、人物、机构、装备、事件特征、团队等进行指标提取和信息情报重组，构建应急管理综合信息数据库、模型库，为应急管理提供数据支撑。

（二）应急管理数据治理路径

1. 数据清洗

由于应急管理数据涉及的业务场景更为广泛、多元，其原始数据可从不同的应用系统中采集、获取，且跨部门、跨领域的数据因数据标准不同、数据存储结构不同也存在较大的差异，无法直接进行数据挖掘。需要对这部分重复、冗余、不完整的数据进行数据预处理。在数据清洗层面，数据资源清洗加工工作应统一决策，同一数据库范围内工作方法、技术指标均应当统一，从而达成数据产品的一致性，并保证数据可信、精确、完整、一致、有效。

2. 数据挖掘

数据挖掘有别于传统的统计分析和计量经济学分析，它涉及数据处理、分析甚至可视化展现等多种计算机领域。一般来说，数据挖掘是指从大量的数据中自动搜索隐藏于其中的有着特殊关系性的数据和信息，并将其转化为计算机可处理的结构化表示，是知识发现的一个关键步骤。在实际的应急管理专题数据中心建设中，为了保证数据挖掘的效果，一方面，我们需要平衡模型分析的量化结果和专家经验的关系，将数据挖掘分析的结果与专家的检验判断相结合，规避不合理结果。另一方面，我们也需要充分考虑数据挖掘方法的复杂性与适用性的关系，根据当前业务中的问题和需求选择合适的一种或几种数据挖掘分析方法。通过经验和适用性的充分考量，规避应急管理中可能存在的谬误，避险其在指导实践中出现的损失和风险。

数据挖掘按照技术类型划分为模式识别、神经网络和可视化、机器学习、统计学、面向数据库或仓库技术等。也可按照数据分析方法划分为建模并模拟神经网络、进化算法等。在应急管理活动中，可以根据数据特点和研究目标进行技术的选择和运用；在宏观管理层面，涉及的数据主要是以结构化数据为主，因此可以通过计量模型、层次分析等方式开展综合数据分析，实现对宏观应急管理目标的分析、评估和预测；在强化应急预案制订层面，涉及的数据主要是以非结构化数据、半结构化数据为主，因此可以通过文本挖掘等方式，实现应急碎片化数据的重组，通过机器学习和推荐算法等寻找应急预案和经验，为应急实践提供危机通报与应急响应。

从数据挖掘专业领域来看，数据挖掘的标准步骤通常包括以下六步。

第一，业务理解。根据应急管理不同阶段的目标，从业务角度理解需求，制定数据挖掘的目标和初步的处理计划。在这个阶段，需要认清数据挖掘的目的。应急管理相关数据比一般政务数据要更加广泛、更加多元，且普遍存在跨领域、跨地域、跨层级、跨系统、跨部门、跨业务的数据，没有目的挖掘的最后结果是不可预测的，需要在进行数据挖掘之前，有预见地探索问题，不能盲目地为了数据挖掘而进行数据挖掘。

第二，数据理解。基于数据资源准备阶段的数据，识别这部分应急管理相关数据的质量问题，发现数据的内部属性。

第三，数据准备。数据准备主要分为三个阶段：一是数据选择，搜索所有与当前应急管理目标对象有关的内部和外部数据信息，并从中选择出适用于数据挖掘应用的数据；二是数据的预处理，研究已经汇聚数据的质量，为进一步分析做准备，并确定将要进行的挖掘操作类型；三是数据的转换，将数据转换成分析模型。

第四，数据挖掘。着手对得到的经过转换的数据进行挖掘，以非结构化的应急数据为例，可以采用文本挖掘、自然语言处理、概念关系词典等核心新技术，在应急管理专业数据中心的存储层面完成对各类数据的挖掘和分析，基于多维度全文索引、关键词抽取、自动摘要、特征向量生成以及内容关联挖掘，构建基于大数据技术的应急领域知识网络。通过深度挖掘和语义分析技术，从内容相关、主题相关以及业务相关多个层面挖掘内容资源、碎片化知识单元之间的关联关系，实现应急管理参考信息资源的搭建并计算其相关性。

第五，结果分析。解释并评估数据挖掘的结果，其使用的分析方法一般应视数据挖掘操作而定。

第六，知识集成。也就是知识的同化，即将分析所得到的知识集成到所要应用的地方。

从开展应急管理数据挖掘的实际需要来看，在应急管理专业数据中心的建设过程中，可以按照业务的事件级别逐步开展数据挖掘工作，由点到面地开展数据挖掘，保证数据挖掘过程的科学性和严谨性，并且能够满足应急管理的实际需要。

（三）应急管理数据与应用体系的一体化融合

全面、准确、及时地掌握社会信息、分析社会问题、社会矛盾、突发性事件等，是科学决策的基础。过去由于数据处理技术的欠缺，无法收入和分析海量数据，因此，传统的决策方式更依赖经验和样本数据，大部分数据的分析工作依赖数据抽样的方式。虽然抽样的方式有其科学和合理的一面，但随着微博、微信等新媒体方式的介入，突发性事件的传播力和影响力空前提高，突发性事件发酵的形式越来越复杂、速度越来越快，依据经验以及小样本量的决策难以找到一个最优"抽样标准"，也无法通过小样本的经验去反映总体所有的机构特征。现在，通过数据挖掘和数据可视化技术，就可以构建以"数据＋算法＋系统"为核心的应急管理数据与应用体系。基于应急管理专业数据中心，构建多维度应急事件画像、预案画像、人物画像、装备画像等，并根据应急管理的事前、事中和事后三个阶段的诸多环节，提供决策参考和智能推荐。通过数据与应用融合，为构建集中统一、智慧高效的应急指挥体系，提供智能分析与预案推荐，系统融合图片、信息资讯、图表等多种表现形式，围绕中央要闻、应急工作动态、政策法规解读、舆情快讯等核心内容，更快、更直接地实现对应急管理重要决策信息的宏观把控，有助于相关应急管理政府部门在决策过程中实时感知。

1. 应急管理专业数据库

应急管理专业数据库的建设是一个长期的过程，需要有针对性地构建应急知识标签体系，并通过大数据技术以及多专家合作的方式对应急管理专业数据中心中的数据进行进一步标签化处理，帮助应急管理有关部门或第三方组织实现对数据的分析和决策对象的清晰认识，增加信息的有效聚合和传递速度，使应急决策在事前准备阶段、事中响应阶段以及事后处置阶段都能发挥最大效用，将失误风险和损失尽量压缩。一般来说，通过专业数据去辅助决策实践包括以下三种数据来源：一是通过网络信息采集系统抓取突发事件相关新闻、动态，形成突发事件信息，帮助负责搜集和处理信息的管理人员通过互联网获取突发事件信息、求救信息等，从而迅速做出反应。二是通过碎片化技术对总体应急预案、专项应急预案、部门应急预案、省市和地方应急预案、大型活动应急预案和国家大型企事业单位应急预案等进行碎片化处理，方便后续应用时，根据事件要素实现预案重组。为扩展预案信息的边界，同时，将整合应急领域优秀经验和案例成果，并对其进行数字化处理和指标提取。三是通过多源异构数据的聚融与语义理解等技术，提取预案中的特殊指标，如对预案中涉及的时间、空间、人物、装备、事件特征、团队等信息进行标签化处理、信息重组，围绕应急管理的事前、事中和事后三个阶段，根据预防准备、监测预警、应急处置、舆论引导、善后恢复等多个环节进行建模，形成模型库。

2. 个性化应急主题应用

利用经过大数据挖掘、分析后获得的能体现规律、趋势、关联规则的有价值信息以及知识，通过对应急业务和需求的分析，构建面向应急管理的个性化应急主题应用，向应急管理各部门领导、应急管理人员及社会公众提供个性化、主题化的应急管理决策类信息服务。一方面，实现应急管理专业数据的深度场景化应用；另一方面，通过深度的数据场景化应用进一步对现有数据进行验证和优化。为应急管理工作提高效率、降低风险、发现短板、优化预案提供数据和技术支撑。

首先，在个性化应急主题应用的基础层面提供各类政策法规、公告、机构信息、专家信息、应急知识、应急预案的快速智能检索、统计查询以及个性化信息推送等服务。帮助用户快速了解相关突发事件等的相关情况。

其次，在具体的应急管理实践中，提供综合预测预警、综合态势研判及应急响应支撑：在综合预测预警层面，对来源于突发公共事件报告、下级应急平台（专项指挥部或部门应急平台）、国家应急体系中其他应急平台和相关单位的各种预警信息，以及网络信息的各种突发事件信息提供实时跟踪、按需获取、汇总分析，并通过预警分级指标（模型）对事件进行预警，方便应急管理部门迅速获取事件的类别、概况、目前波及的范围等信息，进一步确认预警级别，并进入对事件的综合研判阶段；在综合态势研判层面，以"数据＋算法＋系统"为核心，将通过对突发事件的预警级别、突发实现类型、业务领域等标签化处理，对本次突发事件涉及的相关要闻、政策法规、解读文件、标准文件等核心内容进行关联，构建多维度事件画像。从而表现突发事件情景，并降低非常规突发事件的发生、发展与演化的动态不确定性。更快、更直接地实现对应急管理重要决策信息的宏观把控，对突发事件可能的发展趋势和决策实施效果进行早期的科学判断。

最后，将大数据的获取与处理、多源异构数据的治理、语义理解及知识图谱等技术应用于突发事件的后果推演模型，根据推演结果制定应急行动，以达到提高效率、降低损失、避免灾害扩大化的目的。同时，为辅助指挥部门协调各方进行现场处置和救援、实现多元化协作的应急处置。可以采用基于深度神经网络的自动摘要方法，根据态势研判、情景推演数据分析结果中的突发事件情景要素进行预案模型匹配，通过"突发事件情景应对方案"模式，按照国家《中华人民共和国突发事件应对法》以及相关单项法律法规要求，最终生成应急响应初步工作流程报告。经过相关专家、实战人员的进一步确认和修正后，为快速的应急处置和组织协作提供专业参考，实现多元化协作的应急处置。

（四）应急管理中的数据共享路径

应急管理专业数据中心的数据来源包括政务部门依法采集、依法授权管理、在履职过程中积累的数据以及互联网采集数据。在进行数据应用的过程中，将建设统一的应急管理资源目录体系与公共应急信息开放目录，并依托数据共享交换系统，实现相关应急非涉密数据的共建和共享。

1. 数据共享与公开规则的制定

大数据时代的到来与城市化进程的快速发展，对我国城市公共安全应急管理相关数据的应用提供了新的机遇。同时，应急管理数据来源的广泛性、综合性也使得应急管理相关数据的共享与应用面临着巨大的挑战。应急管理所需的相关领域专业知识、专家信息、机构信息、应急设备信息、预案信息等分散在各政府部门、第三方机构甚至是个人层面，进行数据工作共享和公开规则的制定。首先，需要根据应急管理的业务特点，不断完善政务数据资源整合政策制度。在制度中明确数据整合共享的对象、路径、方式、目标等方面的政策标准、业务标准和技术标准，促进应急管理相关多部门间数据的互通互认、整合对接、关联融合、统一应用等，做好数据共建共享标准体系的顶层设计。其次，需要通过国家政策制度去推进和保障各类应急管理数据资源整合共享工作，明确目标任务和原则，提出具体工作方案及工作步骤，确保应急管理数据共享执行有抓手、推进有依据、成效有标准、落实有责任。

2. 有效公开渠道的建立

应急管理相关非涉密数据的共享与公开规则的制定需要经过一个过程，在这个过程中，需要建立有效的公开渠道，为应急管理相关数据的获取提供技术性支持。在公开的过程中，充分了解各单位、各用户对数据的共性需求，防止信息共享的概念化、简单化，提供更有针对性的数据，最终实现应急管理数据的业务牵引和支撑性作用，避免无效共享。同时，在进行有效公开渠道建立的过程中，也应该区分数据共享的重点，理清各应用方向、不同应用角度以及不同应用阶段的数据需求，围绕应急管理业务人员和公众关心的重点领域开展信息资源的共享应用。

特别是在公众数据共享与开放层面，应该充分借鉴政务数据公开的有关做法，推进数据共享与公开，建立公众参与机制，引导社会公众对应急管理数据中非涉密数据的公共数据进行快速获取与利用，共同建立良好的社会氛围与应用环境，构建应急管理数据公开共享框架。

（五）应急管理中的数据管理和共享体系建设路径

1. 通过应急数据管理和共享体系建设，实现应急管理决策智能支撑

习近平总书记在主持中央政治局第十九次集体学习时强调，应急管

理是国家治理体系和治理能力的重要组成部分。应急管理中的数据管理和共享体系建设应基于大数据、人工智能等技术，汇集应急管理相关知识，服务应急管理各个阶段的全环节，并应用大数据技术，实现各类应急预案和管理态势的深度分析、智能化检索和监测，提供协作研究的智能化知识管理系统和决策支持系统。通过人机交互功能和数据可视化进行分析、比较和判断，构建适应当前应急管理需求的应急管理数据与应用体系，使应急决策脱离传统决策只专注特定视角的特征，实现综合数据对应急决策智能化辅助的有效支撑。

2. 通过应急数据管理和共享体系建设，实现应急救援能力不断提升

总体国家安全观下的公共安全与应急管理体系和能力现代化，需要建设一支专常兼备、反应灵敏、作风过硬、本领高强的应急救援队伍，需要不断强化应急救援队伍战斗力建设，抓紧补短板、强弱项，提高各类灾害事故救援能力。应急管理中的数据管理和共享体系建设，将基于大数据、人工智能等技术，通过各类应急信息、数据、知识的融合、重组、应用、共享，与不同业务、不同场景、不同应用、不同层级、不同专业的组织、队伍和个人的需求紧密结合，通过综合信息的交叉搜集与运用，实现应急救援能力的不断提升。

3. 通过应急数据管理和共享体系建设，实现应急科技装备持续升级

先进的应急管理技术装备是高效、可靠实施突发事件预防与应急准备、监测预警、处置救援、预防防护等的重要基础和有效保障。应急数据管理和共享体系建设，可以有效促进政、产、学、研、用各方数据的结合，以应急管理需求为导向，助力我国自主知识产权的系列化和成套化的智能应急装备研发，不断推进应急科技装备的自主创新、产业升级。

4. 通过应急数据管理和共享体系建设，实现安全文化宣教稳步推进

坚持"以人为本，生命至上"的安全理念，提高公众安全素质、培育安全文化是当今应急管理工作的关键内容。安全文化宣教培育着应急管理的"预防文化"，是突发事件应急管理的基础和前提。应急数据管理和共享体系建设，可以面向政府部门、社会公众、青少年、应急从业人

员、专业救援人员等不同对象，将生产安全、消防安全、自然灾害、交通安全、信息安全、社会安全、城市安全、校园安全、生活安全等各方面知识、内容和数据高效整合、分发、传播、应用，为推动安全宣传进企业、进农村、进社区、进学校、进家庭，加强公益宣传，普及安全知识，培育安全文化提供丰富的成果，提升全民安全素质，为筑牢防灾、减灾、救灾的人民防线提供有力支持。

5. 通过应急数据管理和共享体系建设，实现应急管理学科创新发展

近年来，各类突发事件给人民群众的生命财产安全造成了不同程度的伤害。应急管理部的组建，推动了中国特色应急管理体制的发展，应急管理部党委书记黄明在总结 2020 年工作，部署"十四五"及 2021 年重点工作任务时讲道："应急管理信息化要统一规划布局、统一部署模式、统一技术架构、统一数据汇聚，加快补齐数据服务、安全保障、人才支撑等方面的短板。"因此，作为应急管理体系和能力建设重要组成部分的应急管理学科建设，面临着重要发展机遇。应急数据管理和共享体系建设，将为应急管理专业人才培养、学术交流、学科建设提供数据、信息、情报、知识等方面的支撑。

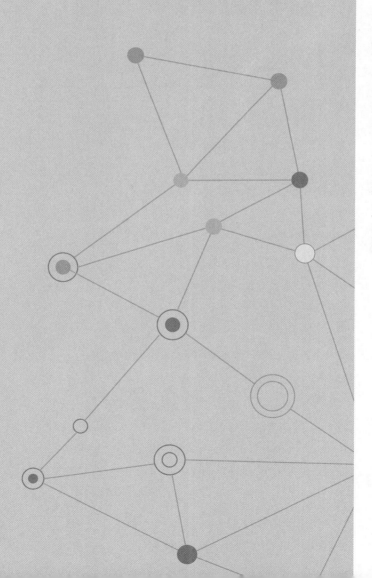

第三篇　数据要素与全球共融

数据要素治理的全球竞争态势与启示

吴沈括[*]

在数字经济浪潮席卷全球的时代背景下，世界各国都面临着一系列全新的治理挑战。不可否认，海量数据的处理与应用构成了新型数字经济样态存在与发展的关键性必要条件，时至今日，数据作为基础性战略资源的论断已然成为国际社会的普遍共识。在此图景下，对于数据治理议题而言，已经在全世界范围内聚集了空前广泛的关注度，成为网络空间国际治理领域对话博弈的核心命题之一。不可否认，数据治理问题本身具有非常复杂、宽广的视域，而系统检视这一问题、寻求应对方案的逻辑主线应当是新一代网络信息技术的发展态势，以及与数据处理应用相伴的机遇和风险类型的考察。

就此应当指出的是，一方面，围绕各类数据的利用，在以大数据、云计算、物联网及人工智能等为代表的新一代信息技术的普及应用过程中，人们不断拥抱更多的发展机遇；另一方面，围绕各类数据的保护，人们在快速数字化的环境中也持续面对来源更为广泛、程度更为深刻的安全风险。

作为发展成就的示例，根据中国互联网络信息中心 2018 年发布的第41 次《中国互联网络发展状况统计报告》，我国的网民规模已达到 7.72 亿人，手机网民规模达到 7.53 亿人，互联网普及率为 55.8%，境内外上

---

* 吴沈括，北京师范大学网络法治国际中心执行主任、博士生导师。

市互联网企业数量达到 102 家，总体市值达到 8.97 万亿元。而就信息基础设施而言，我国服务器部署数量也已达到 118 万台。与此同时，作为风险威胁的示例，Norton（诺顿）公司于 2018 年 1 月发布了一项关于网络安全及数据安全的研究报告，该报告统计分析了包括中国在内的 20 个世界主要国家和地区在 2017 年遭受网络犯罪的情况。2017 年全世界约有 9.78 亿人受到了网络犯罪的影响，全世界的消费者因黑客攻击共遭受了约 1720 亿美元的损失。

基于系统化的考察视角，就新型信息技术与数据治理相关机遇而言，我们获得了新的技术支持，如大数据、人工智能等；也发展了新的业务样态，如云计算、物联网等；还产生了新的应用内容，如新式安保监测、远程诊疗、健康保障及生活娱乐等。就新型信息技术与数据治理相关风险而言，我们面对着新的技术要素风险，如新型木马、病毒及僵尸网络威胁等；也面对着新的组织管理风险，如新型电信网络诈骗侵害等；还面对着新的在线内容风险，如儿童色情、暴恐信息及虚假消息等。

综上所述，面对这幅错综复杂的数据治理画卷，全球各国正立足于本国的核心价值诉求，积极酝酿出台其数据治理战略政策及法律规范，试图通过建构系统化的制度配套以及多层次的执法司法机制在国际合作与竞争中取得理想的博弈地位。当下具有突出的典型路径意义的是欧盟与美国的数据治理方案，其鲜明地反映了各自的数据治理立场，产生了广泛的国际影响，对其各自道路的全面理解有助于检视并研判我国在数据治理领域的应对之策。

一、欧盟有关数据要素治理的规范设计与价值诉求

着眼欧盟的数据治理思路，首先有必要考察的是自 2018 年 5 月 25 日起正式施行的《通用数据保护条例》（GDPR）。作为相对欧盟个人数据保护 1995 年指令的升级规范，GDPR 在新一代欧盟数据治理规范发展历程中具有里程碑意义，面对欧盟境内数字经济与信息社会 2.0 的新发展与

新趋势，欧洲立法者建构的回应方案是引入具有普遍约束力的欧盟统一立法，提升个人数据流转的治理水平，这也对全球数据治理的未来走向产生了现实的深刻影响。

（一）GDPR 的价值追求与逻辑内核

在 GDPR 长达四年的文本酝酿出台过程中，欧盟范围内经历了广泛、复杂的利益博弈，这本身反映了 GDPR 的制度意义远超技术层面的个人数据规范框架，而是构成了一套蕴含国际博弈、产业竞争以及社会模式等多样要素的多重价值体系。

申言之，一方面，欧盟立法者希望通过 GDPR 的体系化制度设计强化提升欧盟主体对于自身个人数据享有充分的控制权，同时通过统一化的规范设计改进现有的监管机制，为个人数据处理主体的合规风控提供更为明晰的行为指南，降低业务运营的不确定性；另一方面，通过提升数据治理水平助益欧盟的"数字单一市场"建设规划，进而在数字经济浪潮中谋求世界级领袖地位。

需要指出的是，GDPR 并非孤立的制度安排，在数据安全层面，欧盟《2016 年网络与信息系统安全指令》是欧盟数据治理法制框架的另一重要支柱，为 GDPR 的实施提供安全角度的进一步的制度配合与保障。在此意义上，可以认为 GDPR 更深层次的逻辑内核是在网络空间和数据领域延伸、拓展传统国家主权理念的各项基本价值追求，进而确保欧盟对其数据享有独立自主开发、占有、管理和处置的最高权力，是为欧盟版本的数据主权理念。

进一步来说，GDPR 反映出欧盟试图捍卫其数据产业独立、自主的发展权，确保独立开发并选择应用数据技术，以优先满足自身各种产业竞争的需要。同时，确保欧盟在数据领域拥有制定配套法律法规的最高立法权力，保证根据自己的意志自行决定如何制定有关数据的法规与制度，而不受任何外部技术优势力量的影响或者支配，甚至培育相应的反制能力。

（二）GDPR 的制度特色与核心规范

关于 GDPR 的制度特色，需要指出的是，它在很大程度上反映了欧盟立法者面对云计算、大数据以及数字单一市场的深入发展，互联网金融以及跨境电商等新经济样态的伴生风险而倾向采纳的风险管理新路径。

由此不难理解，在宏观框架层面，GDPR 对于公民权利、经济自由、数据主权、公共安全等多重诉求，在不同产业、不同情境中引入了新的动态平衡取舍，包括充实个人的权利内容、提升欧盟内部市场的价值位阶、强调规范落实的机制保障以及建构个人数据跨境传输的全球化管控机制。

在微观制度层面，应当强调的是，一方面，根据 GDPR 的条文设计，欧盟个人数据治理的制度规范将扩展适用于处理欧盟主体个人数据的所有外国主体；另一方面，GDPR 广受注目的新举措是适应新技术新应用的具体场景欧盟公民和居民提供了一系列新型"数字权利"，包括被遗忘权、数据可携权等。此外，GDPR 还引入了极为严格的责任条款，并通过最高处罚为涉事主体全球营收总额 4% 的惩罚机制予以强化，引领了高额处罚的国际潮流。

在此图景下，值得给予特别关注的 GDPR 制度规范涵盖一系列条款，包括第 7 条关于强化监督数据持有第三方的规定、第 8 条关于儿童特别保护的规定、第 12~14 条关于权利人被告知权的规定、第 17 条关于被遗忘权的规定、第 20 条关于数据可携权的规定、第 21 条关于数据挖掘限制的规定以及第 33 条、第 34 条关于严重数据侵权事件报告制度的规定等。

（三）GDPR 的实施前景与全球影响

GDPR 各项制度规范的落地执行是一个立体的机制体系，从相关指南到各类行政、司法判例都是需要深入研判的组成要素。从欧洲数据保护专员公署（EDPS，2018 年 5 月 25 日后成为欧洲数据保护局 EDPB 的常设秘书处）的工作部署来看：一是贯彻落实 GDPR 规范内容的主要切入点是《里斯本条约》等确认的个人数据权等"基本权利",在遵循欧盟委员会有关数字单一市场的总体安排的前提下,以保护欧盟公民和统一市场为直接的制度目标。二是相对于欧盟《1995 年个人数据保护指令》,欧盟全境范围内有关个人数据保护的执法力度在 2018 年 5 月 25 日后会绝对加强,构成欧盟各成员国必须履行的、不可克扣的政治责任,其总体强度将类似于欧盟目前有关反不正当竞争、反垄断领域的执法力度。三是 GDPR 的执法主体主要是各国个人数据保护机关(DPAs),突出"一站式"执法模式,由某执法对象(如某跨国公司)主要营业地的成员国个人数据保护机关履行首要的监管保护职能,而 2018 年 5 月 25 日正式投入运行的欧洲数据保护委员会(European Data Protection Body,EDPB)主要职能在于协调成员国个人数据保护机关的执法工作。四是在国际博弈合作层面,GDPR 后续实施过程中会根据实际情况进一步考虑弹性的国际对话机制,包括发挥"约束性公司规则"和"标准条款"两个机制的弹性功能,以减少法定强制情形尤其是"充分性认定"机制的适用场景。

不难想见,通过上述多层次规范实施机制,GDPR 将渐次展现其广泛的国际影响力。一方面,其规范约束更深刻地介入数据处理的全生命周期,进而对于大数据、云计算及人工智能等以数据收集、处理为核心要素的新技术应用产生显著的导向意义;另一方面,以"设计隐私"(Privacy by Design)为突出代表的新的数据保护机制将会对全球数据处理主体的现有业务运营模式产生深度的逻辑变革,进一步渗透欧盟特有的数据治理理念。此外,以个人数据跨境制度为有力抓手,GDPR 还会对他国的数据治理框架产生跨地域的持续制约,进而对未来国际数据治理生态带来更多的制度变量。

二、美国有关数据要素治理的制度建设与价值取向

不可否认的是,凭借 GDPR 等专项规范的密集酝酿出台,欧盟不但在全球数据治理博弈中取得了制度性优势地位,而且已经对包括美国在

内的世界各国的数据治理进程产生了广泛的政策规范影响。在此意义上，美国法制框架下目前最具风向标色彩的立法动向莫过于 2020 年 1 月 1 日起正式施行的《加利福尼亚州消费者隐私保护法案》(*California Consumer Privacy Act of* 2018，CCPA)。

CCPA 旨在改变企业在这个人口众多的州进行数据处理的方式，法案一经生效，包括谷歌和 Facebook 在内的科技公司将面临非常严格的隐私保护要求，包括披露其收集的关于消费者的个人信息的类别和具体要素、收集信息的来源、收集或出售信息的业务目的，以及与之共享信息的第三方的类别等。正如美国电子隐私信息中心执行主任 Marc Rotenberg 先生指出，该法案的公布是美国隐私法律发展的一个里程碑时刻，它表明人们高度关注隐私，立法者也将采取行动保护隐私。

（一）CCPA 的总体概况

CCPA 的主要内容涉及四项要素：法案出台的时代背景、消费者的权利内容、企业的义务范围及法案中一些相关术语的界定等。

关于法案出台的时代背景，法案表明隐私权是加州宪法中规定的一项不可剥夺的权利，随着消费者与企业共享的个人数据数量的激增，消费者数据泄露将会为个人带来诸如财务欺诈、身份盗窃、声誉损害等破坏性影响，因此为了防止企业滥用个人信息、保护个人对于隐私信息的控制权，特制定该法案。

对于消费者的权利内容，该法案规定了消费者对于个人数据信息所拥有的一系列权利，这些权利包括：一是要求收集消费者个人信息的企业向消费者披露企业收集的个人信息的类别和具体要素的权利；二是要求商家删除其所收集的有关消费者的个人信息的权利；三是要求企业向消费者披露收集个人信息的目的以及与之共享信息的第三方的权利；四是选择不出售个人数据信息的权利等。

有关企业的义务范围，CCPA 规定：一是企业根据消费者的要求披露收集信息的种类和目的以及共享数据的第三方的义务；二是根据消费者的要求删除所收集信息的义务；三是尊重消费者选择不出售个人数据信息权利的义务，不得通过拒绝给消费者提供商品或服务，对商品或者服务收取不同的价格或费率等方式来歧视消费者行使该项权利等。

相关术语的界定，该法案对"个人信息""商业目的""收集""处理"等词语进行了详细的立法解释。其中，"个人信息"是指能够直接或间接地识别、描述与特定的消费者或家庭相关或合理相关的信息，这些信息包括但不限于真实姓名、别名、邮政地址、唯一的个人标识符、在线标识符、互联网协议地址、电子邮件地址、生物信息、商业信息、地理位置数据以及教育信息等。

此外，根据该法案的规定，一旦企业违反隐私保护要求，将面临支付给每位消费者最高 750 美元的损害赔偿金。加利福尼亚州总检察长将负责决定是否针对违法企业采取法律行动。该法案中的主体规定与欧盟 GDPR 相类似，但并非完全是该条例的翻版，它并没有如 GDPR 一样规定告知消费者数据泄露事件的特定时限。

（二）CCPA 的制度建构

总体而言，CCPA 在规范设计上比较集中地反映了美国政府在个人数据、个人隐私治理领域的基本价值追求，其制度性努力突出表现在以下三个方面。

第一，该法案以控制、透明为制度逻辑核心。其强调加利福尼亚州的消费者应该能够控制他们的个人信息，并且应当确保有保护措施防止滥用其个人信息。企业既可以尊重消费者的隐私，也可以为他们的商业行为提供高水平的透明度。

第二，该法案以细分权能为制度框架主轴。其意图是通过确保各项细分权利，为消费者提供控制其个人信息的有效方式，从而进一步加强加州消费者的隐私权，包括但不限于有权知道正在收集哪些个人信息、有权知道他们的个人信息是否被出售或披露和出售或者披露给谁、有权拒绝出售个人信息、有权访问个人信息以及享有平等获得服务和价格的权利等。

第三，该法案以处理规则为制度设计依托，注重权益衡量。一方面，其围绕数据流转生命周期中的收集、处理、出售、披露、保存以及共享等各个环节建构各方主体的具体行为规则；另一方面，其注意在特定数据处理场景中引入权益平衡规则，尤其是强调如果企业或服务提供商有必要维护消费者个人信息的，其不应被要求遵守消费者请求删除其个人信息的规定，进而助益提供消费者要求的商品或服务，检测安全事件，防止恶意的、欺骗的、虚假的或非法活动和调试以识别和修复因损害现有预期功能而产生的错误，行使言论自由，以及参与公开的或有同行评审的科学、历史或统计研究，等等。

（三）CCPA 的机制配套

在制度框架的系统设计以外，CCPA 的立法者还试图在执法配套机制上提升数据治理规范的实际施行。为此，一方面，美国立法者引入公权力监管模式兼以私权救济途径，强调权利宣示兼以程序设定，以求实现清晰可行的主体落实机制。CCPA 明确由州总检察长根据相关规范负责执行该法案，并赋予诉讼私权以应对未经授权的访问和泄露、盗窃或披露消费者未加密或未编辑个人信息等特定行为，同时赋予每个加利福尼亚州人法定且可执行的隐私权，通过"选择退出"（opt-out）机制得到充分实现。

另一方面，美国立法者试图通过明晰的作为义务设定、合理的权利实现保障、经济的权利实现渠道及严密的责任追究机制来确保务实便利的权利实现。尤其是，CCPA 明确企业从可验证的消费者处接收到要求访问个人信息的请求后，应立即采取措施向消费者免费披露和提供所要求的个人信息。个人信息的提供可通过邮件或电子方式，如果以电子方式提供，信息应以便携式方式提供，且采用易于使用的格式，允许消费者无障碍地将此信息传输给其他实体。企业不得因为消费者行使其权利而歧视消费者，包括但不限于拒绝向消费者提供商品或服务、对商品或服务收取不同的价格或费率、向消费者提供不同等级或质量的商品或服务以及提示消费者将获得不同价格或费率的商品或服务等。

三、国际数据要素治理的未来走向及启示

（一）国际数据要素治理的新延伸：非个人数据规制浮现

如果说欧盟 GDPR 与美国 CCPA 更多地反映了世界各国在个人数据治理领域的现时博弈态势，那么当下已然浮现、需要我们即时给予同样高度重视的国际数据治理新区域则以非个人数据为突出表征。

事实上，欧美普遍关注到，非个人数据流转问题作为数据流转的 B 面，提出了与个人数据治理不同的规制要求，其言说背景主要在于随着技术驱动的不断创新，数据的流转机制在不断演进，同时伴随技术的发展与改革，数据流的各种模式在不断发生变化，数据经济、数字经济样态也在不断发展。

欧盟认为，在技术驱动创新的大数据时代，非个人数据同样逐渐以核心竞争力的姿态出现，并持续显现其在竞争上的战略性价值。对于经济的发展以及创新点的拓展开发而言，非个人数据正在以新型数据流的形式参与数字经济的打造与建设。同时，非个人数据与技术的发展互为扶持，数据为技术提高竞争水平，以其形成的数据框架体系为技术的发展提供新的搭载平台与服务模式，而技术则进一步刺激非个人数据的价值提升，开发数据的潜质满足数据交换的需求，进而共同助益欧盟单一数字经济市场。

以此为思想基础，欧盟《非个人数据自由流动条例》（以下简称《条例》）于 2018 年 10 月 4 日由欧洲议会正式通过，非个人数据流转的总体目标在条例文本中得以系统展现，其明确了该条例意图解决的问题：一是改善单一市场跨境的非个人数据的流动性；二是确保主管当局为监管控制目的要求和接收非个人数据的权力不受影响；三是使非个人数据存储或其他处理服务的专业用户更容易切换服务提供商和端口数据，同时避免为服务提供商带来过度负担以及扭曲市场。

《条例》力求非个人数据存储及其处理行为可以在广义概念上被使用的同时，追求与现有政策领域的相关欧盟政策规定保持一致，进而在此体制之下，为数据存储以及其他处理服务创建高效的欧盟数字单一市场框架。其明确在欧盟成员国实施数据自由流动的过程中，应当确保数据经济发展的关键要素的确定性及完备性，同时在数据和云服务的安全性方面取得进一步改进，而这些问题的解决将有助于优化和完善数据的跨境存储与传输，甚至可以使数据在云服务器和 IT 系统之间获得更有效的自由流转。

为此，《条例》试图通过在成员国之间建立明确的框架并与会员国进行合作，同时凭借自律规制提高法律确定性和提高信任水平，借助成员国的单一联络点长期保持制度相关性和有效性，以确保合作的灵活性与可延展性。

总体而言，《条例》的立法政策性目标追求与该政策领域的现有规定保持一致，从其政策目标来看，《条例》追求限定数据本地化规则、促进数据流动市场环境的活跃度与积极性。可以认为，欧盟对于非个人数据跨境的流动保护规则的设定，反映出其在数据治理以及数据有效利用环节新的治理立场。其明确指出现存数据本地化要求的弊端，强调对此类要求进行评估以及必要的限制，并且强调法律确定性的改善是欧盟境内外高效处理跨境数据以及处理可能产生的冲突的有效措施。凡此种种，都在《条例》的规范设计中得到了充分的展现。

（二）国际数据要素治理的新走向：立法执法与国际博弈

综上所述，国际数据治理的话语对象逐渐从个人数据延伸到非个人数据，昭示着世界各国围绕数据的合作与竞争的持续深化。细加审视就会发现，目前以欧美为代表的国际数据治理进路已然呈现从立法执法到国际博弈的多层次新走向。

1. 立法趋势层面

就立法趋势层面考察，在立法推进方面，美欧后续的立法指向在技术应用层面呈现更聚焦的趋势，尤其是人工智能、云服务、区块链及数字加密等，普遍认为这些是未来网络治理、数据治理的策略优先项，并且美欧各方也特别关注他国在这些领域的立法规划与战略安排。

同时，在数据类型方面，美欧的立法涉及面将呈现进一步扩张的趋势，包括对于非个人数据治理的更多关注，特别是欧盟《条例》正式施行后将统一欧盟境内的非个人数据流动标准，与 GDPR 一起增强了欧盟监管机关与执法部门对于所有数据集的获取和监管权力。

欧盟委员会对此正大力积极推动，为了加速布局制度立法、抢先他国完成法律体系建设，在网络治理、数据治理的国际博弈中取得制度先机，以弥补欧盟在技术研发上的相对劣势。进一步统一欧盟的立法标准，针对范围覆盖所有数据类型，通过削减成员国的独立对外权力，使欧盟以集体抱团的方式一致应对他国在网络空间的治理主张。

此外，在规范体系方面，美欧的新动向突出反映在注重推进明文立法的同时开始着力在全球推广数据治理"软法"的建设。具体表现为推广以网络企业为对象的、自律性质的"行为守则"的制定，承诺为遵守其制定的"行为守则"的企业提供更多的优惠待遇，包括市场准入的优待、认证评估与标准适用的优惠等。

另外，美欧各方已积极推广"伦理设计"（Ethics by Design）的新主张，侧重在符合法律规范的合规要求之外，进一步要求网络企业在设计产品和服务的过程中必须考虑伦理道德的因素，符合当地市场的基本伦理道德标准，从而在实质上使外国企业认同并落实美欧的伦理道德标准。

2. 执法动向层面

就执法动向层面考察，在执法机制方面，美欧普遍认为立法的关键支撑在于经济、高效的执法机制的建设，尤其是数据治理领域中的跨国执法机制建设。

对此，欧盟后续的努力方向主要反映为两个方面：一是在欧盟内部将加速推进各类针对特定具体问题（如恐怖主义在线融资、非个人数据跨境执法调用等）的专项"信息化联结点"（一种在线数字化信息交换工作平台），实现成员国之间各项执法情报与执法请求的高速共享与处理。

特别是对于非个人数据治理问题，要求在《条例》生效后 18 个月内完成欧盟层面集中的"信息化联结点"建设，专门处理成员国为了司法或执法目的跨境调取网络企业的非个人数据。二是欧盟还将在数据安全问题上更多地结合网络犯罪《布达佩斯公约》的执法机制，同时借助欧洲刑警的执法力量强化欧盟数据治理规范的落地程度。

而美国后续的努力方向将更多地反映在以下两个方面：一是意图通过推动联邦层面的统一国家隐私立法引入相对中央集中的执法体制，其将突出地表现为以总检察长为核心的执法体制。而对于隐私的统一国家立法，以苹果、谷歌以及微软等为代表的大型跨国企业持积极的支持态度，因为可以有助于消除对其不利的、相对更为严格的地方立法规范以及分散执法体制。二是美国也将在数据安全问题上更多结合网络犯罪《布达佩斯条约》的执法机制，同时借助国际刑警的执法力量强化美国数据治理规范的落地程度，并且辅以适用"云法案"等域外管辖规范，打造跨境执法获取数据的实际案例。

特别值得注意的是，美欧在执法机制建设方面虽有方向性差异，但对于能力建设问题却有着同样的重视程度：欧盟委员会后续将着力推动欧盟"网络安全能力建设中心"的设立，通过会聚政府、企业、智库以及各种网络安全专业人士，推动网络空间治理能力建设的水平，其中特别包括数据治理标准、监管工具以及监管人员培训方案研发等工作。而美国后续的着力点则是通过对外支援外国执法机关的能力建设，间接打造美方具有支配力的全球执法合作网络，其工作重点将会是亚洲（菲律宾、斯里兰卡为尤）、非洲（尼日利亚、南非为尤）以及拉丁美洲和南美洲地区（巴拿马、巴西、哥伦比亚及阿根廷为尤）。

3. 国际博弈层面

就国际博弈层面考察，首先需要特别注意的是欧盟委员会自 GDPR 正式施行 5 个多月以来在一些重大制度上的基本立场有了明显的演进变化：一方面，对于数据跨境"充分性认定"（adequacy decision）机制而言，从最初的"整体国别认定"变化为也可以接受"部分充分性认定"，也就是可以对一个国家中的部分行政区域如某个州、某个省做出充分性认定（目前对于加拿大进行中的谈判思路就是如此），还可以对一个国家的某个特定行业或者部门如金融行业、银行部门做出充分性认定（对于日本、韩国，就是重在认定私营部门的充分性，而没有意图包括公营部门），甚至不排除将来对特定的若干大型企业集团做出充分性认定。另一方面，对于数据跨境中的"约束性公司规则"机制而言，从最初的不可更改、不可谈判变化为可以在国家层面单独针对某个国家通过谈判改变部分规则设计。例如，目前印度正在由其政府统一出面与欧盟谈判适用于印度企业的一套特别"约束性公司规则"。

而美国在数据治理的国际博弈问题上一方面较为认同以欧美"隐私盾协议"为代表的协议谈判模式，另一方面也依然坚持在全球推广由其主导的CBPR（跨境隐私保护框架体系）。其中，需要注意的是，虽然美方极力强调"隐私盾协议"的实际执行效果，但欧盟委员会目前实际上对"隐私盾协议"依然存在不满，更明确表明今后在与其他国家的谈判中不会再复制类似美欧"隐私盾协议"的做法。

此外，虽然形式上美欧之间有着共通的价值立场，但在有关数据治理的诸多问题上仍然没有达成实质的一致。尤其是数据处理原则（如欧方主张opt-in机制为主，美方主张opt-out机制为主）以及优先价值排列（如欧方主张人权保护优先，美方主张市场自由优先）等问题上，诸多美国企业虽然表面赞同欧盟GDPR的制度设计，但在实际的业务模式、技术研发上依然是强烈的美国风格，对于欧盟而言依然存在相当的不透明度，目前欧盟各级监管机关对此有明显的关切与担忧，这一切都会对未来的国际数据治理态势产生深远的影响。

（三）我国数据要素治理的启示

毋庸置疑，面对世界各国借助政策战略尤其是法律制度设计强化数据治理、数据资源控制的新态势，立足于维护我国数据主权、促进数字经济发展的基本价值立场，为更有效地实现国家对数据的最高控制权、助益培育数字经济竞争优势，有必要统筹研判数据治理与数据主权、数字经济的内在逻辑联系和外在规范支撑，进而指导我国数据要素市场的体系化建设，特别需要考虑以下四个方面的工作作为进一步构建我国数据要素市场治理体系框架的有力抓手。

第一，全面动态的全球规则演进研判。新技术—经济条件下，数据主权、数字经济已经成为包括欧盟以及美国在内的国际各方高度关注的全球性问题，各方立足自身实际情况和政策基准制定这一领域的数据治理规范，会对他国产生"规范溢出"的影响，同时也无可避免地会受到他国规则的反向制约。由此意味着我国在加速建构、完善数据要素市场相关制度过程中，非常有必要重视实时追踪全球规则变动，实现系统动态研判，持续、及时评估国际博弈各方的力量对比变动，不仅是为了有效借鉴域外有益经验，更是为了及时调整内国规范、科学应对国际挑战。

第二，价值清晰的顶层设计框架建构。数据治理、数据主权事关国家的安全与主权，有效的数据要素市场规则体系的建立需要指向明确、逻辑清晰的顶层制度设计。在此环节中，应当以总体国家安全观为指导，在网络安全、信息安全的高度将数据的可控性、可用性、完整性与保密性四项核心诉求作为数据治理、数字经济建设的价值出发点与落脚点。与此同时，作为顶层设计的重要组成部分，有必要专门授权成立专业、独立的数据监管机关，负责数据要素相关治理规范的具体落实、数据传输的国际协调以及数据安全的风险评估等职能活动，确保在该领域可以保持不间断的能力建设，也能更好地完成国际博弈任务。

第三，系统可行的差别规范制度安排。在具体制度的规范设计层面，需要特别注意数据领域的特殊性，尤其是数据的性质、种类等问题。申言之，在网络空间中流转的数据并不都具有相同的意义，特别是在普通数据与敏感、战略性数据之间有着显著的价值差异。为此，通过加速我国个人信息保护以及数据安全等专项立法进程，一方面引入有关数据要素治理的一般性、普遍性规则，就该领域的共性问题做详尽的规定；另一方面有必要就特定种类的敏感、战略性数据差别设计相应的特别规范，从而提升、强化针对某些特殊场景、特殊数据要素的规制保护力度。

第四，经济便利的权利责任落实途径。毋庸置疑，数据要素在信息社会4.0的今天具有全行业的基础性意义，是几乎所有行业良性发展的物质基础。而各行业部门内部实际上有着不同的利益结构，在交通、电商、医疗、教育以及征信等不同的领域，国家主权、公共安全、公民权利与经济收益等要素在不同历史阶段有着不同的内涵与权重，需要配备有针对性的规范。

因此，立足数据主权与数字经济视角建构我国数据要素市场治理规范实践时需要深入考察当下具体行业领域的实际运行情况，及时在法律条文规定中体现其现实情况和态势更新。申言之，在数据要素市场建设过程中需要通过成文规范、技术标准及司法判例等多重资源，更多、更灵活地导入利益平衡规则，设定多样的、具有经济性与便利性的权利实现方案以及责任追究方式，为具体场景、具体部门提供更具个性化的规范方案支撑。

"数字丝绸之路"让跨境数据融通世界经济

王　星*

为贯彻党的十九大精神，落实"一带一路"倡议，我国积极推进"数字丝绸之路"建设。《中共中央关于制定国民经济和社会发展第十四个五年规划和二〇三五年远景目标的建议》中明确提出，要推动共建"一带一路"高质量发展，深化数字经济、绿色发展等领域合作，促进人文交流。目前，"数字丝绸之路"已经得到广泛认同，成为"一带一路"建设重要组成部分，合作范围覆盖亚洲、欧洲、拉美、中东等地区，为"一带一路"共建国家衔接发展战略、加强政策协同、推动企业间务实合作搭建了平台，并初步形成了以点带面、多点开花的合作局面。

一、"数字丝绸之路"建设的主要成就

（一）完善顶层设计规划，绘制数字经济国际合作新蓝图

积极推进合作备忘录签署。自 2015 年以来，我国已与多个国家签署了关于加强数字（网上）丝绸之路建设合作的谅解备忘录，积极推动在大数据、云计算、"互联网 +"、电子商务、智慧城市、网络安全等数字经济领域的国际合作。与多国联合发布数字经济国际合作倡议，共同参与网络

---

*　王星，腾讯研究院数字经济研究中心主任。

空间命运共同体建设。2017 年 12 月 3 日，在浙江乌镇召开的第四届世界互联网大会上，国家发展和改革委、国家网信办与埃及、老挝、沙特阿拉伯、阿拉伯联合酋长国、塞尔维亚、泰国、土耳其七个国家共同发起了《"一带一路"数字经济国际合作倡议》，标志着"一带一路"数字经济合作开启新篇章。国际社会对该倡议发布进行了广泛关注，国内外知名媒体均对倡议发布活动进行了宣传报道，与会各国代表对我国数字经济成就高度评价，希望通过共同落实倡议，加速促进各国之间数字改革和数字转型。此外，依托中缅、中巴、中老经济走廊等工作机制，我国广泛促进数字经济双边合作。

（二）搭建多维度国际交流平台，切实创造务实合作机会

举办高端论坛，提升交流合作精密度。通过举办"一带一路"国际合作高峰论坛"数字丝绸之路"分论坛、世界互联网大会、中国国际进口博览会、中国智慧城市博览会、中国—东盟网络空间论坛、中国—阿拉伯国家博览会网上丝绸之路论坛等活动，推动我国与"一带一路"沿线国家就数字经济国际合作问题建立常态化对话机制和共建成果展示平台。配合高层访问、结合多双边工作机制，与德国、匈牙利、韩国、英国等国联合召开数字经济合作论坛，开展了包括主题演讲、项目推介、政策宣讲、商务洽谈等多种形式的交流活动，促进政策衔接和企业合作。主动谋划、高水平举办多期"数字丝绸之路"主题援外培训班，增加了相关国家的政治互信。加强企业培训合作，为商业合作奠定基础。华为在阿拉伯联合酋长国等国家开展 ICT 能力培训合作，通过举办学术交流、ICT 技能大赛等多种形式的活动，促进两国信息技术专业人才培养。敦煌网在土耳其、秘鲁等国组织开展电子商务培训，助力发展中国家中小企业依托跨境电子商务开拓国际市场。积极推动城市合作，建立数字经济市际合作机制。中东地区，我国与沙特阿拉伯探索推进深圳、银川等城市与沙特利雅得、吉达分别开展点对点的合作；亚洲地区，我国积极与韩方推动威海和仁川，沈阳与大田开展对点友好城市合作与交流，并促

进了数字经济领域的联合创新和投资等合作项目的实施，济南已与印度尼西亚外南梦市达成了友好合作意向，南宁、厦门、杭州、昆明、南京、深圳等城市正与东盟相关城市积极对接；欧洲地区，塞尔维亚尼什市和杭州市签署了城市合作意向书，将在智慧城市建设领域加强合作，培育重大项目。

（三）稳步推进信息基础设施合作，夯实数字经济国际合作基础

通过试验区建设与市场项目落地，推动我国与"一带一路"沿线国家在新型基础设施建设领域深入合作。建设中阿网上丝绸之路合作试验区，创建中阿网络和信息服务枢纽。2016 年 3 月，"建设中国—阿拉伯国家等网上丝绸之路"的内容纳入《国民经济和社会发展第十三个五年规划纲要》。中阿网上丝绸之路建设合作试验区暨宁夏枢纽工程将打造成为以宁夏为支点，对外辐射阿拉伯国家、对内连接全国的中阿网络和信息服务枢纽，充分发挥数字经济在中阿信息基础设施、经贸合作、信息共享、技术服务和人文交流等方面的引领作用，在宽带、云计算、卫星服务、跨境电商、智慧城市等领域务实开展合作。中国科技公司主动融入全球市场，面向全球输出新基建技术能力和项目运营能力。华为公司在匈牙利设立欧洲物流中心，为当地提供服务。华为沙特子公司与沙特皇家委员会（吉赞）、沙特电力公司、沙特国际电力水务公司分别签战略合作备忘录，在数字化转型、智能电网、智慧城市、智慧能源、人工智能和大数据应用、知识技术传递等领域与沙特开展战略合作。华为还深度参与了孟加拉国政府基础网络二期、三期项目，帮助孟加拉国打造南亚的数字高地，助力"数字孟加拉 2021"愿景实现。

（四）推进东盟信息港建设，打造中国—东盟数字经济走廊

中国东信已经在马来西亚、泰国、老挝、新加坡、缅甸、柬埔寨、菲律宾及印度尼西亚八国开展业务。在云通信项目合作方面，已与马来西亚、缅甸、柬埔寨、泰国、菲律宾及印度尼西亚等当地电信运营商合

作，推出全球首个基于 eSIM 技术的语音、流量、短信等通信服务和本地互联网化生活服务——Elinking。在互联网增值业务方面，与缅甸合作伙伴进行游戏、超信等合作，将中国优势互联网增值内容带入东盟国家。在云计算中心合作方面，建设运营了老挝国内第一个云计算中心。在国际贸易项目合作方面，与新加坡合作建设了国际贸易单一窗口，共享国际物流大数据，实现了一单两报。在电子政务信息化项目合作方面，与老挝、缅甸合作伙伴合作建设智慧民生项目，打造集政务服务、市民服务、生活服务、移动支付、网购、通信、娱乐及网约车等方面的"超级应用"。此外，还与老挝合作伙伴共同打造老挝政府智慧政务及公务员专用即时通信系统，助力老挝政府数字化转型。

（五）发挥平台经济作用，培育数字经济国际合作新势能

跨境电商方面，京东、网易考拉、敦煌网等企业积极拓展跨境电商业务，为相关国家中小企业走向世界提供机会。移动支付方面，微信、支付宝已打通全球多个国家和地区资金渠道。智慧出行方面，滴滴出行与爱沙尼亚网约车平台 Toxify 建立战略伙伴关系。2020 年 8 月，滴滴正式进入俄罗斯市场，在喀山正式落地，并与当地多家出租车停车场启动合作。智慧物流方面，顺丰速运与爱沙尼亚国家邮政集团成立合资包裹快递公司POST11，在塔林机场周边建立了仓库，辐射东欧国家地区。京东通过全球智能供应链基础网络（GSSC）的搭建，将配送服务的标杆"211"限时达（当日上午 11 点前提交的现货订单当日送达，当日 23 点提交的现货订单次日 15 点前送达）复制到印度尼西亚，同时考虑到当地人按时礼拜的习惯，京东物流将其调整为"210"（每天上午 10 点和晚上 10 点截单）。

（六）广泛拓展"互联网 +"应用，用数字点亮丝绸之路

中国高技术企业四维时代网络科技有限公司与德国黑提恩斯陶瓷博物馆开展数字化合作，对博物馆的四大展厅进行了实景复刻，并复原了16 件精品陶瓷文物。依托中国国家级国际科技合作研究类项目——"老

挝'一带一路'轻小型无人机稀少（无）控制测图关键技术国际合作项目"的关键技术，老挝的救灾工作效率得到了极大的提升，包括老挝天眼公司、老星公司等很多企业正将中国最先进的遥感、地理信息系统和全球定位系统（3S）技术引入老挝，发展本地测绘与地理信息行业。东软医疗通过硬件设备、临床软件、专科化诊疗解决方案、服务整合，形成了一整套医疗服务解决方案。基于影像云平台和人工智能技术，东软医疗实现了设备的互联互通，并将专科化诊疗方案与设备相结合，已为全球 110 多个国家和地区的 9000 多家用户和 50 余个"一带一路"相关国家提供临床方法论、经验、治疗方案及专家远程诊断等一体化支持，用技术和服务铺就了一条"健康丝绸之路"。科大讯飞翻译机已经在博鳌亚洲论坛、中国驻欧盟使团开放日、世界互联网大会、俄罗斯世界杯等重大活动上亮相，成为不同国家民众沟通交流的"神器"。中国的卫星通信、电子商务企业正在通过积累的丰富经验将数字化成果分享到全球，深刻改变了人们的生活，比如"万村通"项目让非洲国家的村民看上了世界杯。

二、"数字丝绸之路"建设的新形势

（一）数字经济正成为全球经济日益重要的驱动力

当前，全球经济、科技、文化、政治格局面临深刻调整，经济下行趋势明显。特别是新冠肺炎疫情发生以来，全球经济加速衰退。根据世界银行预测，2020 年全球 93% 的经济体将陷入经济大衰退。与此同时，世界各国普遍认为数字经济是世界经济的未来，超过 80% 的 OECD 国家已经制定了数字经济战略。数字经济有助提升各行业生产力、打造新兴产业、建立可持续发展的经济体系，正成为创新全球经济增长方式的强大动能。根据中国信通院发布的《全球数字经济新图景（2020 年）》的测算数据，全球数字经济增加值规模已由 2018 年的 30.2 万亿美元扩张至 2019 年的 31.8 万亿美元。中国作为全球第二大数字经济体，推动"数字丝绸之路"发展，既是数字经济发展和"一带一路"倡议的结合，也形成了数字技术对"一带一路"建设的有力支撑。

（二）制度与文化差异增加了数字经济协同治理的难度

"数字丝绸之路"涉及众多具有不同法律制度、政治制度、文化传统和宗教信仰的国家。"数字丝绸之路"的很多项目所涉及的摩擦和争端不仅发生在贸易层面，还会发生在数据收集、个人隐私、数据安全、海关等多个领域。在"数字丝绸之路"的建设过程中，需要沿线各国和地区在立法、司法、行政等领域展开全方位合作。由于涉及的国家和地区众多，涉及的部门广泛，沟通与协同的难度较大。此外，"数字丝绸之路"的建设要求沿线国家和地区间拥有一套跨区域、跨文化、跨体制的完善的信用保障体系，以支持更复杂的交易环境。由于沿线部分国家和地区缺乏信用意识和信用道德规范，企业内部电子商务信用管理制度不健全，信用中介服务落后，缺乏有效的法律保障和奖惩机制，导致电子支付短期内难以在"一带一路"区域内全面展开。

（三）"一带一路"沿线国家和地区数字经济发展不均衡

"一带一路"沿线发展中国家较多，其数字基础设施水平普遍低于全球平均水平，严重影响"一带一路"共同经济体的互联互通。国家信息中心关于"一带一路"大数据专项研究的结果显示，数字丝路畅通度国别差异大，最高得分是85.22，最低得分是13.2。以色列、立陶宛、拉脱维亚等国家信息化发展水平较高，阿富汗、尼泊尔、塔吉克斯坦等国信息化发展水平明显滞后。"数字丝绸之路"的建设，将有助于推动"一带一路"沿线国家和地区在信息基础设施、贸易发展、文化交流等领域的全方位交流合作，提升"一带一路"相关国家的信息化水平，有效缩小"数字鸿沟"。

（四）新一轮高水平对外开放为国际合作开辟了新空间

习近平总书记提出，要逐步形成以国内大循环为主体，国内国际双循环相互促进的新发展格局。"十四五"时期，随着"一带一路"倡议、自由贸易区建设与上海合作组织、欧亚经济联盟、金砖五国、中国东盟（10+1）、海峡两岸经济合作协议（ECFA）及内地与香港关于建立更紧密经贸关系安排（CEPA）等合作机制的有效叠加，我国将加大与沿线国家的区域合作及多边合作不断深化，尤其是在大数据、云计算、智慧城市、跨境电商等领域的全方位合作，必将进一步促进沿线国家优化经济结构、促进产业升级转型、实现灵活就业与创业，提高经济质量，驱动经济增长，增加民众福利。

（五）中美贸易争端升级凸显开辟"一带一路"新市场的紧迫性

目前，中美之间贸易摩擦和争端不断升级。未来一段时间，中美经贸关系将面临复杂性、长期性与不确定性，国际贸易秩序持续动荡，极大地提升了开辟国际贸易和投资新市场的必要性和紧迫性。数据显示，近年来我国与"一带一路"沿线国家和地区的贸易份额持续上升，已经超过我国外贸总值的1/4。全面提升与"一带一路"沿线国家和地区经贸合作水平、开辟"一带一路"新市场是调整我国外贸结构、提升对外贸易国际竞争力的一个重要突破口。

（六）5G、物联网、人工智能等新技术推动企业加快数字化转型

从技术与产业融合的进程来看，我国物联网、大数据、云计算、人工智能、5G和区块链等新技术迅速发展并加速融合，催生出电子商务、新零售、平台经济、共享经济等一批新业态和商业模式，越来越多的企业开始探索数字化转型路径，加速建立适应数字经济时代的业务流程、组织管理及商业模式。我国较为发达的电子信息产业、互联网产业为我国数字技术、数字服务出海奠定了一定的技术优势。

三、"数字丝绸之路"建设的新思路

（一）统筹推进网络空间命运共同体建设

秉承共商、共建、共享、平等、开放、信任原则，以通信网、互联

网建设为载体，以搭建信息网络公共服务平台为手段，以发展数字经济为抓手，以构建沿线国家和地区"互联网＋"生态圈为目的，实现沿线国家和地区在数据信息服务、互联网业务和国际通信业务领域的互联互通，为沿线国家及地区提供全天候信息支持和服务的信息大通道，推进"一带一路"高质量发展和全球互联网治理体系变革，共同构建网络空间命运共同体。

（二）加强信息基础设施互联互通

重点围绕高速网络宽带、微波、光纤、光缆、卫星、移动通信等网络设备设施建设，加快整合与南亚、东南亚、中亚、西亚、中东欧等沿线国家和地区基于卫星的天基网络、基于海底光缆的海洋网络和传统的陆地网络，实施天基组网、地网跨代、天地互联，推动空间与地面设施互联互通，构建覆盖沿线地区和国家、无缝连接的天地空间信息系统和服务能力。鼓励在"一带一路"沿线节点城市部署数据中心、云计算平台和内容分发网络平台等设施。依托自主创新技术优势和应用实践，紧抓"一带一路"发展契机，继续深化智慧城市合作建设，积极开展科技创新和商业模式创新，加速在"数字丝绸之路"沿线国家普及以大数据平台和云计算为基础的互联网业务。

（三）推动数字贸易集群化发展

高质量建设数字贸易先行示范区，探索数字贸易发展机制与监管模式，提升数字贸易自由化便利化水平，在跨境电商、数字文化、数字生活、数字云服务方面打造我国数字贸易新优势。鼓励跨境电商在"一带一路"沿线国家和地区扩大规模，支持跨境电商拓展产业链、生态链，共同推进电子商务国际规则制定。支持重点互联网企业在沿线国家和地区建立国际物流中心、结算中心、跨境电商平台等。优化数字贸易结构，大力发展高附加值的数字服务外包新业态，形成数字服务贸易国际竞争优势。

（四）推动数据资源共享开发

重点与中东欧、东南亚、东亚、阿拉伯地区等有关国家重点围绕数据存储、技术研发、应用交易、设备制造、数据共享开放、行业大数据应用发展等领域开展国际合作和交流。发挥企业创新主体作用，整合沿线国家优质的产学研用资源，研发大数据采集、传输、存储、管理、处理、分析、应用、可视化和安全等关键技术。推动区域内各国在电信、商贸、农业、食品、文化创意、交通、旅游等领域大数据的深入应用。大力推动沿线国家和地区社会治理和公共服务大数据应用。探索推进离岸数据中心建设，建立完善区域内互联网信息资源库。加强我国大数据标准化组织与沿线国家和地区的交流合作，形成一批大数据测试认证及公共服务平台，建立并不断完善涵盖基础、数据、技术、平台、工具、管理、安全和应用的区域大数据标准体系制定及互认。

（五）搭建数字经济公共服务平台

建立"数字丝绸之路"大数据平台，及时发布全面准确的国外投资环境、产业政策、项目合作机会等信息，为企业出海提供全方位数据服务支撑。全面整合政府、商会、企业、金融机构、中介服务机构等信息资源，建立数字丝路国际合作重点项目库。系统制定与完善"数字丝绸之路"风险防控国别指南，加强对重点国家、重大案件、典型事件的跟踪研究，及时发布风险提示，建立企业海外救济机制。

建立数字经济领域纠纷解决机制。推动设立国际商事审判机构，选派我国数字经济领域优秀人才组建"数字丝绸之路"国际商事法庭的审判队伍。组建"数字丝绸之路"国际商事专家委员会，规范专家委员选任标准和程序，明确专家委员会工作机制，解决"数字丝绸之路"建设中的商事纠纷问题。制定"数字丝绸之路"国际商事审判机构受案范围等相关司法解释，依法为"数字丝绸之路"建设相关的国际商事仲裁、调解提供财产保全、证据保全等方面的司法支持。探索推进"数字丝绸之路"相关的民事诉讼法、仲裁法等相关法律法规、司法解释及其他规范性文件的配套修改工作，为"数字丝绸之路"的国际商事争端解决机制和机构的建立与完善提供充分法律依据和保障。

（六）建立常态化数字经济国际合作机制

建立"内外协调、上下联动、多方合作"的工作推进机制，制订"数字丝绸之路"顶层规划，加强政府间交流协调，深化与重点地区、重点国家合作，全面打造"数字丝绸之路"创新发展生态系统。充分发挥现有多双边高层合作机制的作用，与重点国家建立产能合作机制，统筹各国信息通信业资源，共同推动信息通信业国际合作。完善与沿线相关国家在投资保护、金融、税收、海关、信用、人员往来等方面合作机制，为"数字丝绸之路"建设提供全方位支持和综合保障。建立政、产、学、研、用、金六位一体的跨行业协同机制，针对重点清单、重点任务制订"数字丝绸之路"建设的具体行动计划和配套措施。聚焦互联互通建设关键通道和重大项目，针对重点国家和区域，开展"数字丝绸之路"标准化全领域合作，促进标准化战略、政策、措施及项目的全方位对接，推动标准研究、制定、互换、互译、互认、转化、推广等全过程融通，努力打通各国标准体系，全面提升我国"数字丝绸之路"标准建设水平。

国内外金融数据标准化实践与展望

杨富玉　李　宽[*]

金融数据标准是指金融领域需要统一的各项与数据相关的技术要求，旨在促进金融数据可计算、可量化、可流动。金融数据标准所包含的金融数据特性、规则和指南，是金融活动的重要技术依据，在金融数据开放共享、规范使用、风险管理等方面具有基础支撑作用。

一、国际金融数据标准化实践与动向

金融是率先开展数据标准化的重点领域。随着数据要素在金融领域发挥的作用越来越显著，国际社会越来越重视金融数据标准化工作。国际标准化组织（ISO）、有关国际金融组织、欧盟等积极制定金融数据标准，大力推进金融数据标准实施，协同筹划国际金融数据标准化新举措。

（一）国际社会积极制定金融数据标准

1. 国际标准化组织侧重金融数据特性标准制定

国际标准化组织（ISO）于1972年成立金融服务标准技术委员会

＊　杨富玉，中国人民银行科技司二级巡视员、全国金融标准化技术委员会秘书长 。李宽，中国农业银行标准化专家。

（TC68），负责核心银行、资本市场等领域国际标准制定。为适应全球金融数据发展形势，ISO TC68 于 2017 年保持安全分委会（SC2）不变，将原核心银行分委会、证券分委会整合调整为参考数据分委会（SC8）和信息交换分委会（SC9）。

参考数据分委会（SC8）归口制定了 13 项金融数据标识标准，1 项金融数据定义标准。具体包括：1 项金融场所标识标准，即交易所和市场识别编码（Codes for Exchanges and Market Identification，MIC）；4 项金融主体标识标准，即全球法人识别编码（Legal Entity Identifier，LEI）分配与证书应用、银行标识代码、实体法律形式代码；7 项金融产品工具等客体标识标准，即表示货币和资金的代码、国际银行账户编码（International Bank Account Number，IBAN）结构与注册管理、金融工具分类代码（Classification of Financial Instruments，CFI）、金融工具短名编码、国际证券识别编码（International Securities Identification Numbering，ISIN）、证券证书编码；1 项金融交易标识标准，即唯一交易识别编码（Unique Transaction Identifier，UTI）；1 项金融数据定义标准，即银行产品服务描述规范。目前，参考数据分委会（SC8）正在进一步研制自然人识别编码（Natural Persons Identifier，NPI）、唯一产品识别编码（Unique Product Identifier，UPI）、数字凭证识别编码（Digital Token Identifier，DTI）等金融数据标识标准。

信息交换分委会（SC9）归口制定了的商户类别代码（ISO 18245）、银行卡交换报文规范系列标准（ISO 8583）、金融业通用报文方案（ISO 20022）系列标准，在全球金融数据交换中发挥重要作用。

📖 专　　栏

ISO 17442《全球法人识别编码》

2008 年国际金融危机之后，为构建国际统一的金融监管框架，提高全球范围内系统性金融风险识别能力，2011 年，在二十国集团（G20）支持下，金融稳定理事会（FSB）提出建立全球法人识别编码

（Legal Entity Identifier，LEI），旨在为参与国际金融交易的法人主体分配唯一编码，以提高金融市场主体信息的透明度，提升金融监管的有效性。2012 年国际标准化组织（ISO）发布 ISO 17442《全球法人识别编码》，明确 LEI 由 20 位数字和字母组成，编码结构包括前缀码、预留位、机构特定码和校验位四部分，具体组成规则如表 1 所示。

表 1　CEI 组成结构

本地系统前缀码	预留位置零	本地系统为法人随机分配	校验码
××××	00	×××××××	××
1~4 位	5~6 位	7~18 位	19~20 位

注：中国本地系统前缀码为 3003。

2019 年 ISO 17442 第一次修订，2020 年第二次修订，最终标准分为两部分，第一部分规定 LEI 编码分配规则，第二部分规定数字证书应用 LEI 规则。

2. 我国积极参与 ISO 金融数据标准的制定

2004 年 7 月，我国正式成为 ISO 金融服务技术委员会（TC68）的国家成员体参与成员（P 成员），经过长期积极努力，目前形成了专家深度参与 ISO 金融数据标准化活动的格局，实现了从跟踪研究向实质参与的转变。截至 2020 年 6 月，我国共有 75 名专家加入 ISO TC68 的参考数据分委会（SC8）和信息交换分委会（SC9），并在 ISO 21586《银行产品服务描述规范》等国际金融数据标准建设中担任召集人。

📖 专　栏

ISO 21586《银行产品服务描述规范》

ISO 21586《银行产品服务描述规范》于 2020 年 9 月由 ISO 正式发布，成为我国专家作为召集人发布的第一项国际金融标准。标准依据我国国家标准 GB/T 32319《银行产品说明书描述规范》编制，规定了银行产品服务面向最终客户需要说明的内容，旨在规范银行产品及相关服务的信息披露，支持金融监管和消费者保护。该标准于 2016 年通过 ISO 立项，农业银行专家担任召集人和秘书。

3. 有关国际金融组织侧重金融数据的规则、指南标准的制定

2009 年，二十国集团（G20）推动全球场外衍生品国际治理，协调各国建设交易报告库（Trade Repository，TR）并共享数据，以提高全球场外衍生品市场的透明度、缓解系统性风险、防止市场欺诈。为提高数据字段和格式的标准化程度、降低数据汇总的复杂性，全球金融稳定理事会（FSB）于 2012 年制定了全球法人识别编码（LEI）规则建议，支付和市场基础设施委员会（CPMI）与国际证监会组织理事会（IOOSC）于 2017 年和 2018 年联合制定了唯一交易识别编码（UTI）协调技术指南、唯一产品识别编码（UPI）协调技术指南、场外衍生品关键数据要素（CDE）协调技术指南。

4. 欧盟将金融数据标准作为有关条例的补充和细化

欧盟在发布了相关的指令（Directive）和规则（Regulation）后，明确提出了制定相应的 RTS 和 ITS 来细化这些法规的实施。例如，2012—2018 年，欧盟先后发布了 14 项监管技术标准（RTS）、7 项实施技术标准（ITS），对 2012 年发布的场外衍生品、中央对手方和交易报告库条例（No.648/2012）的有关交易报告要求进行补充和细化。上述 20 多项技术标准详细规定了交易报告库注册申请规程，市场主体报告交易数据的格式、频度，以及交易报告库收集、验证、聚合、比较、分发数据的规范等内容，并明确要求市场各方遵循有关金融主体、交易、产品标识、交换报文等国际标准。

（二）国际社会大力推进金融数据标准实施

1. 国际标准化组织（ISO）以标准为依托，开展有关金融产品标识、交换报文等注册管理

ISO 指定国际编码机构协会（ANNA）为国际证券识别编码（ISIN）注册机构，截至 2020 年 8 月，全球共发 ISIN 码 6800 多万个，覆盖 120 多个国家和地区金融市场。与此同时，ISO 指定环球银行间金融通信协会（SWIFT）为 ISO 20022 注册机构，注册管理 686 条报文标准，其中包括 124 条支付报文标准、117 条卡报文标准、27 条外汇报文标准、332 条证券报文标准、86 条贸易服务报文标准。

2. 有关国际金融组织积极推进各国金融数据标准化

一方面，建立了金融主体标识注册管理的组织机构。金融稳定委员会（FSB）于 2014 年组建全球法人识别编码基金会（GLEIF），负责 LEI 码的注册管理。截至 2020 年 8 月，全球共发 LEI 码约 170 万个，基本涵盖了全球场外衍生品市场参与主体。2019 年，FSB 指定国际编码机构协会衍生品服务局（DSB）为唯一产品识别编码的注册机构，负责后续 UPI 发码。另一方面，通过国际评估推进各国实施国际标准。FSB 定期对各国实施国际标准的情况进行评估——既包括对单个国家综合情况的定期评估，也包括对所有相关国家的专题同行评估。2019 年，FSB 发布《全球法人识别编码实施情况专题同行评估报告》，对全球 LEI 应用实施情况和挑战进行系统全面的总结和分析，并提出了若干实施建议。

📖 专　　栏

实施全球法人识别编码（LEI）的好处

① LEI 是二十国集团（G20）和金融稳定委员会（FSB）认可并由全球 LEI 基金会（GLEIF）管理的全球法人识别编码，持码机构可在全球范围内得到唯一识别，从而提高企业的国际识别度和可信度。

②全球范围内的监管部门每个月都在发布新的 LEI 应用法规，要求机构注册并使用 LEI，没有 LEI 的机构存在无法开展有关交易的风险。

③LEI 可有效支持客户和交易对手方身份识别、KYC、尽职调查等工作，并为企业节省客户识别和管理的成本，提高获客效率，改善企业经营。LEI 是证实持码机构身份的有效工具，目前全球大量的供应商网络已经依靠 LEI 进行 KYC、商对商（B2B）新用户引导以及客户端身份数据更新等。

④LEI 记录的机构关系数据，可为识别"谁拥有谁"支持，通过 GLEIF 官方网站可查询 LEI 持码机构的信息。此外，LEI 也收录了企业曾用名等信息，有助于增强对机构的身份信任。

⑤LEI 已经得到可扩展商业报告语言（XBRL）的支持，可以将人类可读性 LEI 和机器可读性 LEI 都嵌入关键的 XBRL 文档中，如年度报告和财务报表。

⑥全球数字证书开始应用 LEI，LEI 被嵌入数字签名中，有助于增强数字交易安全性。

3. 欧盟依托交易报告库推进金融数据标准化

截至 2020 年 8 月，欧盟授权 10 个交易报告库运营，并发布多项法规，强制要求向交易报告库报送的数据采用 LEI 码等国际标准识别交易主体和交易对手方，欧盟金融市场机构 LEI 覆盖率已经超过 90%。

（三）国际金融数据标准化新动向

1. 有关国际金融组织加强与国际标准化组织的协同合作

2020 年，G20 将加强跨境支付作为优先事项。4 月，FSB 发布评估报告，认为碎片化的数据标准和互联互通不足是造成当前跨境支付成本高、速度慢的重要原因之一。7 月，支付与市场基础设施委员会（CPMI）发布《加强跨境支付：全球路线图的基石》，建议提高数据质量和直通式处理，应积极推广应用 ISO 17442 全球法人识别编码和 ISO 20022 金融通用报文方案，并加快协调制定全球数据交换 API 标准和个人识别编码标准。

2. 有关国际金融组织开始将推广应用国际标准情况作为各国参与国际金融数据治理层次的依据

FSB 全球法人识别编码体系监管委员会（ROC）2020 年修订章程，提出执行委员会的成员应来自强制使用唯一交易识别编码（UTI）、唯一产品识别编码（UPI）、关键数据要素（CDE）的国家，以确保相关编码治理决策的相关性和有效性。

3. 欧盟将进一步规范加强金融数据共享

2020 年初，欧盟发布数据战略，规划建立一个共同的欧洲金融数据空间，旨在通过加强数据共享，鼓励创新，增强市场透明度，提高金融可持续，推动普惠金融发展，建立一个更加一体化的市场。欧盟将加强标准、工具、基础设施、数据处理能力等方面投资，确保数据可用性。

二、我国金融数据标准实践

近年来，我国致力于多层次供给金融数据标准，金融数据标准化建设和实施取得积极成效，为金融业高质量发展提供了重要保障。

（一）我国金融数据标准化具有较好基础

1. 标准在我国已经上升为一种基础性制度安排

党的十八届三中全会决定，政府要加强发展战略、规划、政策、标准等的制定和实施。2015 年，国务院印发《深化标准化工作改革方案》，要求更好地发挥标准化在推进国家治理体系和治理能力现代化中的基础性、战略性作用。2018 年，开始实施的新《中华人民共和国标准化法》完善了我国标准化工作的法治化基础。2019 年，党的十九届四中全会进一步强调，推进国家治理体系和治理能力现代化，要全面贯彻新发展理念，强化标准引领，推动规则、规制、管理、标准等制度型开放。2020年，《中共中央国务院关于新时代加快完善社会主义市场经济体制的意见》提出，要完善数据权属界定、开放共享、交易流通等标准，加强标准等方面的软联通，加强与相关国家、国际组织的标准等的对接。

2. 我国已经有较完善的金融信息基础设施

在党中央、国务院的正确领导下，在全社会公共数字基础设施支持下，经过金融系统的不断努力，我国金融信息基础设施整体达到国际领先水平，近年来建成运行一批技术先进的全国性金融信息基础设施，其中包括非银行支付机构网络支付清算平台、人民币跨境支付系统（二期）、全国统一票据交易平台、银行间市场新一代交易平台、黄金交易系统三代、中国证券登记结算新一代中央数据交换平台、深交所第五代证券交易系统、上海期货交易所及中国金融期货交易所新一代结算系统。此外，理财、信托、基金、保险市场信息基础设施和互联网属性金融信息基础设施也在不断完善和规范，第三方电子合同、电子订单已在金融服务核心领域得到应用。目前，我国金融服务主要通过信息技术手段实现，金融业处理对象呈现出高度数字化特征。

3. 我国金融数字化顶层设计加速推进

2019年8月，中华人民共和国银行印发《金融科技（FinTech）发展规划（2019—2021年）》（以下简称《规划》）。《规划》提出，到2021年建成我国金融科技发展的"四梁八柱"，进一步增强金融业科技应用能力，实现金融与科技深度融合，协调发展，明显增强人民群众对数字化、网络化、智能化金融产品和服务的满意度，推动我国金融科技发展居于国际领先水平，实现金融科技应用先进可控、金融服务能力稳步增强、金融风控水平明显提高、金融监管效能持续提升、金融科技支撑不断完善、金融科技产业繁荣发展。"十三五"期间，中国人民银行还组织发布了《中国金融业信息技术"十三五"发展规划》《金融业标准化体系建设发展规划（2016—2020年）》，北京等地也陆续发布了地方金融科技产业发展规划，金融业已对数字化转型形成了广泛共识，亟须加快金融数据标准化建设。

（二）我国多层次供给金融数据标准

1. 我国金融数据标准制定程序

按照 GB/T 16733《国家标准制定程序的阶段划分及代码》的要求，我国金融数据标准制定程序分为九个阶段。一是预研阶段。相关单位向全国金融标准化技术委员会（SAC/TC 180）（以下简称金标委）秘书处提出金融国家标准、行业标准项目建议。二是立项阶段。金标委秘书处将项目建议统一汇总、审查，提交金标委全体委员表决通过，然后将国家标准项目建议上报国家标准化技术委员会（以下简称国家标准委）审批，将行业标准项目建议上报金标委审批。三是起草阶段。金标委秘书处收到审批通过的新工作项目计划后，落实计划，组织项目实施，由标准起草工作组完成标准征求意见稿。四是征求意见阶段。标准起草工作组将标准征求意见稿发往有关单位征求意见，经过收集、整理回函意见，提出征求意见汇总处理表，完成标准送审。五是审查阶段。金标委秘书处收到标准起草工作组完成的标准送审稿后，组织审查，提交金标委全体委员表决通过，最终完成标准报批稿。六是批准阶段。金融国家标准由市场监管总局批准发布并公开，金融行业标准由中国人民银行联合金融监管部门批准发布并公开。七是出版阶段。金融国家标准由国家标准出版机构对标准进行编辑出版，向社会提供标准出版物，金融行业标准没有专门的出版环节。八是复审阶段。标准实施后，根据科学技术的发展和经济金融建设的需要适时进行复审，复审周期一般不超过5年。九是废止阶段。对无存在必要的金融国家标准、行业标准，由标准批准部门予以废止。

📖 专　栏 ·

全国金融标准化技术委员会

全国金融标准化技术委员会（SAC/TC 180）（以下简称金标委）负责金融标准化技术归口工作；负责国际标准化组织下设的金融服务标准化技术委员会（ISO/TC 68）、个人理财标准化技术委员会（ISO/TC 222）的归口管理工作。国家标准化管理委员会委托中国人民银行对金标委进行领导和管理。金标委下设证券、保险、印制三个分技术委员会，分别负责开展证券、保险、印制专业标准化工作，同时直接下设 10 个专项工作组。金标委秘书处是金标委的常设机构，负责处理金标委的日常事务，包括组织制定标准体系、组建标准工作组、组织标准制（修）订、标准复审、宣传培训等，秘书处设在中国人民银行科技司。

2. 我国金融数据国家标准采取采标与自研相结合方式

一方面，国家标准对 ISO 标准坚持应采尽采的原则。针对 ISO TC68 参考数据分委会（SC8）制定的 13 项金融数据标识标准，我国已采标 7 项，具体包括交易所和市场识别编码（Codes for Exchanges and Market Identification，MIC）、银行标识代码、表示货币和资金的代码、国际银行账户编码（International Bank Account Number，IBAN）、结构与注册管理和金融工具分类代码（Classification of Financial Instruments，CFI）、国际证券识别编码（International Securities Identification Numbering System，ISIN）。我国正在采标 4 项，具体包括全球法人识别编码（Legal Entity Identifier，LEI）、分配与证书应用和唯一交易识别编码（Unique Transaction Identifier，UTI）、金融工具短名编码。由于证券证书编码、实体法律形式代码 2 项标准不适合我国实际，我国暂未将其列入采标计划。同时，我国已经采标 ISO TC68 信息交换分委会（SC9）制定的 ISO 18245 商户类别代码、ISO 8583 银行卡交换报文规范、ISO 20022 金融业通用报文方案等 8 项标准。

另一方面，根据我国金融业实际需要，我国自主制定发布了银行客户基本信息描述规范、银行业产品说明书描述规范、涉外收支交易分类与代码等 7 项金融数据国家标准。

📖 专　　栏

GB/T 31186《银行客户基本信息描述规范》

了解客户（KYC）和保护客户信息的一个重要基础，就是首先建立客户信息描述模型。我国国家标准 GB/T 31186《银行客户基本信息描述规范》，从我国银行客户基本信息的实际出发，在形成对银行客户基本信息规范原则共识基础上，厘清了银行客户相关基本概念，创造性地构建了银行客户基本信息描述的逻辑模型，梳理了可以识别客户的各类识别标识及其之间的关系，明确了采用代码方式描述要素的策略，规定了银行客户基本信息的展现方式，提出了基本信息的选取与扩充策略，给出了适合我国各民族客户姓名惯例和有效处理多音字的客户名称描述方式，明确了符合相关国际标准要求且便于各种展现方式的客户地址和客户电话号码描述方案。

3. 我国金融数据行业标准蓬勃发展

以国家标准为基础，近年来中国人民银行会同金融监管部门组织制定了 13 项信息分类编码、14 项数据元、7 项数据定义、3 项数据安全管理等多项金融数据行业标准。其中，分类编码标准包括金融机构编码、金融工具统计分类及编码、保险业务代码集、企业财产保险标的分类、信托业务分类及编码等；数据元标准涉及银行经营管理、商业银行担保物基本信息描述、保险业车联网、征信、移动支付、银行间市场、保险、票据影像等领域；数据定义标准包括银行数据标准定义、证券期货业数据分类分级、证券期货业投资者权益相关数据的内容和格式、保险基础数据模型等；数据安全管理标准包括金融数据安全分级指南、个人金融信息保护技术规范、证券期货业数据分类分级指引等。

📖 专　栏 ⋯⋯⋯⋯⋯⋯⋯⋯⋯⋯⋯⋯⋯⋯⋯⋯⋯⋯⋯⋯⋯⋯

JR/T 0197《金融数据安全 数据安全分级指南》

为了指导金融业机构合理定级与利用金融数据，有效落实金融数据生命周期安全管理策略，进一步提高机构的数据管理和安全防护水平，确保金融数据的安全应用，2020 年 9 月 23 日，中国人民银行正式发布金融行业标准 JR/T 0197《金融数据安全 数据安全分级指南》。根据金融业机构数据安全性遭受破坏后的影响对象和所造成的影响程度，标准将数据安全级别从高到低划分为 5 级、4 级、3 级、2 级、1 级，并给出了金融业机构典型数据的定级规则参考，规定定级过程包括数据资产梳理、数据安全定级准备、数据安全级别判定、数据安全级别审核及数据安全级别批准五个环节。标准有助于金融业机构明确金融数据保护对象，合理分配数据保护资源和成本，能够进一步促进金融数据在机构间、行业间的安全流动，有利于金融数据价值的充分释放和深度利用。

（三）我国金融数据标准实施取得积极成效

1. 积极参与国际金融数据标识注册机构建设

2014 年，全国金融标准化技术委员会作为全球法人识别编码（LEI）中国本地运行系统对外运营，提供 LEI 的国内注册服务。截至 2020 年 8 月，国内 LEI 持码机构约 3 万家，约占全球 LEI 总数的 1.7%，已覆盖我国全部金融机构法人和银行间市场参与主体法人。2006 年，全国金融标准化技术委员会证券分委会成为国际编码机构协会中国地区正式成员，负责 ISIN 编码管理。截至 2020 年 8 月，我国共发放 ISIN 码 12.5 万个，约占全球 ISIN 码总数的 0.2%。

2. 推广应用 ISO 20022 报文效果良好

我国第二代支付系统（CNAPS2）、跨境人民币支付系统（CIPS）、中央债券综合业务系统（CBGS）等金融基础设施已经采用 ISO 20022 报文标准。ISO 20022报文基于业务场景，使用统一建模语言（UML），业务逻辑完整，采用可扩展标记语言（XML）技术，信息更详细，容量更强大，更便于系统互联互通，更有助于我国金融科技的快速发展。目前，SWIFT和英国支付系统（CHAPS）等支付系统仍在使用传统的信息传输（MT）报文，预计将在2022年逐步迁移到ISO 20022报文。

3. 金融数据标准实施涌现出一些全球最佳实践

在推进金融数据标准化过程中，我国已经探索出一些被国际同行高度认可的实践经验。比如，我国金融证券期货业数据模型已被纳入国际标准典型案例，其成功之处体现在三个方面：一是在行业标准技术审查中设立数据模型审核环节，提升了行业标准的数据规范化水平；二是支持监管系统建设，使监管大数据分析工作具备了基础条件；三是为行业最佳实践方案，支持证券公司借鉴行业数据模型建立自身的数据仓库应用。

三、我国金融数据标准化展望

当今社会，信息技术革命日新月异，数字经济蓬勃发展，数据要素已经成为经济发展和产业革新的动力源泉。在新冠肺炎疫情防控和复工复产中，各领域的数据应用发挥了重要作用。伴随着数字经济、数字金融蓬勃发展，金融数据要素的潜力必将得到进一步挖掘。"标准决定质量，有什么样的标准就有什么样的质量，只有高标准才有高质量"，金融数据标准化工作围绕党中央、国务院部署，积极主动地创造性地开展工作。

（一）标准促进金融数据共享赋能金融创新

1. 完善金融数据共享政策

完善金融数据权属界定、开放共享、交易流通等方面的政策，科学界定数据所有权、使用权、收益权、管理权，厘清数据开放、共享和使用边界，科学平衡数据使用的便捷性、数据保护的安全性、数据主体的隐私性，推动数据要素发挥创新驱动作用和对其他要素效率的倍增作用。

2. 健全金融数据标准体系

加强金融元数据和配套系统的建设，使元数据的每个域都可以发挥有效的作用。在数据元建设的基础上，注重金融主体和客体及其行为的描述模型和交换模型建设，为数字化描述金融业务奠定基础。注重金融数据人工智能应用及评价等标准建设，将数字化资产转化为数字化智慧，助力金融数字化、智能化转型。

3. 加强技术工具和基础设施建设

提升数据质量和应用处理能力，加快建设数据共享所依赖的数据中心、云计算环境、数据交换平台等基础设施建设，让数据资产动起来、用起来，支持多主体提升数据挖掘能力和数据洞察能力，助力金融科技创新应用与包容审慎监管，服务数字经济发展和国内大循环。

（二）标准支撑金融风险防控

1. 完善金融业综合统计标准体系

总结国内标准实践，借鉴国际标准经验，统一规范金融机构、金融工具、金融交易对手方所属经济部门、金融基础设施等基础统计要素的定义、口径、分类和编码，助力建设先进、完备的国家金融基础数据库。

2. 加强金融数据安全标准建设

依据数据重要程度和发生安全事件的影响范围，实施严格的数据分类分级管理，按照不同分类和等级实施不同程度的安全控制，推广数据安全融合技术，有效应对数据安全风险挑战，确保数据全生命周期安全。

3. 强化金融风险防控数据模型建设

发挥数据在反洗钱、反恐融资、反逃税中的基础作用，加大基于深度学习、知识图谱等技术的数据模型和分析算法供给，建立健全金融风险防控关键技术标准体系，支持金融风险早识别、早预警、早化解。

（三）标准助力金融高水平开放

1. 积极推广应用国际金融数据标准

积极参与全球法人信息库和数字身份识别体系建设，完善我国全球法人识别编码（LEI）应用场景，提升外资营商环境便利化水平，支持我国企业拥有 LEI，服务国内国际双循环。积极推动我国交易报告库全面采用唯一交易识别编码（UTI）、唯一产品识别编码（UPI）、关键数据要素（CDE）等国际标准，遵循我国提出的《全球数据安全倡议》，推进跨境数据安全有序流动。

2. 大力推动我国金融数据标准"走出去"

加强金融数据标准化人才培养和储备，在标准立项、编制、审查、服务、国际化等各个方面，为人才成长创造条件，鼓励金融机构和金融科技企业，加大资源投入，积极培养一批主导国际金融数据标准制定、领军国际金融数据标准治理的标准化人才。认真总结我国专家主导编制 ISO 21586《银行产品服务描述规范》国际标准的经验，加大我国金融数据标准的对外宣介力度，及时将我国优秀金融数据标准整理形成国际标准提案，推动形成国际标准。

3. 加强金融数据标准软联通

推动建立"一带一路"金融标准交流合作常态化机制，推进金融标准共商共建共享。强化汉字编码国家标准与大字符集国际标准建立有效映射，制定银行相关信息系统字符集处理姓名生僻字的标准处理方案，解决由此导致的银行业务办理困难的问题，让汉字在数字网络中畅行无阻。

国内外数据治理的现状与未来

汪广盛 [*]

一、数据治理和数据管理

数据管理和数据治理的概念经常被交叉使用，它们有什么差别，到底包括了哪些内容？

（一）数据治理的内涵和主要内容

其实在国外用得更多的是数据管理（Data Management）。按照国际数据管理协会（DAMA）的权威说法，数据管理包括了 11 个方面的内容，其中数据治理是数据管理的核心内容，每个部分的具体内涵如下（见图 1）。

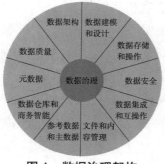

图 1　数据治理架构

　汪广盛，国际数据管理协会（DAMA）中国区主席。

数据治理：这个内容主要指的是组织为顺利进行数据管理而设立的机构和各种规章制度，比如数据管理委员会、数据安全保护条例等。值得注意的是，DAMA 关于"数据治理"的概念和国内讲的"数据治理"不一样，国内讲的"数据治理"实际上相当于国外的"数据管理"，而 DAMA 讲的"数据治理"只是数据管理的一部分。

主数据管理：包括主数据建设、申请、发布、分发等功能，一般是为数据标准和数据质量而设立。

元数据管理：包括元数据采集、血缘分析、影响分析等功能。元数据是关于数据的数据。比如，元数据会告诉我们"性别"这个字节表示什么意思，即"1"表示男性，"0"表示女性。

数据质量管理：包括质量定义、质量检查、质量报告等活动。数据管理的最终目的是提高数据质量，从而让数据产生价值。确保高质量的数据是数据管理的核心。

其他内容还有数据集成、数据安全管理、数据生命周期管理、数据建模等。

（二）数据管理的其他内容

除了以上 11 个方面外，数据管理还涉及其他许多方面，包括法律的、财务的、伦理的、管理机制的等。

文化变革：数据管理需要一种崭新的"数据驱动"的企业文化。这种企业文化的建立需要不断的投入和长期的培训，需要大家都认识到数据的重要性，从而建立起崭新的数据思维。

数据伦理：组织机构需要以合乎伦理道德的方式处理数据，否则就有风险，就有可能失去客户、员工、合作伙伴和其他利益相关方的信任。数据伦理以基本原则和伦理道德要求为基础。在法律尚不健全的情况下，伦理道德显得尤为重要。

数据管理成熟度评估：任何数字化项目的开始，我们都需要对企业的数据现状做个评估。一般会分为 0 级到 5 级，0 级为管理混乱，5 级为最好。

数据分类：数据需要分级分类。为了数据有效共享，工业数据需要分级分类，政务和公共数据更需要分级分类。数据的开放和共享都基于数据的分级分类。

图2是DAMA列出的和数据管理相关的其他内容。

图2　数据管理相关的其他内容

（三）开展数据管理的缘由

在数字经济高速发展的时代，数字化转型不是一个可选项，而是一个必选项。作为重要的生产要素之一，数据是数字经济的基础。没有数据，数字经济就不复存在。众所周知，数据就像黄金和石油，而没有治理过的数据，不但不可能成为有价值的资产，反而还有可能对个人、企业，甚至国家造成巨大的风险。

以数据安全为例，如果没有一套科学可靠的数据安全和保护规则，一旦数据被不合理使用或者被黑客泄露，可以直接导致公司破产。2013年，英国一家叫作剑桥分析（Cambridge Analytica）的数据公司，违规滥用了5000万个Facebook用户数据。该公司通过对这些数据的分析，预测每个人的政治倾向，然后利用心理学手段，通过大量社交媒体，对美国大选进行干预。事情曝光后，2018年该公司关门歇业，Facebook也遭受了各方的指责，股价下跌8%。

再以数据质量为例，托马斯·雷德曼（Redman，Thomas）在《哈佛商业评论》（*Harvard Business Review*）中写道，"坏数据每年要花费3万亿美元"。

最后，就数据的存储而言，也是有成本的。数据越多，存储成本越高。在实践中，并非数据越多越好。有许多垃圾数据，他们并不能产生价值，而为了储存这些数据，我们却要花费巨大的成本。那么如何来判断哪些数据是有用的，哪些数据是无用的，甚至是虚假的、有危害的？这些都需要数据治理。

总体而言，数据治理的好处包括但不限于以下几个方面。

第一，提高数据的共享和使用。数据治理解决了数据的标准和数据的分级分类，为数据共享提供了可能，因为数据的共享能实现更快的应用程序和系统的开发。

第二，改善运营管理。数据治理可以提高数据的质量，从而能够更好地为业务服务。比如提高生产流程的自动化水平，更有效的管理营销和销售，改进决策和报告，从而实现业务的持续增长。

第三，全面降低风险。数据治理注重数据的安全和对隐私的保护，同时也能够更好地满足监管和合规的要求。

综上所述，数据作为生产要素，要想释放其中所蕴藏的价值，开展数据治理显得尤为重要。

（四）数据治理所面临的难点和痛点

数据治理是一项艰巨的工作。半途而废或者项目做完了却没有任何效果的情况，时有发生。这里既有技术层面的原因，也有业务层面的困扰。

1. 从技术层面来看，在数据采集、共享、处理、互动等环节面临技术瓶颈

数据如何收集，利用什么手段，收集频率是什么，到什么颗粒度？由于技术的限制，我们在现阶段还无法实现"应收尽收"。比如，我们还无法利用穿戴式设备来检测心电图，也无法利用科技手段来解决中医"望闻问切"中的"闻"。

通信的协议和标准如何建立？标准的缺乏使不同系统之间的数据无法交流。这不仅涉及 Internet 网络协议，还包括诸如 IT 系统中数据的存储容量、互联和非互联设备的功率大小、数据流量控制等指标。可喜的是，我国目前正在全面建立各种标准，比如专门针对大数据的国标 GB/T 2300x 系列等。

实时高频的数据如何处理？数据收集后需要存储和处理，许多情况下数据传输和处理的速度远远跟不上数据产生的速度。数据无法及时传输，就无法及时得到处理和应用。

人机如何互动？我们以前都是"眼见为实"，而现在我们对外部世界的感知在许多情况下是通过机器和 VR。比如，驾驶飞机和高铁等许多都是基于电脑而不是人眼来进行的，那么我们感知到的数据到底是真实的还是虚拟的？

2. 从业务层面来看，存在认识不足、投入产出比不高与人才匮乏的现实阻碍

数据治理是一把手工程，没有一把手的直接参与，数据治理工作往往会失败。而一把手可能由于多种原因没能直接参与。

数据治理的概念尚未形成共识，更未普及。比如，数据治理项目都是由 IT 部门在推动，而实际上数据项目必须由业务部门来领头。企业的数据文化不够成熟，许多还是传统的信息化的思维，而不是数据思维。

初期投资大、回报周期比较长。一般数据治理的项目都在百万级，再加上数据仓库的建设，往往就是千万级，而且数据治理项目在短时间内未必会有直接的回报。

数据治理人才匮乏。数据治理人才需要既懂业务又要懂 IT，这样的人才不多，市场非常缺乏。按照赛迪的估计，到 2020 年我国大数据人才的缺口将达到 230 万人（数据来源：https://www.thepaper.cn/newsDetail_forward_4520721）。

由于以上这些因素，数据治理的工作在最初立项就比较困难，后期半途而废的也不在少数。

3. 从数据的权属来看，数据权属界定尚未定论

除了技术的和业务的原因外，数据治理比较困难的另一个原因是法律确权的不到位。

比如，数据到底是谁的？以电商为例，消费者的个人数据、购物数据等都在电商手里。整个数据的产生过程，是电商平台（提供网络界面、软硬件环境等）、购买者（选品、购买等）和其他相关第三方（物流、支付等）共同协作完成的过程。这些数据到底是谁的，谁是拥有者？如果数据是资产，其产权又到底是谁的？这些问题目前尚未从法律层面得到解决。

4. 从数据价值评估来看，数据资产化尚待时日

也正是因为数据确权在法律上的不确定性，导致了数据价值的评估在财务系统中几乎无法进行，也间接导致了许多数据交易中心没有成交量的尴尬局面。

现在大家都公认：数据是黄金、是石油。那么在数据还无法确权的情况下，数据的价值怎么评估？甚至对这些数据进行治理的行为本身，它们的 ROI 又如何评定？

按《企业会计准则—基本准则》，数据符合资产的定义，但不符合计入资产负债表的条件。满足第二十条，但不满足第二十一条和第二十二条。

新《企业会计准则—基本准则》第二十条规定："资产是指企业过去的交易或者事项形成的、由企业拥有或者控制的、预期会给企业带来经济利益的资源。"

由此可见，数据要成为数据资产，至少要拥有所有权或者使用权。然而数据的特殊属性决定了它不同于其他资产。至少从目前情况来看，数据确权和价值评估的问题还会持续很长时间，数据赋能，利用数据为企业创造价值才是核心。

（五）数据治理之道

数据治理的开展需要有一套成熟的可落地的方式方法。基于标杆行业成功实践，我们认为数据治理工作需要坚持"3个原则，6个导向"。

1. 3个原则（见图3）

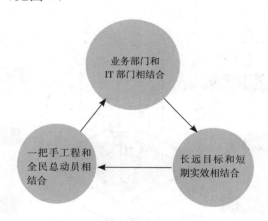

图3　三个原则之间的关系

（1）业务部门和IT部门相结合的原则。数据治理经常被认为是IT部门的工作，往往信息部门唱独角戏。实际上数据治理必须由业务部门来主导。坚持"业务部门牵头、信息部门统筹管理，服务公司作技术支撑"的原则，有利于避免唯信息部门孤军作战。信息部门往往对企业的业务了解不够深入，唯信息部门，容易诱使数据治理与业务相背离，无法确保数据质量。

（2）长远目标与短期实效相结合原则。数据治理是个长期的工作，西门子的数字化转型前后经过了 25 年，一般的数据治理项目也基本以年为单位。这就需要我们"大处规划，小处着眼，重点实施，分步治理"。在遵循总体设计的前提下，根据需求分步实施，局部执行，快速见效，急用先建、滚动发展。

（3）一把手工程和全民总动员相结合的原则。数据治理需要"一把手"的直接参与，需要成立一个"数据治理委员会"，这个委员会可以是个虚拟的机构也可以是个实体的机构，负责统筹数据治理相关的所有事项。同时数据治理也需要所有人的全员参与，需要有一种崭新的全民"数字"文化。

2. 6 个导向（见图 4）

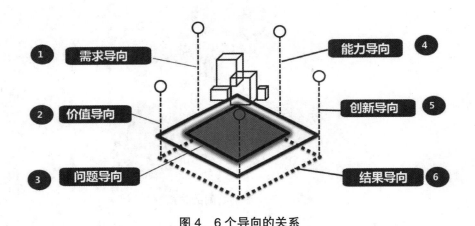

图 4　6 个导向的关系

（1）需求导向。从数据的应用需求出发，收集管理层和业务部门最为迫切的数据应用需求，以业务用户关心的数据需求为切入点深度处理，避免大而全的项目建设。

（2）价值导向。以实现业务"价值"为核心原则，聚焦范围，明晰责权，兼顾长期短期收益，持续改善。以业务用户能感知的价值作为数据治理工作的成功标准。

（3）问题导向。以解决业务部门各种问题为目标，开展数据治理项目。全面了解令业务部门深感头痛的数据问题，以点带面、以解决热点问题为驱动，带动开展各项数字化项目建设。

（4）能力导向。以《数据管理能力成熟度评估模型》评估结果为抓手，找到数据管理差距，推动相关数据管理能力的提升工作，有的放矢，避免盲目地直接开展数据治理建设工作。

（5）创新导向。数据治理工作要支持业务创新能力，提高业务创新层次。数据治理需要打破常规，结合企业实际情况，找到适合自己企业的实施方论和建设路径。

（6）结果导向。注重数据治理的效果，针对最终的数据质量提升效果进行全面的评价和考核，确保企业的数据质量有明显的提升，产生实际效果并实现数据价值。

二、国外数据治理的状况

（一）国外数据治理发展的历史

美国等西方国家的数据治理工作始于 20 世纪 80 年代。近年来，美国、欧盟、英国等纷纷出台了围绕数据使用与保护的公共政策。整体而言，西方发达国家十分注重运用法规、制度等体系来规范和保障数据治理行为，充分利用政策条文体现数据思想和数据治理核心要义。例如，美国联邦预算与管理局发布的《开放数据政策》备忘录开宗明义，明确其主题为"开放数据政策—管理信息资产"。

与以往信息制度相比，近几年一些政府数据治理法律制度的完善，更加突出针对性与适用性原则。许多国家结合实际，在数据标准、质量、流程以及组织管理和数据安全等方面作出了更加详细的专业性规定。同时，还十分注重数据立法与法规政策制定的完整性，由于不同法规政策之间的关联程度高，因此形成了覆盖政府数据流程、前后环节呼应、内容衔接紧密的一体化制度体系，而不是碎片化的单一政策推进，以制度合力直接指导政府数据实践。

（二）国际数据管理协会

国际数据管理协会（DAMA）是世界成立最早的一个关于数据管理的协会。作为一个全球性的非营利性机构，协会自1980年成立以来，一直致力于数据管理和数字化的研究、实践及相关知识体系的建设。协会由数据管理和相关的专业人士组成，厂商中立。先后发行了《DAMA数据管理字典》《DAMA数据管理的知识体系》等。该知识体系目前已被广泛使用，并已成为业界的标杆和权威。

DAMA还开发了"数据管理专业人士认证"（Certified Data Management Professional，CDMP）。该证书国际通用，行业认可，是数据管理领域最专业的职业认证之一。

（三）国外数据治理的现况

2019年12月，在DAMA的指导下，Dataversity对美国189家企业进行了调研，共征询了36个问题，部分调研结果如下。

为什么要做数据管理？回答：了解公司运营，79.70%；减少风险，66.92%；数字化转型，53.38%。这说明美国许多企业的数据管理的目的更多的还是为了合规，而后才是数字化转型。

是否有企业级的数据管理？回答：有，42%；没有，28%。这说明美国许多企业在企业整体层面的数据管理还有待提高。

谁在推动数据管理？回答：CIO，23.33%；数据构架师，22.67%。尽管目前在美国许多企业有CDO（首席数据官），绝大多数企业的数据管理工作还是由CIO在推动。

数据管理最大的挑战有哪些？回答：资源、人力、财力和技术；管理层不够重视；企业构架和企业文化。这个情况和我国的现状非常相似。

企业是否有数据构架？回答：有，33%；没有，39%。这个比例很低，说明企业在做数据管理时，对底层的数据架构不重视。这会导致数据治理工作经常性的推倒重来，从而浪费大量的时间和人力。

是否用数据建模？回答：有，49%；没有，22%。这个比例也很低。没有数据建模，我们就不可能很好地使用这些数据。

是否在用大数据系统？回答：是，33%；否，暂时以后也不会用，26%；否，但以后会用，20%；以前有，但现在不用了，1%。这说明美国许多企业并没有都在用以 Hadoop 为代表的大数据系统。

是否在用数据湖？数据湖是一种新的数据存储和应用方法。回答：是，和数据仓库一起用，20%；否，32.26%。数据仓库（data warehousing，DW）已经有快30年的历史了，许多人都认为大数据会代替数据仓库，但实际上，数据仓库就是在今天仍然是最主要的商务智能工具。

三、国内数据治理的状况

（一）国内数据治理现状

近年来，数据治理在中国的蓬勃发展更偏重于实践，更聚焦于数据治理工程项目的落地实施和技术工具的设计开发。在金融、电信、能源、互联网等信息化较为成熟的行业中，多年前就已经积极开展相关数据治理工作，并积累了一定的数据管理经验。这些经验的总结对于补充和完善数据治理理论体系、推进数据资产管理在各个行业的普及和发展有着重要的指导意义。

2018 年 3 月 16 日，中国银监会发布了《银行业金融机构数据治理指引（征求意见稿）》，就相关数据治理问题，向全社会公开征求意见，至此银行业金融机构全面数据治理的大幕快速拉开。

2020 年 9 月 21 日，国资委下发《关于加快推进国有企业数字化转型工作的通知》，其中明确提出两点。一是加快集团数据治理体系建设，明确数据治理归口管理部门，加强数据标准化、元数据和主数据管理工作，定期评估数据治理能力成熟度。二是加强生产现场、服务过程等数据动态采集，建立覆盖企业链条的数据采集、传输和汇聚体系。

加快大数据平台建设，创新数据融合分析与共享交换机制。强化业务场景数据建模，深入挖掘数据价值，提升数据洞察能力。

中国电子信息产业发展研究院、中国信息通信研究院、中国通信标准化协会大数据技术标准推进委员会（CCSA TC601）及众多的技术研究社团和机构，通过白皮书、技术论坛和研讨会的形式，就数据治理关注的内容和目标、实施步骤、实践模式、技术工具及需注意的要素等问题进行研究和讨论，为政府和企业开展数据治理工作提供参考，为相关服务商和工具产品开发提供指导。

在推进数据治理和大数据应用的过程中，有一批数据服务型公司脱颖而出，形成完整的技术方案和工具产品。除大型企业外，还有许多中小企业也开始关注和实践数据治理，为实现数字化转型打基础。可以说中国的数据治理理论体系正逐步完善，实施工具越来越丰富，数据治理的热潮已经到来。

（二）DAMA 中国分会

DAMA 中国的雏形开始于 2007 年一群志愿者开展的一些活动。后来在中国电子学会底下成立了一个专注数据和信息管理的专业组织。2017年在中国香港地区成立 DAMA 中国分会。协会旨在交流国际、国内在数据和数字管理领域中的最新进展，共享业界的实践、经验和成果，促进我国数字化水平的不断提高和创新。

为了更好地开展国内的业务，2020 年 6 月成立上海市静安区国际数据管理协会，协会推出"DAMA 中国"行动计划，作为一个非营利性机构，秉承 DAMA 厂商中立和公益的原则，专注于数据管理和数字化转型。

协会自成立以来，在国家多个部委参与了多项数据标准和相关法律条文的编写，举办了一系列高层次的国际和国内数据研讨会，出版了一系列相关著作和研究成果。包括中文版《穿越数据的迷宫 —— 数据管理执行指南》《DAMA 数据管理知识体系》（DMBOK）、《区块链改变游戏规则》等。

（三）数据安全和相关法律的颁布

自 2016 年 11 月 7 日《网络安全法》颁布以来，国家网信办、工信部、公安部、国家认证认可监督管理委员会等部门陆续出台了一系列与此配套的法规。这些法规的内容涵盖了关键信息基础设施安全、网络安全等级保护、国家网络安全事件、网络安全突发事件应急预案、网络安全威胁检测和处理、数据跨境传输、网络产品和服务、互联网新闻信息服务、论坛社会服务、跟帖评论服务、群组信息服务、公众账户信息服务、微博客信息服务、金融信息服务、区块链信息服务等诸多领域的网络安全。

从法律层级上来看，这些法规包含 2 部行政法规、27 部部门规章和 1 个司法解释。其中，2 部行政法规（《关键信息基础设施安全保护条例》《网络安全等级保护条例》）和 5 部部门规章（《网络安全审查办法》《数据安全管理办法》《儿童个人信息网络保护规定》《个人信息出境安全评估办法》和《互联网信息服务严重失信主体信用信息管理办法》）目前处于征求意见稿阶段，1 部部门规章（《个人信息和重要数据出境安全评估办法》）目前处于征求意见修改稿阶段。除此之外，其他法规目前均处于已生效或待生效的状态。

四、展望数据治理未来趋势

（一）数据治理的核心内容将不会变

主数据管理的目的是建立数据标准和提高数据质量。在现阶段，数据标准还有许多空白，数据质量还有严重的问题，跨部门和跨行业数据治理还未真正开始，这说明主数据的管理在目前仍然是数据治理的核心之一。

元数据的管理也是。比如为了要建立数据资产目录，我们必须首先建立元数据系统。数据"自助服务"（Data Self Service）也必须以元数据为基础。

（二）从关注数据合规走向生产要素释放价值

在过去的许多年中，数据治理的目的是合规。特别是 GDPR 和《加州消费者隐私法》颁布之后，美国和欧盟的许多企业为了不至于被追究责任，纷纷开展了数据治理工作。

2020 年 4 月 9 日，中共中央、国务院印发《关于构建更加完善的要素市场化配置体制机制的意见》（以下简称《意见》），数据作为一种新型生产要素写入文件中，与土地、劳动力、资本、技术等传统要素并列为要素之一。《意见》明确，加快培育数据要素市场，推进政府数据开放共享、提升社会数据资源价值、加强数据资源整合和安全保护。

在我国，数据治理的目的已经从单纯的合规提升到了更高的地步，成了一种生产要素，这是一个崭新的趋势。

（三）增强式数据管理将逐步成为主流

数据治理是项非常烦琐的工作，也非常耗时。一个数据治理项目至少 1 年，数字化转型的整个过程更加漫长。增强式数据管理（argumented data management）能够帮助我们提高效率、加快进程。

增强式数据管理是指我们可以利用机器学习和人工智能的优势，使一些数据管理任务"自配置、自调整"，这包括数据质量的自动检测和元数据的实时更新管理等。Gartner 预测，到 2022 年底，通过增强式数据管理，数据管理的工作量将减少 45%。

（四）跨界数据的管理将成为新课题

"信息化"和"数字化"是两个不同的概念。信息化最直接的后果就是信息孤岛。不可否认的是，我国 20 多年的信息化建设在一定意义上是数字化的必要前提。

数字化无论从战略、思维、运营模式还是从数据管理的方式方法来看，都不同于信息化。就数据治理而言，数字化更是从整体的角度来看待问题。这就涉及跨部门、跨行业、跨地区、跨国家的数据治理。

最近长三角一直在尝试建立跨省跨地区的数据交流，粤港澳大湾区则在努力建设国际数据港，BAT、华为等也在研究跨行业的数据共享等问题。

2020年9月国务院办公室发布了关于加快推进政务服务"跨省通办"的指导意见，这从另一个侧面也反映了跨界数据管理已经势在必行。

这是一个崭新的趋势，也是一个新的科研课题。

（五）融合新技术新场景的新型数据架构将逐步形成

和任何其他生产要素一样，数据只有在使用后才能得到价值的体现。为了充分实现数据的价值，随着算力的不断提高，一种崭新的数据构架正在出现（见图6）。

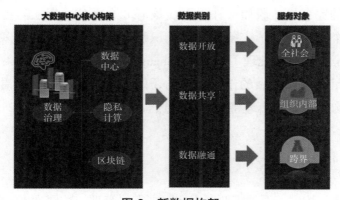

图6 新数据构架

这个新的数据构架应该包括数据能够被使用起来的各个方面。

大数据中心应该以数据治理为基础，而后有数据中台、隐私计算和区块链。

数据类别有数据开放、数据共享和数据融通三种。

就服务对象而言，开放数据服务于全社会，更多的是一个管理机制的问题；数据共享一般属于组织内部，通过数据中台的建设可以实现数据共享；而数据融通则应用于跨界的场景，属于"数据可用不可见"。

一般的数据构架中，现在都还缺少"数据融通"部分。随着算力的不断提高，"隐私计算"正日益受到关注，并成为解决在保护数据隐私的同时，又能够实现数据跨界计算的方法。

（六）非结构化数据的治理将成为治理重点

结构化和非结构化数据的治理面临许多同样的问题。比如数据的及时性，二者都具有时效性管理的问题。然而总体而言，非结构化数据的管理比结构化数据的管理要难得多。

如何保证数据内容的真实性：为了识别文件的真实性，我们需要对文档来源的真实性、内容的真实性等做出判断。如果由人工去完成这项工作基本是不可能的。为了解决这个问题，区块链技术就可以发挥很好的作用。区块链可以保证文档无法篡改，还可以溯源。

内容的完备性：假如文件里面应该有 8 个部分，但实际上只有 3 个部分，这个文档就是不完备的。为了识别这些，需要引进更多的人工智能，特别是自然语言处理（Natural Language Processing，NLP）。

许多组织目前在做的工作更多的还是针对结构化数据的治理。相信未来非结构化数据的治理将是个爆发点。

五、总结

黄金需要挖掘，石油需要开采，数据需要管理。数据为王，治理先行。没有经过治理的数据，对国家、企业和个人都将是巨大的成本和风险。

数据治理是一项长期而艰巨的工作，需要有顶层的设计，也需要有可落地的方式方法。

数据的价值只有在使用中才能得到实现。数据的开放、共享和融通是数据使用的三种方式，具有不同的应用场景，需要用不同的机制来分别处理。

作为数字化经济的基础，数据作为一种生产要素，在各行各业都正在发挥巨大的作用，数据治理的爆发期已经到来。

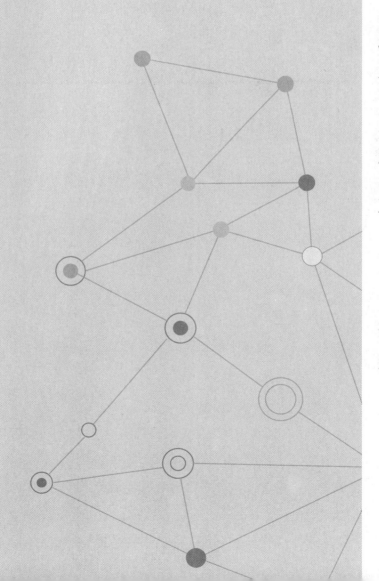

第四篇　数据要素基础建设和技术创新

"新基建"下我国数据安全技术体系与标准建设

高　鹏[*]

一、"新基建"下的数据新特征

（一）"新基建"下的数据流通特征

技术设施和数据资源是新基建的两个维度，构成了数字基础设施两个不可或缺的要素。近年来，欧盟、美国纷纷出台战略加快数字基础设施建设，抢占全球数字经济发展制高点。党的十八大以来，我国陆续发布《促进大数据发展行动纲要》《大数据产业发展规划（2016—2020 年）》和《国家网络空间安全战略》等一系列重大文件，在夯实国家网络安全战略任务中，提出实施国家数据战略、建立数据安全管理制度、支持数据信息技术创新和应用的纲领性要求。这些重要文件，为相关新基建下数据基础设施的融合发展、健康发展打开了巨大政策空间。2020 年 3 月4 日，中共中央政治局常务委员会召开会议强调，"加快 5G 网络、数据中心等新型基础设施建设进度"，为基础设施数字化、智能化发展释放出巨大的产业信号。为了支撑新型数字化业务场景，要打通新基建的各个平台，实现数据融合共享。因此，数据流通成为新基建的关键环节之一。

"新基建"下数据流通具有三个特征。

---

*　高鹏，中国移动通信集团设计院副院长兼总工程师。

1. 数据的流动性与融合性日益增强

融合是大数据的价值所在。在新基建数据赋能中，不同行业通过数据交流进行有效联结，实现数据互补共融，并通过数据利用与挖掘实现数据价值的最大化。

2. 数据的应用性和平台化更加明显

新型基础设施建设通过"数字化""信息化""智能化"对传统行业进行重塑，呈现数据产业链分工细化的趋势。针对行业数据差异较大的特点，需要结合产业环境搭建产业互联网平台，建设共性数字基础设施，实现行业数据价值升级。

3. 数据的社会性和价值性日益凸显

数据平台的广泛关联和运行形成了全新的社会运行机制，信息生产和运行模式、社会行为模式、社会关系结构等多方面也在发生深刻的改变。数据在流动中拥有了社会属性和价值属性，数据的所有权、知情权、采集权、保存权、使用权以及隐私权等，也成为每个公民在大数据时代的新权益。

（二）"新基建"下数据发展趋势

随着新基建的推进，信息技术和人类生产生活交汇融合，全球数据呈现爆发增长、海量集聚的特点，对经济发展、社会治理、国家管理、人民生活都将产生重大影响。我们要深入了解数据发展趋势，以增进决策的前瞻性、主动性。

"新基建"下数据发展趋势主要可归纳为五个方面。

1. 大数据技术将取得突破进展

近年来，国家高度重视信息基础设施建设，全面实施促进大数据发展行动，大数据发展的政策环境不断完善。以市场主导、以数据为纽带的产、学、研、用深度融合，形成了数据驱动型创新体系和发展模式，一批大数据领军企业和多层次、多类型的大数据人才队伍正在形成。制度优势、市场优势和人才优势的有机结合，必将促进我国大数据核心技术领域取得新的突破。

2. 以数据为关键要素的数字经济将突飞猛进

随着互联网、大数据、人工智能同实体经济的深度融合，信息化和工业化的深度融合，工业互联网基础设施和数据资源管理体系建设不断推进，数据的基础资源作用和创新引擎作用将逐渐凸显，以创新为主要引领和支撑的数字经济将成为推动我国经济发展的新动力。数字经济的崛起，正在加快推动经济发展质量变革、效率变革、动力变革，不断增强我国经济创新力和竞争力。

3. 数据将有力提升国家治理现代化水平

大数据作为信息化时代的基础资源，不仅能有效集成国家经济、政治、文化、社会、生态等方面的信息资源，而且通过数据挖掘能综合研判经济社会发展趋势，为推进国家治理能力现代化提供科学依据和决策支撑。

4. 数据将不断提高民生保障水平

随着教育、就业、社保、医药卫生、住房、交通等领域大数据的普及应用，社会服务的数字化、网络化、智能化、多元化、协同化水平将不断提高，进而充分满足人民群众多层次多样化的社会服务需求，推动民生保障不断强化。具体来讲，通过数据驱动引领带动社会服务数字化转型，将有力提升社会服务资源的配置效率和供给能力；通过网络连接推动社会服务普惠共享，将有力提升偏远地区、欠发达地区的社会服务供给水平；通过智慧赋能将催生系列社会服务新产品新产业新业态，更好地满足人民群众对高品质社会服务的需求。

5. 数据的安全性、可靠性亟待加强

随着信息基础设施建设和应用的大面积展开，政治、经济、军事、文化、科技等活动越来越依赖信息系统的辅助支撑，潜藏其中的数据危机也不断衍生出新的安全挑战。数据泄露、恶意代码、非法访问、拒绝服务攻击、账户劫持、不安全的API、基于大数据技术的新型攻击等安全问题，已成为数字基建健康发展的重大障碍。同时，随着信息基础设

施的大规模增加，对数据的攻击将从网络空间延伸到更加丰富的物理空间，需要从终端芯片、服务器、网络、操作系统和数据库等方面建立起全方位的保护。

（三）"新基建"下的数据安全需求

习近平总书记强调："要切实保障国家数据安全，要加强关键信息基础设施安全保护，强化国家关键数据资源保护能力，增强数据安全预警和溯源能力。"[①]发展数字经济、加快培育发展数据要素市场，必须把保障数据安全放在突出位置。

"新基建"下的数据安全需求主要有五个方面。

1. 健全数据安全法律法规

加强数据安全治理，提升数据安全防护水平，需要健全规范数据流通共享和数据权利义务的相关法律法规。依据数据主权原则，明确政府部门监管职责，积极参与跨境数据流动规则制定，健全重点领域数据安全保障制度。厘清数据产权体系，完善数据资源分级分类治理的准则，确立覆盖数据全生命周期的安全保护机制，结合不同类型数据属性和安全防护要求，明确数据资源提供方、使用方、监管方等各方主体的数据安全法律责任。推进个人信息保护立法，坚持技术发展与信息保护平衡的原则，健全个人数据泄露风险防控制度。完善打击大数据犯罪相关立法，加大对危害数据安全行为的惩戒力度。

2. 加强数据安全协同治理

面对数据安全领域的诸多挑战，政府、企业、行业组织需要有效配合，发挥各自优势，建立适应大数据时代要求的协同治理模式。在政府层面，强化数据安全治理的顶层设计，确立数据安全防护能力标准；加

---

① 中共中央党史和文献研究院：《习近平关于总体国家安全观论述摘编》，中央文献出版社 2018 年，第 179 页。

强数据安全执法，推动建立数据安全治理国际合作机制，严惩重点领域数据违法犯罪行为。在企业层面，要加强与监管部门沟通协作，完善内部数据安全合规管理，建立标准化、覆盖数据全生命周期的数据安全管理机制；加快数据保护前沿技术研发，以技术赋能数据安全管理。行业组织应立足数据安全与数据应用协同发展，引导企业参与国家大数据安全规则制定，建立行业自律规范，不断优化数据的行业安全标准体系；开展行业数据安全治理水平评估，定期向社会公布企业保护个人数据安全的举措与成果；积极宣传数据安全法律法规，提升公众数据安全意识，为数据安全治理营造良好环境。

3. 数据存储处理安全

大数据平台采用与传统信息系统不同的数据处理模式。一个平台内可以同时采用多种数据处理模式，完成多种业务处理，这会导致边界模糊，传统的安全防护方式将难以奏效。大数据平台的访问控制、基础设施安全、服务接口安全面临巨大挑战。

4. 数据挖掘分析使用安全

大数据的应用核心是数据挖掘，从数据中挖掘出高价值信息为企业所用，是大数据价值的体现。然而使用数据挖掘技术，为企业创造价值的同时，也容易产生隐私泄露的问题。如何防止数据滥用和数据挖掘导致的数据泄密和隐私泄露问题，是大数据安全方面的一个重要问题。

5. 数据的权属判定面临挑战

大数据场景下，数据的拥有者、管理者和使用者与传统的数据资产不同。传统的数据是属于组织和个人的，而大数据具有不同程度的社会性。一些敏感数据的所有权和使用权并没有被明确界定，很多基于大数据的分析都未考虑到其中涉及的隐私问题。在防止数据丢失、被盗取、被滥用和被破坏上存在一定的技术难度，传统的安全工具不再像以前那么有用。如何管控大数据环境下数据流转、权属关系、使用行为和追溯敏感数据资源流向，解决数据权属关系不清、数据越权使用等问题是一个巨大的挑战。

二、"新基建"下的数据安全治理体系建设

（一）数据安全保障体系现状

《促进大数据发展行动纲要》明确提出"要落实信息安全等级保护、风险评估等网络安全制度，建立健全大数据安全保障体系"。为保障数据应用"可管、可控、可信"，应从大数据保密性、完整性、可用性、可溯源角度出发，构建完善的数据应用安全保障体系。

现有的数据安全保障体系呈现为"四横两纵"的结构。"四横"是安全保障体系的基本执行框架。

（1）安全策略：在遵循国家大数据安全政策框架的基础上展开顶层设计，明确大数据安全总体策略，指导保障体系其他部分的开展。

（2）安全管理：依据既定安全策略，通过管理制度建设，明确大数据应用业务运营方安全主体责任，落实安全管理措施。相关制度包括对外合作安全管理（外部业务合作和外部代维代建）、内部安全管理、数据分类分级管理、应急响应机制、资产设施保护和认证授权管理等。

（3）安全运营：根据安全管理的各项制度，在安全技术的支撑下，保障大数据应用业务运营阶段的安全实施。安全运营包括业务及数据安全运营两部分，其中数据安全运营是大数据应用安全保障的核心任务。

（4）安全技术：模块目标是预构有效塔防能力，包括基础设施、网络系统、数据存储、数据处理以及业务应用等层次的安全防护。安全技术防护需要从数据源头管控、平台设施安全、业务应用安全以及数据消费共四大方面开展。

"两纵"是安全保障体系的执行提供能力支撑和效果评测。

（1）合规评测：持续优化安全评估能力，通过合规评估、安全测试、攻击渗透等手段，实现对大数据业务各环节风险点的全面评估，保障安全管理制度及技术要求的有效落实。

（2）服务支撑：基于大数据资源为信息安全保障提供支撑服务，如

基础安全态势感知、数据安全监测预警、情报分析舆情监测，以及不良信息治理等安全领域的应用。

（二）"新基建"下的数据安全体系建设展望

"新基建"背景下的数据治理在保障数据安全的同时还要实现促流动、促融合和促发展，数据安全体系建设所涵盖的内容已远超过狭义上的数据安全管理。因此，要深刻认识面向新基建的数据安全治理体系建设的形势和要求。我们可以从以下三个方面理解。

1. 数据安全治理面临严峻的国内外形势

欧盟《通用数据保护条例》（GDPR）深刻影响全球数据治理生态，尤其是明确规定了欧盟境外的主体在特定条件下也必须遵循 GDPR 相关规范。在数字经济全球化的当下，在数据治理战略部署、跨境数据运营主体业务开展中，必须考虑、评估 GDPR 的约束和实际影响力。

此外，美国、日本、韩国、加拿大、澳大利亚等发达国家和巴西、印度等发展中国家也在数据治理进程中表现出极大的热情，在保障个人信息和数据安全的同时，尽可能在全球化数字经济中实现利益最大化。

而国内数据安全领域还存在一些突出问题，如对"数据要素"的定位不清晰、新技术新业务的安全管理、安全评估、安全测评等能力尚不成熟，数据安全相关立法滞后，数据安全治理面临严峻的挑战，亟待我们提升数据安全治理能力。

2. 数据安全治理要实现安全和发展双重驱动

习近平总书记在 2016 年 4 月 19 日的网络安全和信息化工作座谈会上强调，安全是发展的前提，发展是安全的保障，安全和发展要同步推进。

自 2020 年 3 月 4 日，中央强调加快 5G 网络、数据中心等新型基础设施建设以来，各地纷纷公布"新基建"投资计划，为我国数字化增速转型提供了新动能，行业发展也迎来新机遇。为防范安全风险，数据安全保障措施的规划和建设应首先考虑。

此外，数字经济飞速发展，数据价值催生了数据黑产。从黑客、内部人员非法盗取个人信息到个人数据在互联网被公开兜售、暗网数据交易，再到电信互联网诈骗、企业精准营销"杀熟"、虚拟资产盗取等数据黑产及滥用乱象，反向刺激了行业数据安全的监管需求及治理思考。

3. 数据安全治理要区分来源采用差异化治理思路

不同来源数据具备不同的数据规模和数据特征，在数据治理的过程中不可一概而论，而是要采用"分而治之"的思路，采用不同的治理思路和路径措施。

个人数据是大数据最重要的信息来源，也是整个数据产业链中经济价值最高的数据类型。目前我国个人数据权层面法律基础设施与配套建设尚不充分，要把握个人数据收集过程中的合法公开原则、目的限制原则、最小数据原则、数据安全原则和限期存储原则。

政府数据作为国家基础性、战略性的数据资源已成为当代数字创新的重要来源。由于缺乏数据开放的相应立法，许多高价值数据处于被锁定的闲置状态。要制定相应的对策、建议，推进政府数据工作均衡有序发展。

行业数据是一个涵盖内容更加丰富的数据体量。在"新基建"政策和技术的驱动下，制造技术和商业模式的变革将首先带来工业大数据市场的繁荣，对于大规模工业数据的治理，需要建立分级、分权的治理方式，实现对复杂的产业场景进行规范性的整合。

4. 数据拥有者期待数据权益得到有力保护

据中国互联网络信息中心（CNNIC）第 45 次《中国互联网络发展状况统计报告》，截至 2020 年 3 月，我国网民规模为 9.04 亿人，互联网普及率达 64.5%。受新冠肺炎疫情影响，网络应用的用户规模呈现较大幅度增长，其中，在线教育、在线政务、网络支付、网络视频、网络购物、即时通信、网络音乐、搜索引擎等应用的用户规模较 2018 年底增长迅速，增幅均在 10% 以上。坚实的用户基础推动了行业的蓬勃发展，同时也带来了新的挑战。

就疫情期间而言，包括个人姓名、身份证、手机号码、具体住址等大量实名信息被社区、酒店、餐饮业等组织或机构强制性收集，而多数数据收集者并不具备个人信息保护的意识和能力，个人数据权益无从保障，数据拥有者急切期待相应体系化措施有力且正当地保护其个人数据。

而日常情形下，数据拥有者依然期望数据掌控权不要脱离或失控，并期待提高采集和使用其数据的相关行为透明度。行业在发展和建设过程中，数据拥有者的权益衡量和基于行业的利益平衡需要给予更多关注。

（三）"新基建"下的数据安全治理体系实践

1. 电信和互联网行业数据安全治理实践

电信和互联网行业在数据规模、覆盖范围、存储和传输能力，及时性和多样性方面均具有突出的价值优势。随着行业数据内外部应用的同步拓展和推进，数据安全问题日益凸显，严重阻碍行业数据资源价值释放。电信和互联网行业数据安全治理体系主要由治理层、管理层、执行层和监督层四个层面组成。

（1）治理层：主要活动包括数据安全治理体系的战略决策、组织职能架构设计、制度体系框架设计及治理流程体系设计等。

（2）管理层：主要基于治理层的战略决策和体系设计负责数据安全治理体系的具体建设，包括管理体系、技术体系、流程体系建设，以及指导体系的落地执行。

（3）执行层：将数据安全的技术手段分为数据行为安全、数据内容安全、数据环境安全等方面，以全面支持管理层各体系的落地执行。其中，数据行为安全主要包括身份、认证、授权的管理，访问控制及审计监控等技术管控手段；数据内容安全包括数据加密、脱敏，数据识别以及数据恢复和销毁等技术防护手段；数据环境安全包括网络、主机、应用、端点、存储等方面的安全。

（4）监督层：主要活动是对数据安全治理体系设计、建设和运行情况的监督、审计和评价，包括监管部门的监督管理工作、安全审计部门的专项审计、第三方机构的安全评估工作等，并向治理层、管理层反馈体系运行情况及执行层的数据安全治理需求等，促进整个体系的持续优化。

2. 自动驾驶数据安全治理实践

围绕自动驾驶数据安全治理实践，其安全防护的目标主要是防止数据的过度采集，保障数据的机密性、完整性和可用性，保障运营服务数据的合规性以及持续加强数据安全监管。

在自动驾驶数据安全政策法规和技术现状的基础上，结合自动驾驶数据的分类分级，在自动驾驶数据安全体系框架下提出了自动驾驶数据安全架构，主要分为采集层、通信层、平台层和应用层。

（1）采集层：重点对关键部件的系统进行物理防护、采集数据以及数据安全存储等。

（2）通信层：对自动驾驶数据存在的恶意节点攻击风险、传输风险和协议风险提出相应的防护技术，包括车内（外）通信数据的认证加密、海量数据实时安全传输等。

（3）平台层：面对海量数据，平台需要从数据分级、分类的角度出发，结合自动驾驶数据特点、业务应用特点，在数据面临的安全存储、越权访问、泄露、篡改等方面做好安全防护。

（4）应用层：自动驾驶汽车的车载娱乐系统、智能座舱系统、远程诊断接口等负责与驾驶员、乘客或远程诊断系统进行交互，因此会保存大量涉及用户个人的隐私数据和车辆状态数据。需要从访问控制、自动驾驶应用加固、自动驾驶算法的抗攻击及保护等方面加强数据保护。

三、"新基建"下数据安全标准建设

（一）国际数据安全标准发展现状

随着数据的安全问题越来越引起人们的重视，包括美国、欧盟和中国在内的很多国家、地区和组织都制定了大数据安全相关的法律法规和政策，以推动大数据应用和数据保护。自 2012 年起，美国、欧盟、日本、德国、澳大利亚等国家先后发布数据安全保护相关法案、法规，对数据保护提出了更高的标准。

为了积极应对数据安全风险和挑战，国际标准化组织（ISO/IEC）、国际电信联盟（ITU）、美国国家标准化研究院（NIST）等国际标准组织均加快在数据安全领域的布局。目前数据安全标准化工作主要围绕大数据安全和个人信息安全两个方面开展。

1. 国际标准化组织

国际标准化组织于 2012 年 6 月启动了大数据相关基本概念、技术和标准需求的研究。《大数据互操作框架》系列标准对大数据的安全框架和原则进行了标准化定义，构建了大数据安全与隐私的参考架构，成为数据安全保护的里程碑规范。目前国际标准化组织发布的数据安全标准和研究项目多达 20 余项，主要涉及云计算、物联网、智慧城市等应用场景的隐私数据保护、影响评估以及实践指南等。

2. 国际电信联盟

国际电信联盟中与数据安全相关的标准项目可分为以下三类：一是信息通信技术业务中涉及的个人信息、生物特征信息安全问题；二是云计算的数据安全；三是电子商务与金融科技、生物识别、车联网、区块链等特定行业、技术领域的数据安全。目前，国际电信联盟已发布了《移动互联网服务中的大数据分析安全要求和框架》《大数据即服务安全指南》《电子商务业务数据生命周期管理安全参考框架》等多项标准，关于数据安全相关的标准和研究项目近 20 项。

3. 美国国家标准化研究院

美国国家标准化研究院于 2012 年 6 月启动了大数据相关基本概念、技术和标准需求的研究。美国国家标准化研究院目前已发布的关于数据安全的相关标准包括数据完整性、非联邦信息系统和组织的受控非机密信息的保护、受控非保密信息的安全要求评估、数据为中心的系统威胁建模、政府数据集去标识化、个人可识别信息机密保护、个人可识别信息去标识化、联邦信息系统和组织的安全和隐私控制措施等。

（二）我国数据安全标准框架及思路

我国高度重视数据安全问题，近几年发布了一系列数据安全相关的法律法规和政策。2015 年，国务院发布的《促进大数据发展行动纲要》中强调，"完善法规制度和标准体系，科学规范利用大数据，切实保障数据安全""健全大数据安全保障体系，强化安全支撑"。《关于加强国家网络安全标准化工作的若干意见》《中华人民共和国网络安全法》先后发布，对数据安全、个人信息保护等方面提出了指导性意见。《个人信息出境安全评估办法》和《中华人民共和国数据安全法》的征求意见稿也已发布，将成为保障个人信息和重要数据安全，维护网络空间主权和国家安全、社会公共利益，促进网络信息依法有序自由流动等方面的实施指南。

数据安全标准是数据安全保障体系的重要基础组成部分，对数据安全保障工作的实施起到引领和指导作用。全国信息安全标准化技术委员会（以下简称"信安标委"），在《大数据安全标准化白皮书》中提出，大数据安全标准体系从标准主题、标准类型两个维度进行初步划分。根据标准主题分类，分为基础标准类、平台和技术类、数据安全类、服务安全类、应用安全类五类标准。按照标准类型分类，分为基础类、安全要求类、实施指南类、检查评估类四类标准。

目前信安标委的数据安全标准研制情况如下。

（1）数据安全采集方面，《数据采集与存储安全管理要求》正在研究。

（2）数据安全传输方面，已发布《物联网数据传输安全技术要求》等国家标准。数据安全存储方面，已发布《移动智能终端数据存储安全技术要求与测试评价方法》《存储介质数据恢复服务要求》《数据备份与恢复产品技术要求与测试评价方法》《网站数据恢复产品技术要求与测试评价方法》等国家标准。

（3）数据安全交换共享方面，《政务信息共享数据安全技术要求》国家标准正在制定。个人信息安全保护方面，信安标委目前已发布了《个人信息安全规范》《移动智能终端个人信息保护技术要求》《公共及商用服务信息系统个人信息保护指南》三项国家标准，同时还在制定《个人信息安全工程指南》《个人信息安全影响评估指南》《个人信息去标识化指南》等国家标准。

（4）数据出境和跨境传输方面，正在制定《数据出境安全评估指南》等国家标准。大数据服务安全方面，《大数据服务安全能力要求》国家标准已发布，同时还在制定《大数据安全管理指南》《数据安全分类分级实施指南》《数据安全能力成熟度模型》《数据交易服务安全要求》等多项国家标准。

（5）行业安全应用方面，已申报的国家标准有《能源企业大数据应用安全防护指南》《健康医疗信息安全指南》《工业互联网平台安全要求及评估规范》等。

（三）"新基建"下数据安全标准推进建议

数字基建带动了数据的流动和集中。面向"新基建"的数据安全标准体系建设，要从促进产业发展的视角予以全面、系统化的考虑，结合国家数据安全法规、数据安全标准体系现状以及未来数据发展的趋势，实现"从点到面"进而"从面到体"的立体化构建。

1. 技术支撑与法规指引并重

数据安全保障能力的提升涵盖技术和政策两个角度，首先，要推进立法，加快数据确权，明确数据采集权、控制权等核心权属，厘清相关方的法定权利和义务；其次，要加强数据安全标准建设，完善数据的安全标准体系，助力打造数据共建共治共享的社会治理格局。

2. 加快推进数据流通安全规范

数据需要通过共享和流转，才能释放出最大价值。构建安全高效的数据流通体系，支撑数据要素跨行业、跨地域流通。加快建立分级别、分领域的数据交易平台体系，探索推动数据要素跨境交易流通。建立健全数据要素交易规则和交易风险防范处置机制，解决数据交易流通中的安全保密、溯源问题，解决数据交易流通中数据非授权复制和使用等问题。

3. 完善数据加工环节安全标准

智能算法由于其内核和运算过程带有不透明性和不可解释性，大量数据经过算法的循环推演，会把歧视倾向放大或者固化，从而造成"自我实现的歧视性反馈循环"。算法歧视和算法黑盒的结果应用在社会价值的判断中，就会直接影响到相关主体的权益，带来现实社会中"偏见"和"歧视"的受害者。因此，要对智能算法进行规制，明确相关安全标准。

4. 加强安全标准人才培养

数据安全标准化的推进需要大量高素质人才的支撑，一方面，需要培养数据安全专业人才，深入开展安全研究；另一方面，需要将已有的安全标准成果向各行业从业人员推广和宣贯，使安全规范成为数据系统设计和实施的先天基因。因此，建议从国家层面加强高等教育及职业教育的相关专业的数据安全课程规划，加强数据安全及标准方面的课程设置和人才培养。在高等院校和科研机构，加大对数据安全及标准化研究项目的支持力度，完善科研评价体系和中青年人才培养方案，优化科研管理，促进数据安全研究与社会化教育的结合，激发数据安全研究人员的创新动力。

5. 打造数据安全标准与产业良性互动生态

发挥数据安全标准的桥梁作用，联合数据流通链上各参与方的力量，共同打造数据安全标准促进产业发展、产业最佳实践反哺标准更精确的良性互动生态。推动数据开放共享流通体系建设，加快对数据流通各个环节参与者的梳理，界定清晰各参与主体的权利和责任边界。由国家相关部门通过制定管理条例、标准规范等方式，加强对数据共享参与方和数据共享过程的监管。完善数据交易信息披露制度，规范数据交易行为，健全投诉举报查处机制。健全数据流通应用治理体系，建设完善涵盖政府机构、行业协会、平台企业等在内的分工协作治理体系。

我国自主创新的区块链公用基础设施区块链服务网络

单志广 *

一、BSN 建设背景

党的十九届四中全会明确提出，把数据和劳动、资本、土地、知识、技术并列作为生产要素。当前，从国家推动数字经济发展的战略布局来看，核心难点是如何能够真正激活数据要素，实现数据生产要素高效配置，从而进一步解放壮大生产力，形成新的治理能力和产业能力。区块链通过分布式账本技术建立了新的信任机制，为不同参与主体间、不同行业间的可信数据交互提供了有效的技术手段，已经广泛应用于数字金融、物联网、智能制造、供应链管理、慈善捐赠、物品溯源、数字资产交易等多个领域。传统区块链存在底层技术平台异构、应用技术门槛高、成链成本大、运维监管难等瓶颈问题，限制了区块链技术与应用创新发展。国家信息中心牵头研发和顶层设计，并联合中国移动、中国银联、北京红枣科技等单位，构建了我国首个完全自主知识产权的区块链底层公用基础设施——区块链服务网络（Blockchain-based Service Network，BSN），通过建立区块链底层技术平台适配标准，推动国内外主流区块链底层技术平台适配部署，进一步盘活运营商等闲置云计算资源，极大降

---

* 单志广，国家信息中心信息化和产业发展部主任。

低了区块链应用的开发、部署、运维、互通和监管成本，为推进区块链与经济社会融合发展提供高质量、定制化的技术平台支持和可信、可靠、可扩展的基础设施服务载体，有利于快速推进区块链技术的普及应用。

（一）区块链构建了数据可信交互新范式

区块链本质上是以分布式数据存储、点对点传输、共识机制、加密算法、智能合约等计算机技术集成创新而产生的分布式账本技术，其通过新的信任机制改变了连接方式，带来了生产关系的改变，为不同参与主体间、不同行业的可信数据交互提供了有效的技术手段，实现了从"信息互联网"向"价值互联网"转变。在传统业务模式下，数据通常由互联网串联起来的多个业务系统分别进行处理和存储，这样的结构造成中间环节繁多、对账流程烦琐、接口开发复杂、信息易于伪造、容错能力低下等诸多问题，最终导致大量的社会信息化平台和系统应用程度不高、老百姓不买账。区块链技术将业务之间变成并联接口，通过点对点传输和加密技术，业务协作各方将数据读写到已达成共识的统一账本中，从而使数据不可篡改、不可删除并公平共享，从根本上改变了信息时代的生产资料也就是大数据的所有制形式，将大家过去私有的、不愿共享开放的生产资料通过区块链能力平台变成公有的、相对开放的生产资料，实现了生产关系的重塑和再造。

（二）联盟链是我国区块链发展的主阵地

2019 年 10 月 24 日，习近平总书记在主持中央政治局第十八次集体学习时强调，要把区块链作为核心技术自主创新重要突破口，加快推动区块链技术和产业创新发展，要抓住区块链技术融合、功能拓展、产业细分的契机，发挥区块链在促进数据共享、优化业务流程、降低运营成本、提升协同效率、建设可信体系等方面的作用，利用区块链技术探索数字经济模式创新，推动区块链底层技术服务和新型智慧城市建设相结合。加快推进区块链技术创新和应用发展已经上升为国家层面重要战略部署。区块链技术被认为是新型智慧城市建设和数字经济发展的基石，已经广泛应用于数字金融、物联网、智能制造、供应链管理、慈善捐赠、物品溯源、数字资产交易等多个领域，在应对新冠肺炎疫情防控、助力复工复产等方面发挥了积极作用。根据区块链的节点准入机制、去中心化程度和应用场景不同，区块链被分为公有链和许可链。公有链是指完全开放的区块链应用，其特点是去中心化、完全透明，难以监管。许可链是经一定授权才能参与的区块链应用，又可分为联盟链和私有链，由特定联盟和部门进行运营管理，并不是完全去中心化的，因而可控可信。中央将区块链发展上升到国家战略层面，主要针对的是许可链，尤其是联盟链技术。

（三）联盟链发展缺乏底层公用基础设施

区块链底层技术平台可被视为区块链应用的"操作系统"，为抢占区块链技术发展与应用高地，百度、腾讯、阿里巴巴等国内相关企业纷纷结合行业发展需求构建相应的区块链底层技术平台。2017年7月，金链盟提出了应用于金融领域的 FISCO BCOS；同月，杭州溪塔科技通过对以太坊智能合约进行封装与兼容，提出了面向企业级应用的支持智能合约的联盟链底层技术框架 CITA。2018年2月，苏州同济区块链研究院等开发的梧桐链实现了自主密码算法和智能合约引擎，并在供应链金融、超级医疗账本、可信电子凭证等领域应用。2019年5月，百度自主研发区块链平台 Xuper Chain 正式开源，这是一个面向企业开发和用户使用的区块链底层技术平台。这些支持联盟链应用的区块链底层技术平台的上线，将加速区块链在各行业落地，推动区块链和实体经济深度融合。

然而，受制于原创核心技术、底层技术架构、基础设施布局、监管机制等方面明显不足，加之资本市场投机炒作不断，区块链基础设施成本高企，我国多领域大规模商业化应用落地困难。比如，目前市场上包含4节点的联盟链应用的服务定价约为每年10万元，这种高成本的部署和运维架构极大提高了普通用户参与门槛。此外，各联盟链应用所采用的底层技术平台异构，没有统一的技术标准，业务数据无法高效交互，致使区块链发展特别是对行业应用和产业经济的引领支撑作用远未发挥出来。因此，行业内急需一个各方认可的底层公共基础设施网络，从而降低区块链应用的技术和经济门槛，最终广泛高效地推动区块链技术与应用创新发展。

二、BSN 顶层设计与技术架构

1. BSN 顶层设计思路

为破解当前我国区块链应用技术门槛高、成链成本大、运营成本高、底层平台异构、运维监管难等瓶颈问题，BSN 通过建立区块链底层技术平台适配标准，打通区块链底层技术平台，实现不同框架间跨链数据交换；通过盘活运营商等闲置云计算资源，为开发者、用户及企业提供跨云服务、跨门户、跨底层框架、跨公网、跨地域、跨机构的灵活接入服务；通过预制链码机制提供"搭积木"式系统开发服务，极大降低了区块链应用的开发、部署、运维、互通和监管成本。

BSN 的顶层设计思路可以归纳为"一基一核六跨七性"（见图 1）。

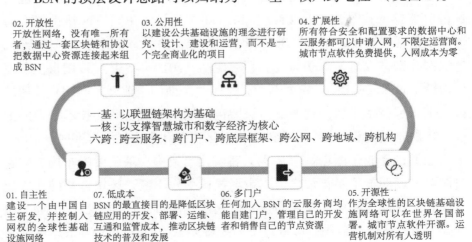

02. 开放性
开放性网络，没有唯一所有者，通过一套区块链和协议把数据中心资源连接起来组成 BSN

03. 公用性
以建设公共基础设施的理念进行研究、设计、建设和运营，而不是一个完全商业化的项目

04. 扩展性
所有符合安全和配置要求的数据中心和云服务都可以申请入网，不限定运营商。城市节点软件免费提供，入网成本为零

一基：以联盟链架构为基础
一核：以支撑智慧城市和数字经济为核心
六跨：跨云服务、跨门户、跨底层框架、跨公网、跨地域、跨机构

01. 自主性
建设一个由中国自主研发，并控制入网权的全球性基础设施网络

07. 低成本
BSN 的最直接目的是降低区块链应用的开发、部署、运维、互通和监管成本，推动区块链技术的普及和发展

06. 多门户
任何加入 BSN 的云服务商均能自建门户，管理自己的开发者和销售自己的节点资源

05. 开源性
作为全球性的区块链基础设施网络可以在世界各国部署。城市节点软件开源。运营机制对所有人透明

图 1　BSN 顶层设计思路

一基，即以联盟链架构为基础。区块链底层公用基础设施应符合我国法律监管要求，基于应用需求最大的联盟链架构，不支持比特币等公有链应用，所有区块链应用均需获得审批及代码审查后方能上线运行，便于政府机关和相关机构监督管理。

一核，即以支撑智慧城市和数字经济为核心。充分发挥区块链在促进数据共享、优化业务流程、降低运营成本、提升协同效率、建设可信体系等方面的作用。面向新型智慧城市建设需求，探索利用区块链数据共享模式，推动区块链在信息基础设施、智慧交通、能源电力等领域的应用。面向数字经济发展重点，利用区块链技术促进城市间在信息、资金、人才、征信等方面更大规模地互联互通，保障生产要素在区域内有序高效流动。

六跨，即打造跨云服务、跨门户、跨底层框架、跨公网、跨地域、跨机构的服务体系。一是跨云服务，用户可以自由在任何云服务商的资源上部署应用，甚至可以将一个应用的多个记账节点部署在不同的云服务商的城市节点上。二是跨门户，不同的用户可以在不同门户内加入同一个联盟链。三是跨底层框架，通过制定区块链底层框架适配标准，打通区块链底层技术平台，实现不同框架间跨链数据交换。四是跨公网，区块链底层公用基础设施支持任意用户使用任意公网自由访问。五是跨地域，BSN 是一个全球性部署的网络设施，一个区块链应用可根据需要选择不同地域的记账节点构成。六是跨机构，BSN 支持跨机构接入和业务协同。

七性，即满足自主性、开放性、公用性、扩展性、开源性、多门户、低成本的建设原则。一是自主性，BSN 由中国自主研发并控制入网权。二是开放性，与互联网通过 TCP/IP 协议把数据中心资源连接起来类似，BSN 没有唯一所有者，通过一套区块链和协议把数据中心资源连接起来。三是公用性，要以建设公共基础设施的理念进行研究、设计、建设和运营，而不是一个完全商业化的项目。四是扩展性，允许所有符合安全和配置要求的数据中心和云服务申请加入 BSN，不限定运营商。城市节点软件免费提供，入网成本为零。五是开源性，遵循区块链开源发展理念，可以在世界各国部署。城市节点软件必须开源，运行机制对所有人透明。六是多门户，BSN 采取多门户策略，避免垄断和排他性，任何加入网络的云服务商均可以自建门户，管理自己的开发者和销售自己的节点资源。七是低成本，构建 BSN 的最直接目的就是降低区块链应用的开发、部署、运维、互通和监管成本，从而推动区块链技术的普及和发展。

2. BSN 技术架构设计

BSN 技术架构由公共城市节点、区块链底层框架、服务门户和运维系统等组成（见图 2）。

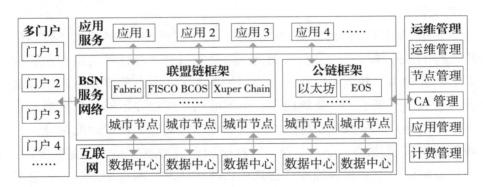

图 2　BSN 技术架构

（1）公共城市节点。公共城市节点是 BSN 的基础运行单元，其主要功能是为区块链应用运行提供访问控制、交易处理、数据存储和计算力等系统资源。每个城市节点的所有方为云资源或数据中心的提供者。所有方在云资源内安装公共城市节点软件并完成入网流程后，即可建成服务网络上的一个城市节点。节点建成后，应用发布者就能在门户内检索到该节点，并购买其资源作为应用部署的城市节点之一。当一个城市节点内资源使用趋于饱和时，所有方可以随时增加系统资源来提高城市节点的负载能力。根据已运行的应用数量和并发需求，每个城市节点均动态部署一定数量的公共交易背书和记账节点，并通过负载均衡机制为高并发应用动态分配独享的高性能资源配置记账节点，而让多个低并发应用共享一个记账节点。

（2）区块链底层框架。区块链底层框架可以视为区块链应用的操作系统。当前是联盟链底层框架多元化的时期，仅在中国就有10多个主流底层框架，每个底层框架有自己的共识算法、传输机制和开发者工具等。BSN支持国内外主流的联盟链框架和公有链框架，目前已支持Hyperledger Fabric、Fabric国密、FISCO BCOS、CITA、Xuper Chain、梧桐链和 Brochain、以太坊、EOS等。

（3）服务门户。和互联网类似，区块链服务网络同样采取多门户策略。加入区块链服务网络的云服务商、底层框架商、科技媒体等拥有开发者资源的企业均可以申请建立服务网络门户（BSN Portal），门户可以是单独的 BaaS 网站，也可以在现有云服务门户或开发者社区门户的基础上增加 BaaS 功能。在门户内，开发者可以购买区块链服务网络资源、发布应用和管理应用等。每个服务网络门户有非常高的自主权和独立性。除了购买区块链服务网络资源和发布应用外，其他功能均由门户自身提供，每个门户独立管理自己的用户，用户信息不与服务网络分享。

（4）运维系统。BSN 由专门的技术团队进行运维管理。BSN 的运维系统包括节点管理、应用管理、维护管理、计费管理、CA 管理和监控管理等功能。云服务商将云资源加入服务网络后，只需管理硬件和网络，公共城市节点的运维由 BSN 统一管理。BSN 的各门户仅需负责自己门户的日常运维，对通过其门户部署到服务网络上的应用，也由服务网络统一安排日常维护。各方均需与服务网络的运维团队建立协调机制，以便及时处理各种突发情况。

3. BSN 运行发展生态

BSN 生态由开发者、门户商、云服务商、底层框架商和运维方这五方共同参与，生态中的参与各方互为协作关系（见图 3）。

开发者
开发者可以通过任意一个服务网络门户,在全世界任何公共城市节点上购买云资源,并选择任何已适配的底层框架,以极低的成本和极方便的操作进行区块链应用的开发、部署和运营。

云服务商
可以通过安装免费的 BSN 城市节点软件加入 BSN。将 BSN 作为云资源的一个销售渠道,盘活云服务商闲置的资源。

底层框架
根据服务网络底层框架适配标准将框架进行适配后,部署到服务网络,供开发者自由选择。通过 BSN 促进框架商专业版的完善。

运维方
BSN 有一个庞大的运维系统,资源怎么调配、节点的运营情况、记账节点和集群的负载优化,以及数据的迁移,都由运维系统统一管理。未来 BSN 的运维是由整个社会所有加入 BSN 的工作单位共同负责。

门户商
云服务门户或开发者门户通过服务网络快速并低成本地建立 BaaS 平台,向自己的客户提供基于服务网络的区块链服务,销售 BSN 上的云资源,管理自己的开发者和发布的应用,并自行计费和收费。

图 3 BSN 运行生态

第一,开发者,BSN 整体上是一个区块链应用运行环境,它最终的用户为开发者。开发者可以通过任意一个服务网络门户,在全世界任何公共城市节点上购买云资源,并选择任何已适配的底层框架,以极低的成本和极方便的操作进行区块链应用的开发、部署和运营。

第二,门户商,BSN 实行多门户策略,任何有资源优势、有技术实力、有运营能力的单位都有机会建设基于 BSN 的区块链云服务门户,提供区域化、行业化的区块链云服务,云服务门户或开发者门户通过服务网络快速并低成本地建立 BaaS 平台,向自己的客户提供基于服务网络的区块链服务,销售 BSN 上的云资源,管理自己的开发者和发布的应用,并自行计费和收费。

第三,云服务商,公共城市节点作为 BSN 的基本运行单元,部署在各大云服务商的数据中心内。可以通过安装免费的 BSN 城市节点软件加入 BSN,将 BSN 作为云资源的一个销售渠道,盘活云服务商闲置的资源。目前,全球主流的云服务商基本都参与了 BSN 的生态体系建设。

第四，底层框架商，根据服务网络底层框架适配标准将框架进行适配后，部署到服务网络，供开发者自由选择。通过 BSN 促进框架商专业版的完善。

五是运维方，BSN 有一个庞大的运维系统，资源怎么调配、节点的运营情况、记账节点和集群的负载优化，以及数据的迁移，都由运维系统统一管理。未来 BSN 的运维是由整个社会所有加入 BSN 的工作单位共同负责。

BSN 的生态发展需要多方协作，同时为各方提供了更好的实现生态建设的愿景，也为参与各方提供了良性的竞争环境，通过鼓励各方提供更好的服务、开发更好的技术、设计更好的产品，促进整个发展生态蓬勃发展。

4. BSN 主要技术特点

根据上述 BSN 技术架构和运行机制，BSN 具有以下五个方面的技术特点。

第一，安全可控性。BSN 具有安全、可控、可监管的技术优势，符合国家监管要求和行业发展需要。基于联盟链架构，不支持比特币等公有链应用，区块链应用均需获得服务网络参与方审批及代码审查后方能上线运行，便于政府和相关机构监督管理。BSN 基于分布式共享账本为数据交互和分布存储提供了准确性、不可篡改性和安全性保障。

第二，跨链共享性。由于每个区块链底层框架的共识算法、传输机制和开发工具不同，导致不同框架间难以实现跨链数据交换，一个新的区块链应用上线，某种程度上意味着新的"数据孤岛"产生。BSN 通过建立区块链底层框架适配标准，对超级账本 Fabric、FISCO BCOS 等国内外主流区块链底层框架开展了适配研究和部署，打通了区块链底层框架，破解了跨链数据共享难题。

第三，开放灵活性。BSN 以其开放性顶层设计和联盟制运营方式，创新性地盘活中国移动、中国电信、中国联通等电信运营商以及云服务提供商闲置的云计算资源，同时支持其他国家和地区城市节点等资源接入，为实现低效资源能力变现和新价值创造提供了开放的生态平台。随着亚马逊云服务公司城市节点接入，BSN 将在世界范围内的多数城市设置公共城市节点，形成区块链领域的"互链网"，为开发者、用户及企业提供跨公网、跨地域、跨机构的灵活就近接入服务。

第四，成本低廉性。BSN 以互联网理念为开发者提供公共区块链资源环境，预制链码机制提供"搭积木"式系统开发服务，极大降低了区块链应用的开发、部署、运维、互通和监管成本。据调研，目前市场上区块链的服务定价为每年至少 10 万元（包含 4 个节点），经测算 BSN 成链成本为每年 2000~3000 元，约为市场价格的 1/40。

第五，开源生态性。BSN 遵循开放、接纳、包容的发展理念，开源公共城市节点系统，任何人都可以在版权和协议限制范围内获得系统的源代码，对其修改和优化，使公共城市节点可以为开发者和终端用户提供更全面、更灵活和更稳定的服务环境，实现与广大开发者互利共赢，共同促进区块链发展生态环境的优化升级。

三、BSN 建设进展与应用实践

1. 城市节点部署

截至 2020 年 6 月底，BSN 已在全球部署了 128 个公共城市节点，覆盖了除南极洲以外的世界六大洲，已成为全球规模最大的"高速公路"——区块链公用基础设施网络。其中国内节点有 76 个已经入网和 44 个在建，覆盖了所有省份，海外 8 个节点已经入网，预计 2020 年底公共城市节点将达到 200 个。这些城市节点主要由国内以及全世界主流的云服务商提供，包括中国移动、中国电信、中国联通、百度云、谷歌云和微软云。2020 年 3 月，全球最大的云服务商亚马逊（Amazon）正式加入 BSN，其旗下的美国加利福尼亚州、日本东京、澳大利亚悉尼、巴西圣保罗、南非约翰内斯堡、法国巴黎等国际公共地区和城市节点已经入网开通。

2. 底层框架适配

底层框架平台在 BSN 的整体结构中扮演着类似互联网中各类操作系统的角色，有着自己的特性：不同的链路组织模式、子链模式、安全控制、共识机制、智能合约、交易处理流程、密钥算法、账本存储、客户端 SDK 等。由于每个底层框架的共识算法、传输机制和开发工具不同，导致不同框架间难以实现跨链数据交换，一个新的区块链应用上线，某种程度上意味着新的"数据孤岛"产生。

BSN 通过建立区块链底层框架适配标准，打通了区块链底层框架，实现了不同框架间跨链数据交换。截至 2020 年 6 月底，BSN 已经适配或正在适配业界主流的区块链底层框架平台，包括超级账本 Fabric、火币中国开发的 Fabric 国密、微众银行开发的 FISCO BCOS、杭州溪塔开发的 CITA、百度开发的 Xuper Chain、同济大学开发的梧桐链、中钞研究院开发的 Brochain 等。

3. 商业应用发布

2019 年 10 月 15 日，BSN 正式发布并启动了国内内部测试，并于 2020 年 4 月 25 日正式商用发布，开通了浙江、北京 2 个省级区块链主干网，催生了公益慈善、物品溯源、电子发票、版权保护、供应链管理等一批创新应用，特别是 2020 年以来在新冠肺炎疫情防控等方面发挥了积极作用。

BSN 有效助力复工复产管理。一是助力返岗人员管理，通过"区块链 + 电子合同"实现返岗人员的信息录入、在线签署"返岗承诺书"等，解决中小微企业复工复产过程中文件签署难、异地签署周期长、无法当面签署等问题，惠及的中小微企业近 1000 家。二是强化社区人员管理，浙江移动基于 BSN 推出"出入通"门禁助手，打造信息化社区登记系统，有效解决复工人员进入社区忘带出入证件、社区管理是否准确智能等问题，与政府社区进行合作，已在全国 374 个区县的 2000 余个小区投入使用。三是助力重大工程监理，雄安新区基于 BSN 开发区块链工程监理平台，有效解决工程行业复工节奏有差异、线下流程受影响等问题，区块链平台帮助工程行业在线上进行业务的同步和更新，确保供应链环节的协同和配合。

BSN 有效助力克服中小企业融资难题。微众银行基于 BSN 搭建区块链存证服务平台，推动金融业务全流程线上化，有力支撑了微众银行小微企业贷款服务的开展，通过调低贷款利率、减免还款利息、提高贷款额度、延长还款期限等方式，为 40 余万户小微企业和 50 余万个人提供金融贷款服务，涉及金额超过 180 亿元，为复工复产提供坚实的金融保障。基于 BSN 的供应链信用贷款，通过打通供应链金融各方数据，实现信息流、资金流、物流的集成与交叉验证，惠及的中小微企业近800 家。

4. 政务专网应用

经过多年的发展，我国政务信息化建设取得了相当大的成效，但仍存在政务数据资源碎片化、政务服务协同缺乏互信基础、数据监管不到位等"顽疾"，区块链技术为提升政务治理现代化水平提供了技术支撑。BSN 政务专网依托已有电子政务外网，搭建包括区块链基础设施网络底座、管理与能力平台、应用开发界面等在内的一整套区块链应用部署与运行的整体解决方案，提供高效、便捷、低成本、安全的区块链应用开发、部署和运维管理服务，实现管理机构对区块链网络及应用的集中化管理、专业化管理和规范化管理，以避免在局域网内建立多个孤岛式的区块链应用，降低区块链应用建链成本、技术门槛和监管难度，解决异构区块链底层系统"跨链"对接困难等问题。

BSN 政务专网能够在不改变现有政务内网／外网的情况下，将区块链系统与传统政务信息化系统进行融合，充分利用了已有的硬件资源，避免重复建设。此外，专网能够与公网进行互联互通，对后期实现跨地区的数据共享与业务协同创造了可能。目前，BSN 政务专网已经在杭州"城市大脑"平台成功部署，且在一周时间内，就完成了"城管道路信息及贡献管理""酒店消毒管理""内部最多跑一次"等多个应用的上链，达到了良好的效果。

四、BSN 主要意义与发展建议

1. BSN 具有广泛应用和产业价值

随着我国政策支持和应用需求的不断扩大，BSN 打造了区块链领域的"互链网"，将推动区块链技术及其领域应用快速发展。BSN 提供的不是具体的区块链应用，而是一种基于联盟链技术的底层公用基础设施。随着 BSN 部署不断扩展，有望织就一张由我国掌控入网权的区块链领域全球"互链网"，并展现出广泛的战略应用价值。

在数字经济领域，BSN 可实现不同系统间数据流通、业务交互，有利于重构生产、流通、交易的全产业过程，推进公共资源交易、跨境支付、证券交易、物流管理、供应链金融、电子发票、电子合同、融资租赁、商品溯源、产权保护、信用体系等应用模式创新，为打造便捷高效、公平竞争、稳定透明的营商环境提供动力，推动"以生产为中心"的工业经济向以"交易为中心"的数字经济转型升级。

在智慧社会领域，BSN 提供了数据共享新模式，能够支撑不同的应用数据进行共享、交换、融合、利用，真正实现数据和信息的高可信、高可靠应用，可为政务服务、医疗健康、商品防伪、食品药品监管、社会救助、教育存证、民事登记、精准扶贫、公益慈善、法律存证等提供安全、可追溯、防篡改、隐私可控的定制化行业应用，高效支撑智慧社会的高效治理和可信服务。

在"一带一路"建设领域，BSN 已实现包括美国加利福尼亚州、澳大利亚悉尼、新加坡在内近百个节点部署，吸引全球其他国家城市节点接入，将显著提高包括"一带一路"国家在内的跨国协作、跨境贸易、金融服务、项目管理和运输物流等业务的管理和协作效率，促进国家间的跨境数据流动和数据融通。

2. 推动 BSN 创新发展的政策建议

当前，区块链和 5G 是中国为数不多具有世界领先优势的技术领域。

BSN 作为中国自主研发设计并掌握入网权的世界规模最大的区块链公用基础设施网络，已初步占据全球区块链底层技术服务领域的创新制高点。为深入贯彻落实党中央关于加快推动区块链技术和产业创新发展的部署要求，建议加强扶持力度，完善政策体系，充分发挥 BSN 的技术优势和战略价值，加速区块链与经济社会融合创新发展。

第一，加强对 BSN 持续发展的指导和扶持。BSN 的研发设计和构建运营由国家信息中心、中国移动、中国银联等国家级单位主导，被业界称为"区块链的国家队"。下一步，建议在 BSN 发展联盟设立、备案管理、运行机制、测评认证、试点示范、技术研发、产业融合等方面给予大力指导和支持，促进 BSN 健康快速发展，使之真正发展成为代表国家在区块链底层基础设施方面战略意志和技术能力的支撑载体和能力平台。

第二，研究制定促进区块链健康有序发展的指导性文件。由于对区块链的认知和引导不够，我国还存在很多区块链发展乱象。建议相关部门尽快研究出台关于推进区块链深化发展的指导性文件，正本清源，厘清支持联盟链和私有链等许可链技术而非公有链的非许可链技术，充分发挥区块链技术的集成应用在技术革新、产业经济、社会治理中的重要作用，引导区块链产业和应用健康快速发展，明确发展政策，净化和优化发展环境。

第三，加快布局国家层面区块链公用基础设施和应用生态体系。加强国家层面区块链公用基础设施的规划布局和标准规范制定，充分利用 BSN 现有技术架构、设施基础和服务能力，吸纳社会各界力量，进一步构建覆盖全球、服务全国的国家级区块链公用基础设施体系和应用服务平台，推进"内网＋公网＋'一带一路'主干网"三位一体、内外融通、开放创新的区块链服务基础设施建设。加大政策引导和扶持力度，组织开展区块链应用试点示范，试点推进区块链政务专网建设，加快监管体系建设，构建和完善国家层面区块链发展生态体系，推进区块链与经济社会融合创新和高质量发展。

如何建立有效的区块链数据治理体系

姚 前[*]

随着互联网经济的发展以及新冠肺炎疫情后经济数字化进程的加速，数据已成为关键生产要素。我们现在越来越强调数据的重要性：在互联网经济时代，数据是新的生产要素，是基础性资源和战略性资源，也是重要生产力。信息资源日益成为重要生产要素和社会财富，信息掌握的多寡成为国家软实力和竞争力的重要标志。

基于区块链的可信数据是高质量数字化转型的关键。如果说农业经济时代的核心是土地与劳动力，工业经济时代的核心是资本与技术，那么数字经济时代的核心则是可信技术与可信数据。当前，我们正处于数字经济浪潮之中，资产数字化的需求尤为迫切。区块链可以保障数字资产的数据可信，同时又能防止"双花"，能够在数字经济时代实现更高效率和更优效能。基于区块链的信息基础设施建设的意义不仅在于中短期的稳增长、稳就业，更在于长期的促发展、促转型。"新基建"将为智慧经济和算法经济等绿色型、创新型经济模式奠定坚实基础，从而有效促进我国经济高质量发展。

从全球范围看，区块链技术俨然成为一种不可阻挡的技术趋势，是全球产业变革的全新赛道，各国均在发力，加速布局。在这样一个全球

---

* 姚前，中国证券监督管理委员会科技监管局局长。

瞩目的阵地，我们应扎实备战，抢占技术制高点。习近平总书记在中共中央政治局第十八次集体学习时的讲话提出，区块链我国技术创新和产业发展的指导思想和根本遵循。我们应积极贯彻落实习近平总书记重要讲话精神，珍惜战略机遇，求真务实，勇于探索，使区块链技术在建设网络强国、发展数字经济、助力经济社会发展等方面真正发挥作用。区块链助力数字经济发展，先从数据存证、数据共享入手是务实的策略。基于现实环境，联盟链或许是应用落地的较优选择，同时应加强国产密码算法应用和创新发展，以保障我国区块链安全可控。当前最重要的是，提倡区块链的高质量发展，为此，需要加强链上和链下数据治理（data governance），建立有效的区块链数据治理体系。

一、区块链与可信数据

区块链技术发端于 2009 年开始的全球数字货币浪潮，但对人类社会发展的意义却已远远超出了数字货币领域。从根本上讲，它带来了新的社会信任模式，有望像互联网一样彻底重塑人类社会活动形态。2015 年 10 月 31 日，《经济学人》杂志在封面刊登了一篇题为《信任机器——比特币背后的技术如何改变世界》的文章，这篇文章提出一个核心观点，即"区块链是制造信任的机器"。

（一）从立字为据到数字凭证

简单来说，区块链能够让人们在互不信任、没有中间人背书的情况下互相进行交易。数千年来，人类都处于"纸媒时代"，人们相信一纸契约、立字为据，如果不能昭告天下，那就得有见证人，同时按上手印，如果盖上印章，那就更有公信力了。但进入数字时代，如何超越纸质证明取信于人、如何验证数字印章的真实性、如何防止数据被篡改，就需要全新的技术予以保障。区块链技术的出现，为解决数字时代人们面临的上述信任问题提供了可能。比如，采用非对称加密技术，用本端的私钥签名，可以解决数据的保密问题、按数字手印的问题以及交易对手方的确定问题；用哈希算法辅之以时间戳生成的序列号可以解决数据的唯一性问题，从而防止"双花"；用共识算法通过一人记录数据、多人监督复核，可以在没有可信中间人的情况下杜绝造假的问题。从这个角度来说，区块链技术就是管理数字凭证的可信技术，是数字时代的"信任机器"。它可以利用加密数据结构来验证与存储数据，利用分布式共识算法来新增和更新数据，利用运行其上的代码（智能合约）来保证业务逻辑的自动强制执行，从而创建一种全新的多中心化可信基础架构与分布式计算范式。

顺着"信任机器"这个概念，区块链技术的作用就显而易见了，堪称可信数字时代的重要基石。区块链技术虽然可以实现上链数据的不可篡改，却难以确保上链数据的真实性，因为数据在上链之前仍存在人为篡改的可能。而使用物联网传感器替代人工操作，可以实现数据自动采集，从源头上降低虚假上链数据的可能性。随着人工智能的加入，物联网可以自动收集数据和反馈信息，同时智能算法和行业规则引擎也会嵌入网络边缘终端。这个过程中的数据、算力、规则的动态调度和优化可以通过区块链技术与智能合约来实现自动化的可信管理。

（二）可信数据已在路上

习近平总书记在中共中央政治局第十八次集体学习时的讲话内涵丰富，思想深邃。他敏锐地抓住现代信息技术发展的前沿热点，强调要加快推动区块链技术和产业创新发展，高屋建瓴地提出我国区块链技术发展蓝图，为我们指引了方向。同时，他又要求客观辩证地看待创新技术的"双刃剑"效应，强调要加强对区块链技术的引导和规范，加强风险研究和分析，加强行业自律，落实安全责任，依法治链，推动区块链安全有序发展。

目前，"区块链 +5G+ 物联网"已经在智慧城市、仓单物流、农业溯源、社会治理等领域落地应用。比如，基于区块链的仓单流转系统，可以通过物联网实时确认仓单信息，登记在区块链上的仓单就可以流转交易，从而能够有效缓解企业因库存压力导致的资金不足问题，出资方也不用担心仓单的真实性和重复融资问题。此外，基于区块链技术的可信数据流转解决方案已经在我国食品安全、医疗健康、商品防伪、公益救助、精准脱贫等特定民生领域加快应用，积累了诸多成功案例。

最值得一提的案例是，在此次抗击新冠肺炎疫情过程中利用区块链技术构建起了可信健康码。健康码是此次防控疫情的有效手段。小小的健康码其实包含大量的信息技术，它的形成依赖多种渠道的数据源，如卫生部门、防疫部门、交通部门、医院、社区等，这就需要各方进行信息的交叉验证和共享互联。而随着人群的流动，各地健康码也存在信息互联互通的问题。将用户的健康信息上链，进行多方认证和共享，得到可信的健康码，并在链上存证，有助于增强健康码的可信度。

在公共服务领域，构建基于区块链的数字身份系统，就能形成重要的数字资源要素，提升公共服务效能，增进社会福祉。新修订的《中华人民共和国政府信息公开条例》，着眼于充分发挥政府信息对人民群众生产、生活和经济社会活动的服务作用，加快推进国家治理体系和治理能力现代化。在现实中，我们经常需要开具各种证明，这背后本质上还是缺乏信任。将各单位、企业、群众的信息、证照、证明等材料上链，形成不可篡改、安全可信的"数字凭证"数据库，个人和单位就无须从各类机构重复获取和提供各种原始证明、证照材料，只需手机扫码授权，登录"区块链＋政务"服务平台调取数字凭证，即可一站式把事情办好。让"数据多跑路，老百姓少跑腿"，将大大提升群众对政府服务的满意度和获得感。对于政府部门而言，有了区块链技术的帮助也可以省却许多工作环节，不再反复核实用户身份、证明材料，从而提升政务服务效率。甚至可利用"区块链＋人工智能"，实现政府审批自动化，让政务服务变得更加智能。

二、加强链上链下数据治理

如果数字时代的数据不可信，那么所有的数字化建设都是空中楼阁。随着数字经济时代的到来，数据资源的量级将呈现爆发式增长，数据治理体系首先要严把区块链入口，防止大量垃圾数据和低价值数据上链，否则就会在数字经济"新基建"过程中造成巨大的资源浪费。对于区块链而言，上链的数据也应是具备较高价值、可公开、不宜修改的数据。这是它的特性，更是它的优势和品质所在。若无谓地把无价值的且可随意更改的数据上链，实际上是对区块链技术的滥用，也无法构建起符合实际业务需求的应用。

通俗来讲，数据治理是指所有为提高数据质量而展开的业务、技术和管理活动，包括组织架构、政策制度、技术工具、数据标准、流程规范、监督考核等。针对区块链技术的特性，可从以下几个方面入手，构建区块链数据治理体系。

（一）防止链下数据源头缺陷

高质量链下数据是高质量区块链的前提。要实现这个前提，则需要依靠各节点的链下数据治理。虽然说各节点的链下数据治理似乎是各家自己的事情，但某一节点的数据治理缺失往往会限制区块链的整体质量和价值，形成短板效应。因此，各节点应采取有效的技术工具、管理手段和组织体系，对数据在计划、获取、存储、共享、维护、应用、消亡全生命周期可能存在的质量问题，进行识别、度量、监控、预警和改进。

为了避免短板效应，可考虑成立联盟链联合工作组，评测各节点链下数据治理的成熟度，督促各方提高上链的数据质量，必要时可设置数据治理成熟度的准入门槛。目前已经有了比较成熟的数据治理评价模型可供采用，比如国际商业机器公司（International Business Machines Corporation，IBM）的数据治理成熟度评估模型、CMMI（Capability Maturity Model

Integration）协会的数据能力成熟度模型（Data Management Maturity，DMM）、美国企业数据管理协会（EDM Council）的数据能力评估成熟度模型（Data Management Capability Assessment Maturity，DCAM），以及我国信息技术标准化技术委员在 2014 年启动并于 2018 年发布的《数据管理能力成熟度评估模型》（*Data Capability Maturity Model*，DCMM）国家标准等。

（二）以主数据管理为核心

参照主数据管理理论，开展链上数据治理。在数据治理框架中，主数据管理是核心。所谓的主数据是指描述机构核心业务实体的、在机构内外被广泛应用和共享的数据，是机构的核心资产，具有高价值和高敏感性。构建统一的主数据标准，可将原先各个处于竖井之中的业务系统在主数据层面实现互通和共享，保障主数据的全局一致性和准确性。事实上，区块链技术也可看作跨节点主数据的集成技术或架构。因此，我们可参照主数据管理理论，开展链上数据治理。不是所有的数据都要上链，只有需要多方共享的高价值数据，或者说只有主数据，才需要上链，早期甚至只有主数据的 Hash（散列）指纹存证在链上。

（三）保护数据安全与隐私

数据具有经济价值，是重要资产。如何在数据共享的同时避免数据泄露，自然是数据治理的重中之重。在需求规划时，各节点应预先梳理各自的数据，识别哪些是非密数据，哪些是保密数据，哪些是敏感数据，哪些是边缘数据，哪些可公开、对谁可见、和谁共享。在此基础上，根据数据的价值、敏感性和隐私性进行分级，制定访问控制矩阵和差异化隐私策略。在数据上链时，应保证接口安全。无论链上数据访问，还是链下数据访问，都应有身份认证、分级授权等访问控制，防止攻击者假冒合法用户获得访问权限，保证系统和数据的安全。在数据的传输和共享过程中，可根据数据的共享和安全需要，对不同的数据进行脱敏，或者采用数据加密技术，比如零知识证明（Zero Knowledge Proof，ZKP）算法对数据加密，亦可采用一些通道技术来限制数据共享范围，控制数据的泄露风险。

三、全球视野下的数据治理与区块链技术

从全球范围看，数据流动对全球经济增长的贡献已经超过传统的国际贸易和投资。各国高度关注数据跨境流动。美国凭借其产业国际竞争优势和强大灵活的保障能力，采用"进攻型"战略，以"长臂管辖"抢夺他国"治外法权"。欧盟优先考虑个人信息保护，其对数据出境进行限制的主要原因是担心接收国家或企业无法达到本国同样的个人数据保护标准，因此采取了以充分性认定机制为主的国际制度协同框架。新兴经济体的数据战略则以"防守型"为主，更多强调数据本地化存储，意图"划疆而治"。

（一）跨境流动已成时代大势

虽然说数据本地化可以更好地保护本国数据，也有助于司法取证，保障政府执法权，但从长远看，在保护个人隐私、企业商业机密，维护国家安全的基础上，允许数据依法、合规、有序跨境流动应是未来政策主方向。

1. 经济全球化不可逆转

数据跨境流动是经济全球化的必然要求。习近平总书记在中央网络安全和信息领导小组第一次会议上的讲话中指出，"网络信息是跨国界流动的，信息流引领技术流、资金流、人才流"。如果数据不能自由跨境流动，跨国公司、跨境电商、全球供应链、全球服务外包等商业活动将难以有效开展。

2. 技术潮流不可阻挡

数据跨境流动是新型信息技术创新的必然要求。大数据、人工智能、物联网、区块链、云计算等技术，被称为第四次工业革命的技术。它们

以数据为核心，以算法为引擎，以算力为支撑，以分布式为特征，跨越时空，突破地理区域限制。若过于强调数据本地化，不允许数据自由流动，将不利于数字经济的创新与发展。

3. 人类命运休戚与共

数据跨境流动是构建人类命运共同体的必然要求。新冠肺炎疫情的暴发再次表明，人类休戚与共。各国应在溯源、药物、疫苗、检测等方面加强合作，并共享科研数据和信息，共同研究提出应对策略，由此才能战胜疫情。

但是，允许数据跨境流动不代表允许数据无序流动。应高度关注数据跨境流动中可能产生的风险。一是数据隐私风险。个人数据被恶意利用和买卖，将对个人隐私、财产甚至人身安全造成严重威胁。二是数据安全风险。若数据被泄露、监听和盗取，不仅数据主体权利无法得到保护，而且企业商业机密、知识产权等也会被侵犯，甚至整个国家的数字产业竞争力将受到威胁。三是国家安全风险。石油、天然气管道、水、电力、交通、金融、军事、生物、健康、财税等领域的敏感数据涉及国家安全，一旦被泄露或窃取，将带来严重的不可控风险。

因此综合来看，我们应在数据跨境流动与风险防控之间寻找最佳平衡，需要统筹考虑制度建设和技术支撑两个方面。

（二）数据全球流转的基本原则

一般而言，当一国的公共部门或私人部门想要传输数据给接收国的公共部门或私人部门，即使是数据主体方与接收方之间已经达成规制性协定，在大多数情况下也需要分别向本国与对方国的主管部门提交申请，在获得批准之后方可执行数据跨境流动。

关于数据跨境流动的制度建设，这里要特别强调国与国之间的对等原则。所谓的对等（Reciprocal）包含以下两层含义。

1. 数据保护标准要对等

数据从数据保护标准较高的国家向标准较低的国家流动，必然会带来数据隐私泄露和安全风险。水往低处流，而数据只能往保护程度高的地方流动。许多国家针对不同国家的数据保护标准，建立数据跨境流动的白名单制度。一是签署多边合作框架，比如经济合作与发展组织（Organization for Economic Co-operation and Development，OECD）隐私框架、欧洲委员会的 108 号公约原则、亚太经合组织（Asia-Pacific Economic Cooperation，APEC）的跨境隐私规则体系（Cross-Border Privacy Rules，CBPR）。二是签署双边协议，比如欧盟和美国之间的"隐私盾协议"。三是进行充分性认定，比如日本针对欧盟的《通用数据保护条例》（General Data Protection Regulation，GDPR），制定补充规则，得到欧盟的数据保护充分性认定，实现了日本和欧盟之间双向互认。

2. 数据跨境执法权利要对等

这是战略互信的基础，如美国的长臂管辖是不对等的。2018 年美国颁布的《澄清境外数据的合法使用法案》（Clarifying Lawful Overseas Use of Data Act，因为每个单词首字母组合为 CLAUD，故简称"云法案"）提出，为保护公共安全和打击包括恐怖主义在内的重大犯罪，美国政府有权力调取存储于他国境内的数据。但其他国家若要调取存储在美国的数据，则必须通过美国所谓的"适格（qualifying）外国政府"审查，其中包含人权等与数据保护无关的标准。这显然是双重标准。"己所不欲，勿施于人"，在不对等的条件下，相关国家完全可以拒绝这类不合理的霸凌要求。

（三）数据跨境流动的制度建设

目前，我国有关"数据出境"的法规标准尚在构建进程中。2017 年 6 月 1 日正式实施的《网络安全法》首次规定了数据出境的安全评估制度。以此为基础，国家网信办于 2017 年 4 月 11 日制定并公布了《个人信息和重要数据出境安全评估办法（征求意见稿）》，构建了个人信息和重要数据出境安全评估的基本框架，规定了自行评估和监管机构评估两种评估方式以及安全评估的内容。2017 年 5 月 27 日，全国信息安全标准化技术委员会对外发布了《信息安全技术—数据出境安全评估指南（草案）》，对数据出境安全评估流程、评估要点、评估方法、重要数据识别指南等内容进行了具体规定；并在进一步细化流程的基础上，于2017年8月25日发布了《信息安全技术—数据出境安全评估指南（征求意见稿）》，为个人信息和重要数据出境评估提供了规范性指导。2020年7月3日，《中华人民共和国数据安全法（草案）》公开征求意见，其中第九条"国家建立健全数据安全协同治理体系，推动有关部门、行业组织、企业、个人等共同参与数据安全保护工作，形成全社会共同维护数据安全和促进发展的良好环境"，第十条"国家积极开展数据领域国际交流与合作，参与数据安全相关国际规则和标准的制定，促进数据跨境安全、自由流动"，体现了以安全为基础，为数字经济发展、产业勃兴提供坚实保障的积极思路。

作为数据大国，我国在跨境数据流动治理领域起步相对较晚，总体思路还是以对外防御为主，尚未加入相关国际性规则组织。所以，我们一方面应优化和完善现有的数据跨境流动安全管理框架及相关法律法规，建立灵活多样、宽严相济的数据分级监管模式；另一方面应基于上述两个对等原则，主动参与涉及数据跨境流动的多边或双边协定谈判，研究将国际社会广泛引用的安全港协议（Safe Harbor）、公司绑定规则（Binding Corporate Rule，BCR）、标准合同范本（Model Contracts）、APEC跨境隐私规则体系（CBPR）等国际认证规则纳入我国数据跨境流动安全体系，构建与国际社会接轨的数据跨境流动安全认证服务体系，推动互利互惠、合规有序、高质量的数据跨境流动。

（四）数据跨境的技术支撑：区块链

除了制度建设，各类信息创新技术还是支持数据跨境合规有序、高质量流动的有效工具。按照《信息安全技术—数据出境安全评估指南（征求意见稿）》的要求，重要数据在出境前，应对其采取脱敏等技术处理措施，并对脱敏处理的效果进行验证，以达到合理程度的不可还原。

技术手段有很多，比如支付标记化技术（Payment Tokenization）、联邦学习（Federated Learning）等。除了这些技术之外，区块链还为我们提供了一种全新的数据隐私保护方案。

在中心化模式下，处于中心节点的数据控制者对于数据具有强大的控制力，而普通个人却无法控制自己的数据，两者之间形成了一种强大的非对称力量。基于均势的理念，目前立法者对数据控制者提出了数据主体权利保护的要求，将责任和义务"压"向数据控制者一方，但实质上，且不论立法和执法的成本以及数据控制者本身承担的合规成本，若从技术的角度看，数据控制者依然有办法去规避法律上给予的约束，因为他们历来是数据处理技术的"主导者"。区块链技术的出现为数据隐私保护提供了新思路。其核心在于为用户提供一种自主可控的技术方案，利用技术可信来解决传统互联网平台的信用风险和操纵风险，在一个公开透明的环境下保障用户数据的合法使用。

区块链隐私保护的思路最早可以追溯到加密货币的诞生。1982 年 David Chaum（大卫·乔姆）利用盲签名构建了一个具备匿名性、不可追踪性的电子现金系统 E-Cash，这是最早的能够落地试验的加密货币系统，得到了学术界的高度认可。不仅如此，通过盲签名技术，用户可以保护支付交易信息，避免被银行获取，使参与支付过程的银行也无法跟踪到用户支付交易的过程。这可以看作电子支付领域最早为用户提供自主性隐私保护的范例。

比特币当然够不上货币的资格，但其大规模的实验，催生了区块链这一技术，开启了全新的以用户为主的数据隐私保护新模式。用户的私钥可以本地生成，通过公钥计算发布有效的账户地址，来隔断账户地址和账户持有人真实身份的关联。区块链技术从根本上打破中心化模式下数据控制者对数据的天然垄断，赋予用户真正的数据隐私保护自主权。区块链技术还可与先进密码学技术结合，发展出各类隐私保护方案。比如，利用基于环签名、群签名等密码学方案保护签名方身份；采用高效的同态加密方案实现密文的多方处理，隐藏用户交易金额等敏感信息；

采用零知识证明方案，使交易数据虽然能被审查和验证，但又不能被真实探知。

区块链隐私保护与传统隐私保护的本质区别在于，传统隐私保护的前提是用户在让渡数据权利下，采用各种手段来隐藏用户数据实现脱敏效果；而区块链隐私保护则是将个人数据交给用户自己，无须让渡用户权利，因而强调用户自主可控下的匿名化，这是一种技术赋能下的新型隐私保护思想，值得深入研究。

四、结语

区块链技术是推动经济数字化转型的基石，区块链与其他前沿信息科技的融合发展将为数字经济腾飞搭建起崭新的价值网络。纵观全球，各个国家都在区块链领域加速布局。比如，美国政、产、学、研、用各界都在积极推动区块链技术的发展和应用，希望抓住区块链技术带来的创新机遇，推动数字变革；德国政府高度重视区块链技术的巨大潜力，推出了"德国国家区块链战略"。面对这样一场百舸争流的国际大赛，已经处于世界数字经济第一方阵的中国绝不能落后。为更好推动区块链与数字经济的高质量发展，我们既要加强区块链数据治理体系建设，又要注重运用区块链技术在跨境数据治理中的应用，实现数据跨境流动与风险防控的最佳平衡，从而推动我国走向更高层次的开放型数字经济。

区块链时代下司法数据治理能力的蝶变

靳学军 *

党的十八大以来，各级法院深入推进信息化建设，网络空间法治建设不断健全完善，司法平台载体向多元化、融合化发展，诉讼模式向网络化、智能化演进，应用领域向全流程、全方位拓展，司法数据治理能力得到长足进步。但新机遇总是面临新挑战，网络空间发展不平衡、规则不健全、秩序不合理等问题日益凸显，给司法审判带来了新的难题，特别是数据信任没有完全打通，束缚了司法数据治理能力的蜕变，制约了数据要素市场化的发展。恰在此时，由区块链引领的工业浪潮迎面而来，习近平总书记在 2019 年 10 月 24 日中共中央政治局第十八次集体学习时强调："要把区块链作为核心技术自主创新的重要突破口，明确主攻方向，加大投入力度，着力攻克一批关键核心技术，加快推动区块链技术和产业创新发展。"最高层对区块链技术及其集成应用的前瞻性部署，彰显了区块链技术蕴含的巨大潜力，也给司法界带来了新视角、新思路、新模式。

一、"区块链 + 司法"模式的诞生

（一）"区块链 + 司法"模式的大数据背景

近年来，人民法院纷纷实施并持续推动大数据发展战略，将司法改

---

* 靳学军，北京市高级人民法院党组成员、副院长。

革和信息化建设作为司法工作的"车之两轮、鸟之两翼",积极尝试通过信息技术手段对大量司法数据进行分析加工,并将得出的一般性的司法规律和结论用于司法实践,引发了审判执行工作的深刻变革,促进了司法服务便利化、司法活动智能化、司法管理科学化。可以说,大数据带给司法领域的不仅是一种技术,更是一套机制,在司法大数据的推动下,司法数据治理已经成为推动纠纷解决、促进司法公正、改善司法效能、提升司法公信的重要力量。

在辅助司法判决方面,利用大数据建设诸如类案检索和偏离度分析系统,使法官可以轻松获取类案,并方便法官和监督人员判断判决结果是否出现较大偏差,实现同案同判、类案类判,减少因适用法律不准确而导致的错案、因时代所限而导致的冤案、因法官精力有限而导致的瑕疵案件。

在助力司法管理方面,利用大数据搭建"案件画像"应用功能,向法官直观展示案件的隐含的风险信息、敏感信息,法官可通过此"案件画像"判断案件管辖问题、判断是否重案、标记案件重大敏感信息、核实当事人身份信息,帮助法官提高司法效率,减少司法资源浪费,并最终实现精准管理。

在推动纠纷解决方面,利用大数据为当事人提供诉讼风险评估,即通过相似纠纷案例比对,分析出以诉讼方式化解纠纷所需的时间成本、金钱成本或其他风险,以直观的数据、客观的分析引导纠纷当事人回归理性。如果风险评估结果显示诉讼成本高于诉讼收益,当事人一般会选择非诉讼解决方式,不仅可以助力完善诉前多元解纷联动衔接机制,还可以使诉讼案件获得更优质的司法资源。

在增强社会管理科学性方面,利用大数据将当地的案件数据汇总,制作出可视化图表,突出反映当前社会的热点发展问题,不仅可以辅助法院提出司法建议,同时也为地方相关管理机构提供决策参考辅助,充分发挥"社会发展晴雨表"的角色。

（二）"区块链＋司法"模式的蓬勃兴起

区块链的第一次广为人知是比特币的兴起，之后伴随着大数据技术的发展和应用，电子数据虚拟性、脆弱性、易失性、易篡改、碎片化的特点给司法实践带来了难题，这时人们发现区块链的去中心化、不可篡改、全程留痕、可以追溯、集体维护、公开透明等特点在解决大数据发展产生的问题上具有天然优势，区块链也由此逐步进入司法领域。随着对区块链应用和研究的不断深入，区块链逐渐得到司法领域专业人员的承认，并被视为突破现有瓶颈、实现司法数据治理能力蝶变的有力工具。

2018 年 9 月 7 日，最高人民法院发布的《关于互联网法院审理案件若干问题的规定》中提到，当事人提交的电子数据，通过电子签名、可信时间戳、哈希值校验、区块链等证据收集、固定和防篡改的技术手段或者通过电子取证存证平台认证，能够证明其真实性的，互联网法院应当确认。首次以司法解释方式对电子数据存证进行了确认。中共中央政治局 2019 年 10 月 24 日就区块链技术发展现状和趋势进行了第十八次集体学习，习近平总书记在主持学习时强调，"要探索利用区块链数据共享模式，实现政务数据跨部门、跨区域共同维护和利用，促进业务协同办理，深化'最多跑一次'改革，为人民群众带来更好的政务服务体验"。

在这种氛围下，全国范围内各级法院开始有意识地探索"区块链＋司法"模式，特别是在解决在线诉讼中取证难、存证难、认定难的问题开展了大量有益尝试。最高人民法院《中国法院的互联网司法》白皮书显示，截至 2019 年 10 月 31 日，全国已完成北京、上海、天津、吉林、山东、陕西、河南、浙江、广东、湖北等省份的 22 家法院及国家授时中心、多元纠纷调解平台、公证处、司法鉴定中心的 27 个节点建设，共完成超过 1.94 亿条数据上链存证固证，支持链上取证核验。其中，北京、广州、杭州三家互联网法院率先启用区块链技术，成效显著。以北京为例，北京互联网法院建设的"天平链"完成跨链接入区块链节点 18 个，实现互联网金融、著作权等 9 类 25 个应用节点数据对接，在线采集证据数超过 472 万条，跨链存证数据达 1000 万条。

据观察统计发现，在经过区块链辅助审结和成功调解、撤诉的案件中，当事人对上链证据的真实性均予以认可，很少申请鉴定或勘验程序，当事人在诉讼中表现得更加诚信、善意度更高。

二、司法数据治理瓶颈与区块链解决方案

（一）针对电子证据取证难、存证难、认定难的问题

解决电子证据取证难、存证难和认定难是司法区块链的首要运用场景。当前电子证据在取证、存证和认定环节的痛点主要源于三处：一是电子证据原件与设备难以分割，一旦对电子证据进行复制就不能再成为定案依据，而是用原设备进行取证则容易造成麻烦，难以杜绝当事人对电子证据的修改和删除。二是传统电子证据大多以中心化方式存储，这种存证方式本质上是由单一主体控制存证内容，一旦存证平台遭受攻击，容易造成存证数据丢失或被篡改，导致这种电子证据往往处于低可信度，而且为了保证数据不丢失，存证主体通常采用备份存储方式，提高了电子证据存证成本；三是电子证据"三性"认定困难，"三性"即证据的真实性、合法性和关联性，而大数据时代的电子数据具有虚拟性、脆弱性、易失性、易篡改、碎片化等显著特点，安全可信程度难以保证，由于目前各地法院在实际审判中缺少对电子证据认可的技术规范和实操手段，一线法官又对信息技术欠缺充分了解，经常需要借助公证或者司法鉴定的方式认定电子证据，提高了诉讼成本，对法官和当事人都造成了较大压力，限制了电子证据在司法审判中的运用。

在探讨区块链的解决方案之前，需要对区块链的运行方式进行研究。区块链实际上不是一个全新、单一的技术，而是将已有的密码学、分布式网络、智能合约等多项技术以一定的方式有机组合而成。简单来说，区块链就是多个主体共同维护的一组数据块，每当有新的数据产生、修

改、交换都会将相关信息同时保存到各个主体，如果想要修改某项数据就需要联合多数主体共同修改，通过这种方式，区块链就具有了去中心化、不可篡改、全程留痕、可以追溯、集体维护、公开透明等特点。

不难发现，区块链本身的运作方式天然为解决取证、存证和认定上的难点找到了方法，即采用区块链搭建电子证据平台进行电子数据存证，就可以在生成伊始完成数据固定，充分记录数据来源、数据时间戳、数据流转过程，并由各方参与监督、互为备份，大幅提高电子证据安全性和置信度，有效解决电子证据的取证难、存证难和认定难。在建设区块链电子证据平台时需把握好两点：一是平衡好规模和效率，要想使区块链电子证据平台真正发挥作用，就需要联合公安、检察院、仲裁、调解等司法机构，以及行业组织、互联网企业、金融机构等数据方共同构建，形成覆盖面广、跨界通用的区块链平台，但是区块链平台的运行速度往往与其规模成反比，所以还需要在规模和效率之间找到平衡；二是做好上链主体的合规性管理，建立完善的平台标准规范体系，通过标准先行的方式严格把控接入方的安全性，防止恶意上传虚假电子数据的情况发生。

通过区块链技术提高电子证据认定效率的典型例子是北京互联网法院。面对互联网纠纷的新特点、新规律、新需求，北京互联网法院牵头联合多家机构利用区块链技术组建了"天平链"。初步形成了从数据生成、数据存证、数据取证、数据采信等为一体的司法服务体系，建立了国内领先的涵盖知识产权、金融交易、电子合同、第三方数据服务平台、银行、保险、互联网金融等应用的司法电子证据平台。"天平链"利用区块链技术多方监督、不可篡改，方便追溯等特点，把电子证据的数字摘要值事前存证，方便法官事后验证，大幅提升电子证据的证据效力和司法审判效率，同时为了保证"天平链"上链数据的标准化、合规性，北京互联网法院联合多家电子数据司法鉴定机构制定了《天平链应用接入管理规范》《天平链应用接入技术规范》等制度，保证"天平链"的规范性和安全性，提供了行业规范指引。

以"天平链"为例，典型司法区块链存证及辅助法官快速判案的运用主要分为以下几个步骤：知识产权平台、金融机构、互联网平台等第一时间将电子证据的哈希值存证入"天平链"，哈希值是这份电子证据的唯一标识，若电子证据没有改动，则哈希值不会变化，对电子证据的任何修改都将导致哈希值变化；之后"天平链"立即返回相应的存证编号；当该电子证据涉及案件时，用户可以提交相应电子证据和存证编号到法院电子诉讼平台；法院电子诉讼平台根据存证编号自动验证该电子证据的完整性和存证时间，并将上链标识、区块链验证结果、存证时间、存证内容推送给法官，从而辅助法官判案，提高法官对于电子证据的采信效率。

（二）针对执行难的问题

法院执行尚有五点原因阻碍着迈向"切实解决执行难"目标的步伐：一是执行阶段立案烦琐，当事人执行立案需要确认、核对、上传多项信息材料，费时费力；二是可查控的财产类型具有滞后性，在互联网时代，各种新型财产层出不穷，且隐蔽性更高、转移速度更快，法院执行系统难以全部涵盖；三是执行"最后一公里"没有打通，还有相当一部分机构无法实现查控一体化，只能通过法官人力实现，导致查控效率较低，存在财产转移风险；四是被执行人联合惩戒范围有限，特别是网络购物、网络社交、网络游戏等网络空间还没有建立切实的联合惩戒体系；五是与社会信用信息对接不充分，各行各业都习惯使用自己的信用信息，较为分散，使法院难以为案件执行提供信息参照。

基于区块链方式提升执行效率，可以从以下几个方面展开：一是将法院、执行法官的身份信息上链，银行、车辆、房产等协作单位可实时通过区块链进行快速查询验证法院以及执行法官的身份信息，提高执行效率；二是扩展财产协作"朋友圈"，只有当财产数据线索来源的覆盖范围足够大，才能让被执行人的财产无所遁形；三是吸引互联网公司加入，建立区块链互联网联合惩戒体系，失信被执行人面临的不只有限制高消费，在互联网上的购物、注册等行为也会受到相应限制，大大增加失信成本；四是利用区块链智能合约技术实现触发式自动执行立案，通过当事人确认履行情形，可以触发不同的执行动作。如果双方确认履行完毕，即触发生成履行情况报告，履行结果上区块链存证，如果双方确认未履行完毕，则触发自动生成未履行报告、自动生成执行申请书、自动抓取当事人信息、自动抓取执行依据、自动执行立案、自动生成执行通知书及报告财产令等相应动作，促进司法便民。

智能合约简单来讲就是当满足一定条件时，计算机程序就会按照事先约定的某种规则自动执行操作。智能合约与司法区块链的融合具有显著的优势：一是突破语言局限性，避免语言漏洞造成的双方误解，作为计算机语言的代码具有精准和唯一指向性；二是促进执行智能化，通过发布智能合约，减少人工干预，推动司法执行更加智能化、公开透明化；三是为办案减负增效，进一步促进简案快执、难案精执，运用技术手段实现立案，智能化抓取必要信息，减轻司法资源压力，促进司法便民。

典型应用是 2019 年 10 月 23 日 "天平链" 在全国率先运用区块链智能合约技术实现的 "一键执行立案"。该案系一起网络侵权纠纷，原、被告经法院主持调解，达成调解协议。法院在谈话中已明确告知双方当事人，如被告在履行期内未履行义务，将通过区块链智能合约技术实行自动执行。调解书生效后，10 月 17 日，被告仍有赔偿金 2 万元未履行。原告点击 "未履行完毕" 按键，当事人信息、执行申请书、执行依据均需人工填写、上传，通过区块链智能合约技术自动抓取生成材料后，该案件直接进入北京互联网法院立案庭执行立案中，通过立案庭审核后，立案成功进入执行系统，实现 "一键点击"，完成执行立案。

（三）针对诉源治理

近年来，我国法院的立案量和办案量大幅提升，员额法官办案压力巨大。根据最高人民法院院长周强在十三届全国人大三次会议的报告，2019 年全国法院共受理案件 3156.7 万件，人均年受理案件 225 件，创历史新高。对于经济较发达的北上广深等地，人均每天受理案件已近 3 件，法官工作能力已被压至极限。因此，在传统审判模式下，法院已经难以提高受案量，必须大力推行诉源治理。

诉源治理，是纠纷化解途径与体系完善发展的重要进路。与现有诉讼、仲裁、调解等传统纠纷系统不同的是，诉源治理关注纠纷产生源头，从社会矛盾肇始之处着手，实现"将矛盾消解于未然，将风险化解于无形"。诉源治理首先立足于预防层面，通过与金融类、版权类等纠纷多发的业务源头实现数据共享及治理，最大限度减少和避免社会纠纷的发生，使纠纷止于未发、止于萌芽。其次将非诉讼纠纷化解机制挺在前头，建立由党委政法委牵头，法院主导，政府支持，社会参与，调解、仲裁、公证、律师等机构提供专业服务的纠纷解决中心，优化整合各类纠纷解决资源，通过多元主体、多类资源共同构建立体化纠纷解决体系，一旦发生纠纷，促使当事人优先选择非诉讼纠纷解决方式，使纠纷在进入法院之前充分消解。

引入区块链之后，对纠纷多发的金融类、版权类机构，人民法院可以在此类业务开展时就介入，面向此类业务机构制定并发布相关的区块链电子证据规则，引导金融、版权业务数据规范上链、事前存证，一方面可以指导这些机构的业务合规开展，避免由于这些金融机构业务不合规而发生的纠纷，发挥司法规范、指引、评价和引领作用；另一方面在诉讼时为法官提供可溯源可验证的存证证据，方便法官认定事实情况、作出合理判断。同时，广泛发动人民调解、行政调解、商会调解、律师调解等各类调解主体，以及公证机构、仲裁机构、鉴定机构等发挥各自的专业优势和行业资源，共同参与到司法区块链建设中，在安全可信的前提下共享司法数据、征信数据、信贷数据、诚信记录等，在纠纷发生时就可用证据进行诉前调解，提高各类调解主体纠纷化解效率，促进矛盾纠纷的有效分流和多元化解。

（四）针对司法协同

刑事案件全部需要司法协同办理，传统的刑事案件卷宗移送主要通过法律文书派员交换、案卷资料派员移送、来回换押提审等人力方式，费时费力，部分地区为了解决问题、方便监管，利用信息化手段建设了司法业务协同系统平台，联通公检法司通过电子卷宗的形式缩短刑事案件卷宗流转时间，但如何确保接收单位在收到电子卷宗材料后能够验证电子文件的真实性和完整性，即保证数据在跨部门流转过程中不被篡改、全程留痕，这在运用区块链技术以前是一个难以解决的问题。

引入区块链之后，就可以在公检法司各部门分别设立区块链节点，各方互相背书，实现跨部门批捕、公诉、减刑假释等案件业务数据、电子材料数据全流程上链固化存证和全流程流转留痕，保障数据全生命周期安全可信和防篡改，并提供交换的各种文件的验真及可视化数据分析服务。通过数据互认的高透明度，有效消除公检法司各方信任疑虑，加强联系协作，极大提升协同办案效率，充分发挥司法业务协同平台作用。

三、司法区块链的建设经验

（一）司法区块链的建设原则

司法区块链在建设过程中一般遵循以下三个基本原则：一是"建链"自主可控。司法区块链一般采用联盟链的方式建设，联盟链是指若干个机构共同参与记账的区块链，是介于私有链模式和公有链模式中间的一种区块链模式，只允许联盟成员进行读写和数据共享。司法区块链的建设应当由法院的技术团队进行主导并研发设计，全面掌握核心技术，从规划设计到研发上线、实施运维等全流程进行控制管理。二是"接链"安全协同。构建协同单位间区块链安全接入体系，完善跨链互信机制，确保业务资源及协同办理信息的可信共享联动。三是"入链"规范可信。明确完备的外链接入技术安全标准及区块链运行管理规范，保障第三方联盟单位与北京法院进行安全可信的链上资源共享，面向社会公众为诉源治理提供有效技术支撑。

（二）司法区块链的建设阶段

司法区块链的建设必须立足法院实际业务，明确技术路径，构建标准体系，制订实施计划，并对应用系统开发上线和运行维护进行整体管理，概括来讲可分为建链上链、接链存链、入链扩链三个阶段。

第一，法院统筹"建链"，支撑司法业务数据"上链"。根据最高人民法院及中央对区块链建设的总体要求，统筹规划司法区块链建设，进一步强化顶层设计，坚持标准先行，在借鉴试点法院建设成果、复用有益经验的基础上，制定落地可行的建设和管理规范，积极开展创新尝试，不断拓宽区块链技术在法院工作中的业务场景，加快推进区块链技术与司法业务进行深度融合，并创新应用，最终实现以电子卷宗为基础的诉讼业务相关数据全流程上链，从而促进电子卷宗为主、纸质卷宗为辅的审理方式有效落地，持续构建"链上"司法新阵地。

第二，带动协同单位"接链"，推进协同业务数据"存链"。积极带动各业务协同单位与法院区块链进行衔接，健全协同业务之间的电子证据等数据的流转机制，过跨链、互信、智能合约保证业务办理数据及案件司法信息在共享互通中的快速流转、真实有效，防止篡改，进一步促进业务协同，提升办理效率，有效保证诉讼服务公信力，拓展业务流转新机制。

第三，助力联盟单位"入链"，引入合规外链信息"扩链"。即通过区块链技术与律师调解、商会调解、行业调解等各类调解主体，以及仲裁机构、公证机构等团体等解决社会纠纷的"前端"力量进行"联盟"，借助区块链技术在存证、取证、采信等方面的高权威性，促进面向公共服务的电子数据司法业务联动，进一步实现从源头预防矛盾、化解纠纷，推动完善诉前多元解纷联动衔接机制，构建多层次诚信体系，借助信息上链推动构建网络监管新形态，打造诉源治理新格局。

（三）司法区块链的科学管理

第一，严做加法，做强做大司法区块链联盟，为司法审判增效提速。

严格按照外链接入技术安全标准及区块链运行管理规范的要求，向社会公告接入司法区块链的官方渠道与接入条件，公布合规接入的互联网应用名单，公示存证实时区块状态，并从中选取符合要求和司法审判需要的应用洽谈接入合作。主动与主流媒体平台加强沟通合作，以提升司法区块链的影响力和权威性；推动涉诉量较大的企事业单位、社会团体接受监管，将潜在涉诉证据全部上链存证，提高司法区块链服务、司法审判的效能。

第二，笃行减法，加强已上链应用的管理，不合要求的坚决剔除。对建链初期已经上链的应用单位逐一按照相关标准要求进行检查，确保接入应用的纯洁性、上链数据的合规性。对未作安全测评的应用单位发出通知书限期整改；对因内部业务调整没有诉讼相关数据上链的应用暂停接入；对被发现曾利用区块链技术发行虚拟代币等违规行为的应用单位坚决拒绝；对接入数据在电子数据合规性司法鉴定测评中存疑的应用单位提出系统调整建议。

第三，勤做乘法，促进上链应用间交叉合作，助力各上链应用功能升级。通过组织技术讨论会、标准编制会和技术交流等形式，为上链应用单位搭建合作平台，引导区块链联盟中涉及版权存证、电子合同、司法鉴定、公证等方面的企事业单位开展业务合作，借助各应用数据的高效可信流转，实现创新共赢。典型例子是"人民版权"党媒版权平台，在司法区块链的帮助下形成了原创内容即时确权、版权自助授权交易、侵权监测、电子律师函发送以及梯度化纠纷化解服务的版权服务体系，底层技术安全性和电子数据合规性得到进一步提升。

四、区块链技术遭遇应用挑战

作为一种颠覆性的技术，区块链在电子证据等方面的应用的确可以突破现有司法数据治理存在的瓶颈，但没有任何事物是十全十美的，不管是区块链技术本身还是现实环境都存在制约司法区块链发展的因素。

（一）区块链电子证据在取证和认定上的薄弱点

通过区块链电子证据平台存证可以确保电子证据的一致性和不被篡改，但如果存在主体故意上传虚假证据、恶意存证，或者证据在上传以前就被篡改，那么证据的虚假性和非法性并不会随着使用区块链而得到改变。在现阶段司法区块链建设时都采用严格的技术标准和接入规范，能够在一定程度上保证接入主体的权威性，但仍然是将电子证据的真实性建立在了信任上，因此即便有了区块链电子证据平台，对存证主体的信任度仍是司法实践中争议较大的问题，多数案件仍需公证才会被采信。可见要想使区块链电子证据起到应有的效果，还需要有合理的设计理念甚至是相应的司法审判制度变革，才能建立起区块链电子证据生成、传输、提取、保存等全流程、全环节、全时序规范机制，保障上链电子数据的证明力。

（二）司法区块链数据来源仍需拓展

区块链在司法领域的首要运用是电子证据存证，数据来源以互联网平台、金融机构、第三方数据服务提供商产生的电子数据为主，然而电子证据存证只是司法区块链的初级应用，司法区块链的核心目标在于以司法资源为基础推动社会信任体系建设，那么就需要尽可能多地与各类数据进行对接，例如可以通过与央行征信系统、全国法院失信被执行人名单信息公布与查询平台、金融机构内部使用的信用记录及评估系统等征信系统进行对接，建立基于区块链的数据共享机制，法院可以基于区块链共享当事人的各类征信数据，为案件审判提供信息参照，提高审执效率。各类机构可以基于区块链快速获得业务办理人员是否是失信被执行人，帮助各类机构规避业务风险。

（三）司法区块链需要更高层面的顶层设计

当前北京、广州、杭州三个互联网法院相继建设了司法区块链，最高人民法院正在全国层面上谋划、建设司法区块链，各地法院也在逐步规划建设司法区块链系统，可以预见，在未来会有更多的司法区块链系统，但目前仍缺乏全面的技术标准和规范，缺少统一的建设指引，可能导致建成后的各个司法区块链系统独立运行、各自为政、难以打通，比如当事人将证据存证在北京互联网法院的司法区块链上，但是案件在广州互联网法院或者其他传统法院进行审理，那么这条证据的采信仍然需要通过传统的公证、司法鉴定方式，极大地限制了电子证据存证的使用范围，降低了证据存证的价值和效果，提高了当事人的诉讼成本。如果各司法区块链能够按照统一的标准进行建设，那么在建成后将大大减少互联互通成本，起到共享司法区块链的建设成果，提升传统法院对于电子证据的采信的效率，发挥司法区块链价值。

（四）区块链安全防护需重视

保证司法区块链的安全，是保证司法权威、审判安全的重要手段。司法区块链一般基于联盟链技术构建，具有一定的管理与控制手段，节点主体也多由司法鉴定机构、行业组织、公证机构、仲裁机构等权威机构组成，但不能因此就降低安全防护要求，目前从其他区块链遭遇的安全问题来看，司法区块链的安全性保障同样应予重视，特别是接入管理、认证机制、权限控制、验证权限、技术架构、数据保护等方面需要加强。另外，市场上提供存证服务的商用区块链平台更是五花八门，缺乏统一的技术规范与安全性检测，导致在电子证据区块链存证服务在实际应用中存在诸多漏洞。

五、司法区块链建设远景

（一）司法数据得到充分共享

第一，与当事人的司法数据共享。通过区块链和信息化手段，法院案件的审理可以做到全程留痕，当事人、律师等诉讼参与人可以通过网络查询案件承办人的情况、案件办理进度和结果，形成事中监督；除法定不予公开的信息外，人民群众可以查看已经结案的所有裁判文书和相关统计数据，做到事后监督。在区块链面前，司法过程公开透明，实现同案同判、类案类判，满足人民群众对于公正司法的期待。

第二，法院内部的司法数据共享。利用区块链技术可将日常案件审理工作过程中产生的各种电子卷宗和档案的存证，各级各地法院之间有效打通，在保证数据真实性、完整性、不可篡改性的基础上，可以实现对各类电子证据的跨地域校验。

第三，与司法鉴定机构的司法数据共享。对于司法鉴定中心开具的司法鉴定报告和公证处开具的公证书，可通过司法区块链进行在线验证，解决以传统方式核验真实性的高时间成本问题。可以基于司法区块链构建标准化司法信用评价机制，明确"当事人在诉讼过程中是否自觉遵守诉讼规则、主动履行法律义务等行为的表现情况"的司法信用概念。

（二）对外司法辅助服务高效便捷

通过区块链技术实现海量的电子数据及时固化，解决电子数据易篡改与证据力不足的问题。通过司法区块链平台，针对上链存证的数据，可以对外部企业提供快速出具区块链电子公证书、区块链电子司法鉴定、区块链电子律师函等各项司法服务，降低司法辅助服务的成本，提升上链数据司法辅助服务水平，增强司法辅助服务的威慑力，拓展司法区块链的应用价值；同时可以以司法区块链上链数据为基础，建设多源分析、多维评估、多重预警的智能案件信息评价机制，向社会发布互联网司法信用指数，为社会治理提供法治经济对策。

（三）多元社会合作生态体系构建完成

互联网平台、金融机构、行业组织、知识产权平台等，与司法区块链平台实现充分对接，由于各方数据的共享交换以及权威机构背书的诚信数据完成上链，确保了各类行业参与机构所获得数据的安全可信，原有的数据资源孤岛难题得到彻底解决，推动了多方共治的治理模式实现。基于各方共识，可及时通过区块链发布基于诚信记录规则的智能合约系统，实现对各方上链诚信数据的有效获取与可信性认定，从而自动化、智能化维护企业诚信记录，保持其权威性与真实性。

（四）司法监督力度有效提升

人民法院可以通过将案件全流程审判数据在区块链平台进行实时同步存证，从而对法院整体工作形成有效监督。例如，在刑事审判案件中，可以向调用相关刑事案件审判信息的检察机关等监督主体提供身份、存证登记等信息，实现对审判数据的可验证、可审计、可追溯，方便监督人员进行穿透式取证，追溯还原所有审判历史，提升司法监督的效率和力度。

"以实则治，以文则不治。"司法区块链颠覆了传统司法取证模式，其理念值得肯定，同时也必须承认，司法区块链的建设和应用仍不成熟，必须进一步提高政治站位，增强"四个意识"，不断加强对区块链技术基础概念、应用情况、发展趋势的学习研究，不断加强对习近平总书记重要讲话精神贯彻落实情况的跟踪问效，将其作为一项系统工程，久久为功。在建设过程中则要结合司法业务实际，坚持需求导向、成效导向，学习先进典型的有益经验，加大相关人才队伍建设，切忌将其作为政绩工程而一味逢迎热度、炒作概念。相信在不久的将来，区块链技术一定会在司法领域大放异彩，帮助司法数据治理能力破茧成蝶、再上一层楼。

"数据可用不可见"推动数据共享与流通

宋 巍*

一、"数据要素化"背景下的新数据观

（一）数据价值和要素化的前提

伴随着社会进入数字经济时代，数据成为数字经济最为核心的生产要素，成为优化自然资源和社会资源分配和使用的决策依据。2008 年以来，数据要素流动对全球经济增长的贡献已经超过传统的跨国贸易和投资，成为驱动和引领货物流、资金流、人才流、技术流的核心，成为全球经济增长的最重要驱动力。数据要素流动根本上革新了商业的经济特征，大幅降低跨域交流和交易的成本、大幅优化资源的使用方法和效率、大幅创新各产业的创值模式，正在重塑全球市场模式与格局。

近年来，党和国家对数据要素化的重视程度不断加深。2017 年，习近平总书记在中共中央政治局第二次集体学习中强调："加快完善数字基础设施，推进数据资源整合和开放共享，保障数据安全，加快建设数字中国。"习近平总书记指出："要构建以数据为关键要素的数字经济；要坚持以供给侧结构性改革为主线，加快发展数字经济；发挥数据的基础资源作用和创新引擎作用，加快形成以创新为主要引领和支撑的数字经济。"2019

---

* 宋巍，华控清交信息科技（北京）有限公司副总裁。

年党的十九届四中全会公布的《中共中央关于坚持和完善中国特色社会主义制度 推进国家治理体系和治理能力现代化若干重大问题的决定》中提出:"健全劳动、资本、土地、知识、技术、管理、数据等生产要素由市场评价贡献、按贡献决定报酬的机制;推进要素市场制度建设,实现要素价格市场决定、流动自主有序、配置高效公平。"2020 年公布的《中共中央国务院关于构建更加完善的要素市场化配置体制机制的意见》中第一次将数据要素列为与土地、劳动力、资本、技术同等地位的基本生产要素,并提出了加快培育数据要素市场的三点要求,即推进政府数据开放共享、提升社会数据资源价值、加强数据资源整合和安全保护。2020 年《中共中央国务院关于新时代加快完善社会主义市场经济体制的意见》中进一步明确提出:"加快培育发展数据要素市场,建立数据资源清单管理机制,完善数据权属界定、开放共享、交易流通等标准和措施,发挥社会数据资源价值。推进数字政府建设,加强数据有序共享,依法保护个人信息。"

数据的"生产要素化"有其深刻而复杂的社会学、法学和经济学内涵。此中涉及数据的权利属性、隐私保护的成本与收益、公平与效率的权衡、市场价格的形成与变化等。如果我们认为"把数据的价值用起来"是现阶段数据要素化的起点和目标,那么使数据要素化的关键就在于其供给和需求要由市场决定,通过市场化定价形成由市场评价贡献、按贡献决定报酬的机制。因此,数据大规模市场化流通是数据生产要素化的前提条件。

(二)数据要素市场化流通的难点

一般生产要素,如土地、劳动力、资本在出让后,容易限制其二次传播,而数据是一种很特殊的生产要素,其特征是:相对于原始数据的生产成本,数据的复制成本极低,往往可以被忽略;数据可以无限制地被复制;数据不会因被使用而耗损或灭失;它可以被重复使用、被多方同时使用;使用数据的过程通常会产生新的数据,因此数据是取之不尽、用之不竭的,只会越用越多。在此前提下,明文数据的特点主要有两个:一是一旦被"看见"就会泄露具体信息,即可被复制,复制成本极低并可以被无限地复制;

二是一旦被泄露或复制，就无法限制其用途和用量，被滥用的风险极高。

在经典经济学理论上，供给和需求两根曲线相交才能形成市场均衡价格。明文数据的特点，使得它的供给者在固定价格水平下，供给一次就存在不可控的被无限低成本复制和滥用的风险，经济理性的选择就是避免供给数据。在明文数据观下，从"责权匹配"的角度看，因为明文数据"管不住"，导致了数据流通"放不开"；从"投资回报"的角度看，投资于明文数据的要素化，很难获得经济意义上的回报。除了少数数据巨头利用市场垄断地位可以在体系内部或基于资本形成的生态圈内形成数据生产与消费的闭环，绝大多数数据要素的供给方对于投资数据要素踟蹰不前，无法形成大规模的交易和流通，产、研、学、用各界对数据要素的迫切需求尚未有效得到满足。市场上对数据要素的"供给侧改革"翘首以盼。

（三）新数据观下数据的"可用不可见"和"规定用途和用量"

实现数据要素化流通的核心思想，在于建立"新数据观"：将明文数据析离为"具体信息"和"计算价值"（使用价值）；保护具体信息，释放计算价值。在新数据观下，数据"要素化"的关键在于两点：一是使数据"可用不可见"，二是规定数据计算价值的用途和用量（特定使用权）。基于上述两点，流通于市场的不再是明文数据，而是数据的特定使用权。市场对数据的特定使用权进行定性、定量以形成可控的供给，供需曲线才能形成均衡交点。数据要素需求被满足，大规模流通得以实现，同时有效规避数据被滥用的风险，数据的责、权、利得到厘清。

基于新数据观，数据权属问题得以被重新审视。利用数据可用不可见和规定用途、用量的技术手段，把它的使用权和受益权抽取出来，只针对使用权和受益权进行确权。在当前阶段可以有效支撑数据价值的交易和流通，为后期进一步的数据确权积累经验。

（四）新数据观下数据融通的实质

数据交易流通平台的实质，并不是作为交易数据本身的代理或通路，而是统筹数据资源（数据的特定使用权）、算法、模型和参数资源、算力资源，为交易的需求方（结果获得方）提供所需的数据服务（计算结果）。

二、数据共享流通亟待解决的问题

当前数据融通和交易存在的普遍和核心问题就是数据有效供给绝对量不足和数据利用率过低，未能充分释放数据价值。工信部《大数据产业发展规划（2016—2020年）》指出："政府部门、互联网企业、大型集团企业积累沉淀了大量的数据资源。我国已成为产生和积累数据量最大、数据类型最丰富的国家之一。"这些数据相当一部分依然在沉睡，未能在社会生活和经济生活中充分发挥价值，有以下几个方面的原因。

（一）数据高度碎片化、分散化

各部门各行业已建的大量业务信息系统呈烟囱式建设，各类系统普遍存在建设标准不统一、数据标准不一致、业务难互联、数据难互通等问题，形成大量信息孤岛，导致数据高度碎片化、分散化，无法有效融合和协同互补。

（二）数据的易被复制特性与跨域数据安全保障之间的矛盾

由于数据是数字化形态，易于被复制，容易在网络环境中泄露。长久以来，由于缺乏跨域数据融合计算安全保障的技术手段，数据融通交易采用明文方式，无法既确保数据不泄密，又使得数据可跨域使用。面对数据保密责任要求，数据管理方只能制定严格的数据共享要求，实际上使得数据无法实现高效跨域融合应用。

（三）数据保管责任要求过高

政府、金融、电信、医疗健康等部门的数据大多关系隐私和秘密、保密要求高，由于缺乏有效的跨域数据融合计算安全保障技术，当前的数据安全管理非常严格，保管责任要求高，难以满足对于数据跨域分享和融合的需求。

（四）跨域数据融通应用水平亟待提高

由于跨域数据无法有效融通，基于跨域数据的人工智能、机器学习应用就无法进行，大大限制了大数据落地的应用场景和应用水平。

（五）跨域数据融通交易良性激励机制亟待建立

当前跨域数据融通交易缺乏激励机制，数据提供方较为被动，无法从跨域数据融通交易获得益处，缺乏分享的积极性和主动性。一方面，需要对数据提供方的数据贡献进行评价和记录；另一方面，需要尽可能满足数据提供方的外部数据需求，形成跨域数据融通交易的良性激励机制。

三、"数据可用不可见"理论和工程化创新

"数据可用不可见"技术与传统的数据保密技术理念不同：传统的数据保密技术是为了只让特定使用方使用，把数据进行加密，通过多种技术把私钥传递给数据使用方，只有使用方可以把数据解开。"数据可用不可见"技术的核心不依赖对使用者的信任，通过技术实现在数据加密的状态下计算，这也是"数据可用不可见"技术和传统数据保密技术的根本区别。具体对比如下（见表1）。

表1　"数据可用不可见"技术和传统数据保密技术对比

传统数据保密技术	"数据可用不可见"技术
为了保证数据除了目标使用者之外的人看不见	让目标使用者"可用不可见"，限制数据的用途用量
数据在加密后不可以计算，但解密后等同于明文	数据在加密状态下可以计算，与明文计算相同的计算结果
把数据存起来	把数据用起来

实现"数据可用不可见"技术有很多种，包括多方计算（Multi-party Computation，MPC）、可信计算（Trusted Computing，TC）、联邦学习（Federal Learning，FL）等。其中多方计算作为一种密码技术，能够在保证数据隐私安全的基础上最大化保留数据的计算价值，同时也能灵活扩展、兼容其他多种技术，对打破数据孤岛、促进数据共享流通有重要意义。

（一）多方计算的理论基础

多方计算技术最早由姚期智院士于 1982 年提出，也是后来为人熟知的百万富翁问题：两个争强好胜的富翁 Alice 和 Bob 在街头相遇，如何在不暴露各自财富的前提下比较出谁更富有？姚院士通过解决百万富翁问题给出了多方计算的通用模型，标志着多方计算理论的产生。1986 年，姚期智院士又提出混淆电路理论，成为第一个通用的多方计算方案，同时用数学理论证明，凡是可以在明文数据上进行的计算，理论上都可以在密文数据上直接进行计算，并得出与明文计算完全一致的结果。后经众多学者不断探讨，多方计算逐渐发展成为现代密码学的一个重要分支。多方计算技术通过秘密分享、混淆电路、不经意传输、同态加密，以及与传统密码技术结合，实现了不依赖安全计算环境且保证数据可用的高安全级别数学变换。

（二）多方计算的工程化创新

多方计算理论为实现"数据可用不可见"奠定了重要的基础，然而早期的多方计算技术并不具备实用性，单看其对算力的耗费就是明文数据计算的百万倍以上。多方计算技术从理论到工程化实现，经历了漫长的演进。

2018 年，姚期智院士带领清华大学优秀研究团队实现了多方计算技术工程化突破，使中国在多方计算的工程化创新达到世界的领先水平位置。通过不断改进和优化 MPC 技术实现方案，从密码学协议和算法层面将多方计算的算力耗费优化至实用级别；通过把底层复杂的密文运算操作封装成用户友好的 Python 函数库和 SQL 操作，让用户可通过 Python

和 SQL 便利地自行开发应用；通过支持完备的数据类型（如整数、浮点数等基本数据类型以及数组、矩阵等复合数据类型）和算法类型（如查询、统计分析、机器学习等），使技术具有广泛通用性；通过接口定制和封装，能够与大数据、人工智能计算平台进行无缝对接；通过设计可扩展性的系统框架，满足参与方数量、算力、数据类型、计算量等动态变化需求。

工程化持续创新和突破，使多方计算技术真正具备可用性，实现了"数据可用不可见"：多个计算参与方可协同计算一个以各自数据密文作为输入的指定函数，保证各数据提供方的原始数据不出本地、输入不被意外泄露，保证计算结果的正确性和隐私安全。同时，通过指定函数的计算合约，可有效管理各方数据的具体用途和用量，不符合合约的计算任务，不可被执行，进而实现数据"按规定用途和用量"使用。多方计算"数据可用不可见"和"按规定用途用量"能有效解决数据的信息泄露和滥用问题，实现了数据要素化共享与流通。

四、多方计算的应用实践

目前，多方计算已在政务、金融、医疗等多个行业有实际落地应用案例。

（一）案例一：政务数据开放共享

1. 业务背景

目前，由于信息技术、体制机制等的限制，各级政府及各部门之间的信息网络仍存在着割裂，相互之间的数据较难有效实现互通和共享。而数据直接分享存在的数据安全隐患，对于政务数据保管方而言责任重大，也影响了政务数据的进一步开放共享。因此，亟须通过建立数据安全共享的应用平台，打破政府部门数据壁垒，从根本上解决政务数据开放共享的问题。

2. 解决方案

构建基于多方计算的政务数据开放共享平台（计算平台而非存储平台）（见图1），具体应用简单分步骤如下。

（1）政府多职能条线的数据通过部署在本地的数据加密客户端接入，确保本地数据明文信息不出门，平台接入的只是密文的信息碎片。

（2）当数据使用需求方启动业务请求（如某政务数据查询或计算等）发送到政务数据开放共享平台，平台开始进行全密文数据挖掘计算，数据在整个平台流转和计算的过程中一直处于密文形态，在整个过程不涉及任何解密操作，保证政务隐私信息不会泄露，最终得到密文的结果。

（3）系统将密文计算结果传输给数据使用需求方，需求方根据约定解密得到明文结果。

图 1　基于 MPC 的政务数据开放共享平台示例

通过上述方式，能保证明文数据的归属和保管责任仍然在各政务数据提供单位，使用单位仅利用数据密文得出融合后的计算结果，其存储和使用均为密文环境，从而可有效防止敏感数据泄露，打破政府各部门之间、政府与企业之间的数据壁垒。此外，该平台还可以和区块链结合，将数据授权、用法用量控制等业务审批权限放于区块链上，链下通过多方计算平台实现数据的隐私计算。通过这样的模式既能解决数据隐私泄露问题，又可实现数据可溯源和可监管，从而能更好地推进政务数据开放共享，发挥政府数据对社会的重要价值。

（二）案例二：普惠金融联合风控

1.业务背景

小微企业融资难融资贵是社会关注的焦点问题。近年来，我国针对小微企业融资问题发布了系列金融支持政策。然而，由于小微企业融资过程中普遍存在经营风险不确定以及信息不对称等问题，金融机构难以通过有效评估小微企业情况控制贷款风险，而监管当局又对金融机构不良贷款有着严格的考核要求，这就使金融机构普遍面临既要给小微企业提供融资支持又必须有效控制不良贷款风险的两难困境。借助互联网机构收集的多维度小微企业数据，可帮助金融机构获取更加完整的客户画像，从而识别有效融资需求、优化风险管控，化解金融机构的两难困境。但目前金融机构和互联网机构联合风控仍存在较多痛点，主要是因数据共享导致的用户重复征信、隐私泄露或信息被盗用等风险问题，以及联合建模效率低、识别不准确等问题，需要构建新的联合风控平台，既能有效保护金融机构和互联网机构用户隐私信息，也能提高建模的效率和精确度。

2.解决方案

构建基于多方计算的银行、互联网联合风控平台（见图2），具体应用简单分步骤如下。

（1）银行、互联网公司通过部署在本地的数据加密客户端接入客户相关数据，确保银行、互联网的数据明文信息不出本地。

（2）在贷款申请企业知情同意的情况下，负责批贷的金融机构启动业务请求（如贷款申请方相关信用情况查询）发送到联合风控平台，平台进行隐匿查询和计算等任务，整个过程一直在全密文环境下进行，不涉及任何数据解密，保证银行及互联网数据的安全性以及使用的合规性，还能保证金融机构输入的查询企业不被平台其他数据接入机构获悉，有效避免商业泄密。

（3）系统将密文计算结果传输给业务发起方，金融机构获得明文的结果（如是否对该申请人进行授信的建议、建议授信的额度、定价区间建议等）。

图 18-2　基于 MPC 的联合风控示例

通过上述方式，互联网机构和银行既能保护用户信息，同时也可以满足风控的业务诉求。相比较传统的数据脱敏等联合风控方案，还能减少数据价值损失，提高预测结果准度。多方计算实现了跨行业数据的安全共享流通，帮助金融防范自身信贷风险同时也解决小微企业融资难题，提升普惠金融服务的质效。

（三）案例三：监管机构穿透式监管

1. 业务背景

随着新一代信息技术的蓬勃发展，有效推动产业变革的同时也给传统监管体系和监管手段带来新的挑战和机遇。如监管机构在对金融机构进行资金交易监管时，由于交易数据属于个人敏感金融信息，金融机构无法明文分享给监管平台。在此情形下，平台报送的信息流数据是风险分析的主要依据，平台数据的错漏缺失等质量问题将降低监测结果可靠性。若金融机构交易通过账外进行，监管机构则无法获取有效账外数据，风险更难以被有效监测，需要构建能打通多方数据的监管平台。

2. 解决方案

构建基于多方计算的全面穿透式监管平台（见图3），具体应用简单分步骤如下。

（1）银行、互联网机构、其他交易相关机构等通过部署在本地的数据加密客户端接入交易行为相关数据。

（2）监管当局发起业务请求（如资金核验计算等）时，平台通过数据端接入的相关交易数据密文碎片进行全密文计算，整个过程不会泄露企业交易细节和银行资金流水。

（3）系统将密文计算结果传输给业务发起方，监管机构通过解密获得明文的结果，最终实现交易行为的真实性核验。

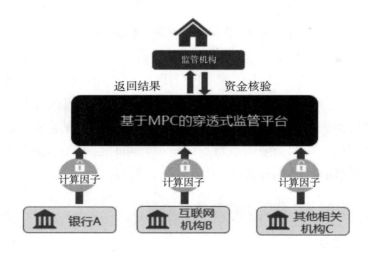

图3　基于 MPC 的穿透式监管示例

通过上述方案，确保金融机构资金流水数据"可用不可见"，监管当局可查看所有业务信息和银行对账结果，能对业务交易进行穿透式监管，从而实现金融风险的全面有效监管。

此外，平台还可扩展融合区块链、人工智能等技术，实现更全面、更专业的穿透式监管：一方面，各机构在实现业务操作的同时即可将数据（或其哈希值）上传至监管链保存，平台可以对链上存储数据的真实性、完整性及安全性进行交叉验证，实现业务要素数据和相应验证结果的防篡改、抗抵赖、可溯源等特性，提高业务数据真实性；另一方面，能对业务数据、对账结果数据等进行基于隐私保护的机器学习训练，构建实时自动化监管新模式，能发现业务项目和实时报送数据的潜在风险，实现对风险进行全面预警。通过多方计算与人工智能、区块链等多种技术的灵活结合，能有效降低当前监管成本，并提升跨行业、跨市场交叉性金融风险防范能力，有力促进金融行业与科技行业的高质量发展。

五、数据共享流通的未来探索

以多方计算为代表的"数据可用不可见"技术打破了原有的数据壁垒和数据孤岛，实现数据在更大范围、更加充分和安全地共享与流通。未来通过与人工智能、区块链、5G、云计算等多种技术结合，将构建更灵活和广泛应用的数据基础设施，加速释放数据"乘数效应"，实现数据价值最大化。

（一）助推国家数据要素化

多方计算技术为数据成为市场中充分流动的生产要素提供了新的实践路径，通过与区块链、人工智能等多种技术融合创新将有效助推国家数据要素化战略。如通过多方计算"数据可用不可见"技术，可保障数据在使用时不泄露其具体信息，为数据主体的合法权益提供隐私保护，结合区块链技术将实现数据权属确认以及数据流通全链条监管，为数据确权立法探索和实践提供重要技术支撑；通过多方计算"数据可用不可见"和"规定数据具体用途用量"，可实现数据的特定使用权通过市场供需定价交易，结合区块链、人工智能技术将推动数据的大规模交易流通，促进数据要素市场健康发展，充分发挥数据要素价值。

（二）打造良性闭环数据生态

多方计算技术为数据孤岛难题提供了新的解决思路，将分散在各地的海量数据重新建立起新的连接。基于多方计算与其他"数据可用不可见"技术融合，可充分发挥各技术的优势与特长，在灵活满足更多业务场景应用需求同时，实现数据在更大闭环内的共享和流通。在此基础上，通过与区块链、5G、云计算等新一代信息技术的有机结合，既可纵向打通垂直产业链也能横向扩展链接更多行业，彻底打破数据的地域和行业限制，打通数据的应用价值链，真正形成良性发展的数据生态圈，未来也可创造更大的经济与社会效益。

（三）助力国家治理现代化

多方计算为政府提供了可监管、可调控的全新手段，基于多方计算与区块链、人工智能、5G、云计算等技术建设数据互联、共享、融合与交易流通的国家基础设施，可为国家治理提供更全面、更精准、更及时的信息收集和决策支持，减少信息不对称，实现风险早识别、早处置的同时提升资源的配置效率，最终有效推进国家治理现代化。

数据协作联盟架构实践

张迎春　张佳辰 *

一、数据要素协作联盟定义

（一）技术进步推动生产关系变革

数据要素协作联盟是各数字经济参与方之间基于多种前沿技术手段所结成的，以数据驱动的能力开放和业务共创、数据要素安全协同利用等为主要目标的联盟。

以中共中央、国务院《关于构建更加完善的要素市场化配置体制机制的意见》的发布作为分界点，把国内数字经济发展水平分为"数字经济的初级阶段"和"数字经济的高级阶段"两个阶段。数据要素协作联盟在上下游协作关系方面发生了革命性的变化（见图1）。

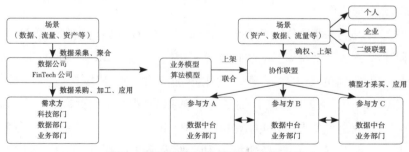

图1　数据要素协作联盟上下游关系

＊　张迎春，光之树（北京）科技有限公司副总裁。张佳辰，光之树（北京）科技有限公司创始人、CEO。

1. 数字经济初级阶段

数字经济初级阶段，即"农耕文明"时代，数据生态有如下显著特征。

（1）社会分工不发达。数据需求和应用方是数字化转型需求旺盛的行业龙头公司，数据采集和汇聚方是数据公司，另外还存在一些技术、模型等供应商。这时期场景相对单一，未完全释放数据价值。数据公司、技术公司、模型公司合作的方式是仅服务单一需求方，将需求方的内部自有数据提供给其体系内应用场景，以提升营销效率。如企业利用人工智能、大数据等手段做数字化转型。

（2）生产方式不发达。数据的采集、聚合、流通效率低，且数据公司在取得数据时往往存在数据隐私方面的法律风险。需求方在对数据进行加工和应用时，往往是跨部门进行的，容易导致数据价值链割裂，数据要素价值难以转化为业务价值。

2. 数字经济高级阶段

数字经济高级阶段，即"工业化"时代，数据生态有了明显进化。

（1）"数据是新型资产"逐渐成为普遍共识，需求方的数量增长异常迅速。需求方对数据的应用方式，逐渐由多部门协同转换为以数据中台为核心运转，逐步形成内部数据价值链闭环。

（2）数据需求方之间逐渐开始出现分工、协同，如围绕贸易金融的多家银行联盟链、机构间联合风控联盟、供应链核心企业对上下游的能力开放赋能联盟等。

（3）"数据公司"分工逐渐精细化。主要的角色有数据资源方、数据分析和建模方、数据资产服务平台等。IoT、边缘计算、联邦计算等技术的发展，使数据的产生、采集、利用更加高效柔性和敏捷，这一数据协作的"去中介化"趋势逐渐打破了传统数据公司的"数据霸权"。

（4）不论是监管层面的 GDPR、CCPA 以及国内一系列法律法规的出台和实施，还是民众对自身数据权利、隐私保护等意识的普遍觉醒，都意味着数字生产关系需要有一种可确权、可追溯、可信、可控的机制方能适应数字生产力的水平。

（5）各参与方的人工因素逐渐降低，在数据价值链中大部分的对接都是机器对机器实现，极大提升了协作效率，也使协作中越来越信任，可以由技术来保障。数据利用过程的不同阶段表示了在不同阶段的数据利用过程中，机器逐步承担了更大的工作量（见图2）。

图2　数据利用过程的不同阶段

（二）数据要素协作联盟模式创新

1.数据协作

从局部到全局的数据能力，数据协作从线状结构到网状结构。目前，企业的数据呈分散式分布，数据孤岛现象严重。企业之间互不打通的数据通过技术相连接，将发挥更大的作用。数据要素协作联盟模式将组织间的发展模式由单向、僵化上下游的线状结构向灵活、动态的价值网络协同模式转变。新的价值网中的个体，无论是企业还是个体，都会以市场需求为主，快速聚合和协同工作。数据的交换和共享增加了数据流转的效率，基于某个市场需求的任务结束后，将在原有联盟的基础上基于新的价值需求的数据要素协作联盟。

2.联盟角色

数据要素协作联盟主要由"盟主"企业、联盟合作伙伴、平台运营方、审计监管方、其他技术提供方等角色构成。一是数据开放主体，即数据拥有方。将内部数据接入安全计算数据流通平台，开放自身数据能力。依据数据应用主体调用需求收取数据使用费。如中小企业将自己的数据开放出来、税务机关将企业纳税相关信息通过平台开放等。二是数据应用主体，即数据调用方。通过资质审核，调用接入安全计算数据流通平台数据，按调用情况计费，并在一个结算周期缴纳相关的数据调用费用。如银行、私募基金调用拟投资企业信息，需缴纳数据相关费用。三是平台运营方，负责对数据流通平台日常运营和维护工作。包括审核接入的数据节点资质、审核数据是否满足标准、管理数据应用主体和数据开放主体之间数据调用情况、对异常数据调用行为进行监测，并向审计监管方定期报送平台运营信息。四是审计监管方。由财务审计机构、政府监管机构按照法律法规履行监督管理的义务，向平台运营方定期报送的数据，形成归结报告，向上级管理机构（如地方金融局、证监会）报送。五是其他第三方模型公司。在平台运营到在必要的时候纳入第三方模型提供方。六是其他技术提供公司。由监管和平台运营方按照项目复杂程度决定具有相关资质的技术提供方为平台提供相应的技术支持，负责平台日常技术故障排除。

3. 隐私计算技术

隐私计算，是集合了计算机、数学、密码学和安全领域知识的复合型新技术，致力于提供在不暴露原始数据的情况下让多方数据进行模型训练和计算的方法，在全球范围内，它是备受关注的下一代人工智能关键技术。从经济学视角来看，隐私计算技术解决了数据资产使用权与所有权过去无法分开的特殊难题，提供了数据在安全的前提下"可用不可见"和持续变现挖掘商业价值的可能性。2019 年，国际著名技术咨询公司 Gartner 将数据隐私技术列入十大战略技术趋势。同年，谷歌在全体战略年会 Google I/O 上将隐私计算的相关技术联邦学习列入公司三大重点战略技术方向。2020 年，《麻省理工学院科技评论》将隐私计算中差分隐私列入全球十大突破性技术，并指出它的成熟期就在现在。具体包括以下技术体系：可信硬件、联邦学习、安全多方计算（SMPC）、零知识证明、全同态加密、差分隐私。

（三）数据要素协作联盟主要技术

我们将主要讲述一下隐私计算技术中的两种技术——安全多方计算技术、联邦学习技术，并比较这两种技术在数据要素协作联盟中主要发挥的作用和两种技术的异同。

1. 安全多方计算

安全多方计算（Secure Multi-party Computation，MPC）技术由华裔计算机学家、图灵奖获得者姚期智教授于 1982 年提出。MPC 协议允许多个数据所有者在互不信任的情况下进行协同计算，输出计算结果，并保证任何一方均无法获取除应得的计算结果之外的其他任何信息。MPC 在不泄露原始数据内容的条件下获取了数据的实用价值（见图 3）。

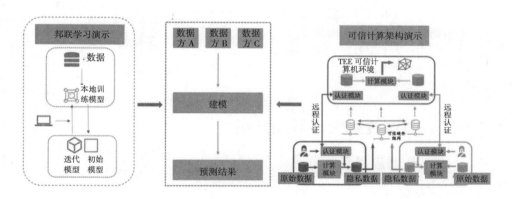

图 3　安全多方计算实现路径

2. 联邦学习

联邦学习由谷歌公司的科学家于 2016 年提出。它提供了一种机器学习的框架，通过把数据和算力留在数据方的方式，结合分布式机器学习、密码学差分隐私和同态加密等原理，在保证各参与方无法得知任何自身以外的数据信息的前提下，进行数据使用和机器学习建模。

3. 常用技术共享比对

安全多方计算技术与联邦学习技术进行对比，可从技术优势和存在问题两个方面分析（见表1）

表1　常用技术共享比对表

	安全计算技术多方	联邦学习技术
技术优势	1. 隐私保护程度高 2. 数据可用性无损失 3. 应用场景较广泛 4. 数据不出库 5. 多中心化	1. 隐私保护程度高 2. 数据可用性无损失 3. 多中心化 4. 数据不出库
存在问题	1. 计算性能损失 2. 需要面向场景 3. 定制化实现	1. 计算性能损失 2. 需要面向场景

二、数据要素协作联盟分类

（一）按照应用范围分类

1. 四种类型

按照不同的应用范围，数据要素协作联盟可以分成跨境数据要素协作、跨地区数据要素协作、跨部门数据要素协作、跨企业数据要素协作四种类型（见图4）。在市场机制的前提下，以影响产业或者企业长远发展的共性技术创新需求和重要标准等为纽带，为满足不同组织之间的战略目标或者区域性重点产业发展的需求，通过各种技术创新要素的优化组合，往往会建立一种长期、稳定、制度化的数据要素协作利益共同体。其本质是一种基于非零和合作博弈过程的生产关系创新。

图4 按照应用范围数据要素协作联盟的不同分类

2. 五个问题

在具体数据要素协作联盟形成的过程中，有几个需要注意的问题。

（1）把握产业需求。应该以产业需求为主，按照目前掌握的信息评估产业数据创新能力现状与数据管理能力所处的阶段，通过找到产业发展规律和现状分析，找出提升数据协作和市场竞争力的焦点和关键所在，制订有针对性的数据协作联盟发展计划。

（2）创新联盟模式。委托专业研究机构根据不同组织发展需求和制约联盟发展的关键要素，包括核心技术、技术标准、产业链条等，分析创新联盟的组建模式和确定联盟的组建任务。

选择联盟成员。基于联盟模式，联盟体系内应该有针对性地选择有实力的公司作为产业链关键环节的重点企业，作为关键数据要素协作的参与者，组建联盟的核心成员。

（3）制定推进机制。为了实现联盟的组建、吸引组织的参与并保障联盟的长效运作，联盟内应该制定相应的政策、管理办法、针对产业联盟内企业的税收优惠，可以与各地方政府争取更多的资金支持。

（4）组建产业联盟。在产业联盟的各项政策保障机制下，确定联盟的参与者，包括但不限于数据开放主体、数据应用主体、运营机构、监管审计方、第三方技术提供方等。

（5）解决产业需求。联盟组建时应当确定联盟的发展目标。政府或者有相应权利的机构可以对联盟的运行情况进行评估，以便实时掌握联盟的运行情况，保证联盟完成既定任务，解决制约产业发展的瓶颈问题。实现联盟合作范围内的产业协作关系的优化。

（二）按照价值形式分类

1.四种类型

按照数据要素协作联盟的价值形式，一共分成四类，分别是监管驱动型、产业价值型、同业合作型、开放赋能型数据要素协作联盟（见图5）。监管驱动型是围绕监管规则所结成的数据要素协作联盟。产业价值型是基于产业链上下游所结成的关联关系。同业合作型是同业间由于竞争压力或者合作需求结成的关联合作关系。开放赋能型是特有的资源和能力的开放变现从而结成的关联关系。

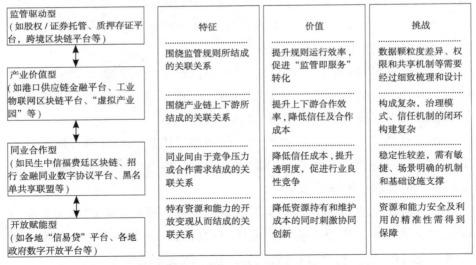

图5　按照价值形式数据要素协作联盟的不同分类

2.联盟特征

联盟存在生命周期。联盟将是不断动态发展的，一方面，联盟存在着一定的生命周期规律，从结盟、发展、稳定到变革；另一方面，不同形态的联盟之间并非孤立无联系，不同联盟形态在发展到一定阶段时，可能转型和联合成为其他数据要素协作联盟。

生命周期的每个阶段面临不同问题。从前述数据要素协作联盟的四种形态分析可以看出，一方面，同其他联盟一样，数据要素协作联盟也存在一定的生命周期规律，从联盟的结盟、发展、稳定到变革，每个阶段联盟的"成员—规则—运转"三要素都将面临不同的问题和挑战，需要结合当前的情景，以及相应的动能来进行体系化的分析和解决方案设计。另一方面，不同形态的联盟之间并非孤立无联系的，不同联盟形态存在转型和联合的可能性，例如，证券的存托管监管驱动型联盟在联盟数据能力、成员分布以及各成员业务发展到一定阶段时，就可能会自发地转型成为围绕新型业务（如投融资撮合等）的产业价值型联盟，又如，对于开放赋能型的数据开放联盟；可能需要同银行间协作联盟合作，来寻找数据开放的应用落地场景。

"情景"和"功能"是其中最重要的两个因素。因此，这里所谓的"情景"意味着数据要素协作联盟在当前阶段所处的上下文（如盟主和盟友的情况、联盟的价值和竞争力等一系列内外部的因素），"动能"意味着联盟之所以能成功地进入下一阶段或稳定在本阶段的核心因素。而分析当前情景，结合科技、过往最佳实践经验等手段，从联盟"成员—规则—运转"三方面，优化和提升联盟动能，从而实现联盟效益最大化，是数据要素协作联盟架构的核心。

"设计"和"运营"是其中最重要的工作。可以预见，研究和推动数据要素协作联盟的顶层设计、精细化运营将是未来数字经济发展过程中能够发挥重要作用的工作。本文后续部分将展示四类数据要素协作联盟的探索实践经验，以期引发读者更多的讨论和参与，从而进一步推动对数据要素协作联盟顶层设计、精细化运营等方面的研究和实践。

三、技术应用创新实践

（一）政府联盟中的数据要素协作

1. 粤港澳数据要素产业化联盟

在数字化时代，企业的价值创造和获取方式都发生了变化。行业层面甚至表现为从"边界约束"向"跨界协同"转变。单一的企业提供的产品和服务已经不能满足客户需求，价值链上或者价值链以外的合作者的共同加入，将企业边界打开，通过底层的数据合作，整合了不同行业和部门之间的价值，增强了满足客户需求的能力。

依据《粤港澳大湾区发展规划纲要》，要促进各类要素在大湾区便捷流动和优化配置，实现数据互联互通与安全发展。一方面，粤港澳之前的合作可以充分发挥各自的地域优势，按照规划中提出的，通过发起和创立数据要素联盟，打造新的价值体系，实现协同与系统效率最大化。另一方面，推动粤港澳大湾区的政策落地，开展跨境数据共享与流通交易政策法规研究，助力2030年粤港澳大湾区实现全球先进制造业中心、全球重要创新中心、国际金融航运和贸易中心，参与全球合作与竞争的能力大幅跃升，跻身世界知名城市群前列的最终发展目标。

2. DCMM 中国大数据产业生态联盟

以 DCMM 数据管理能力成熟度模型为理论基础的产业生态联盟。此联盟通过将组织内部数据能力划分为八个重要组成部分，描述每个组成部分的定义、功能、目标和标准，形成对一个组织数据管理、应用能力的评估框架。组织利用 DCMM 模型可以评估数据发展现状、发现数据管理中存在问题，结合其他企业的最佳实践经验，有针对性地改进和提高，从而提升数据能力。同时也有助于企业找到区域内标杆企业，总结最佳实践。基于 DCMM 基础之上的产业生态联盟将是对数据要素市场建设工作中的一次新的探索和尝试。在产业生态联盟形成、组建、成长、成熟的全过程中，将根据联盟的运营情况动态评估模型的适用性，在需要时，将引入其他模型辅助联盟发展，进一步完善产业联盟生态的理论体系。

3. 地方政府数据开放实践

从整体建设路径而言，数据开放有如下关键步骤。

（1）数据确权。利用标识解析体系，为数据开放主体、开放主体的数据、数据应用主体都打上"数据标识"。主管单位部署监管和标识解析节点，发布数据流通标识体系标准。

（2）数据上架。数据开放主体部署数据流通平台区块链及标识企业节点，在本地完成数据的清洗、加工、权限分层等工作，上架数据。

（3）数据流转。数据开放平台区块链联盟链，将以数据标识作为主键，完整记录、追踪每条数据的"来龙去脉"，流程满足存证、审计等监管诉求。结合区块链不可篡改等特性，数据标识在数据流转过程中实现"不丢失""不损坏"。

（4）数据协作。应用主体根据自身数据权限，通过 API 接入数据，需要数据开放主体底层数据实现的高级联合建模，可利用隐私计算、联邦学习等技术在区块链上数据可用不可见的前提下完成。

总结起来，如果对照《上海市公共数据开放暂行办法》中提出的相关要求，利用区块链、隐私计算等技术构建的政府数据开放联盟具备如下优势。

（1）数据和模型安全保护。数据不上链，主体身份验证、传输加密、芯片级安全计算环境实现数据、模型保护。

（2）数据开放和利用主体支持。便于向数据资源目录中发布和请求数据。数据发布时，通过 SDK 注册时即附带开放清单所需信息。

（3）明确数据获取方式。对于无条件开放类数据，自动生成数据下载地址或访问接口；对于有条件开放类数据，开放主体同应用主体签订数据利用协议，可通过智能合约形式，从技术上保证协议条款的合规履行，并且支持接口、下载、"数据沙箱"等交付形式。

（4）"数据沙箱"。基于可信执行环境（Trusted Execution Environment,

TEE）的安全计算环境和联邦学习技术，可实现数据开放主体数据对数据应用主体可用不可见；基于区块链，确保数据可确权、可追溯、可审计。

（二）金融机构联盟数据要素协作

1. 银行金融机构

近年来，随着银行资管新规出台和对信贷等业务的强监管到来，在消费信贷、对公信贷、小微金融等领域，银行需要不断加强高效高水准的自主风控能力建设。银行目前面临两方面的挑战。

一方面，单一银行的样本量和"Y值"不足，银行体系往往采用集中式数据集市，但训练的模型，在精度、个性化、模型持续成长性等方面都难以满足需求。

另一方面，中小型银行无法与具有先进经验的大型银行进行合作，无法实现低成本资源互补。尽管国有大型及股份制银行均纷纷布局金融科技业务，积极对外输出金融科技能力，真正双赢的深度合作难以达成。

该银行利用光之树产品启动了基于区块链和隐私计算技术的可信数据共享平台项目，利用区块链技术推动"开放银行"将数据层开放，打造一个各行各业数据共享的数据生态，并且在符合监管及数据安全要求下，实现数据授权、发布、分享完全线上化，且数据可追溯可审计，从而更有效地实现"用数不见数"的数据 API 新模式，实现数据价值的互补利用新价值。

项目具体实施内容如下。

某港股上市银行将天机安全计算平台部署在行内的生产环境中，用来管理包括总行、直销银行和征信机构等多方数据源。实现了严密的加密处理框架＋区块链实时记账（资金＆访问记录）提升多方信任＋数据匹配搜索与撮合。经过第一阶段建设，银行已经初步具备在去中心化环境下，实现数据安全接入、管理、优选等能力（见图 6）。

建设去中心化的交易撮合体系

基于数据共享联盟可实现"去中心化"数据共享服务。
1. 一点接入；
2. 撮合评价；
3. 增加资产安全性；
4. 透明交易，解决法律真空。

实现细分领域的业务级共识

联盟首先启动业务同步建设，建立数据共细分领域的行业共识，统一部分数据的标准与质量考核，将能够极大地促进行业的发展，提高整个行业的业务风控水平。

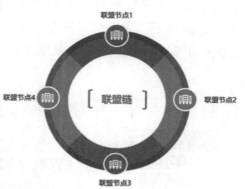

特点：
1. 数据集中，无信任体系；
2. 交易数据单一，篡改性高；
3. 单一维护成本增加；
4. 交易扩展性差；
5. 接入成本较高；
6. 交易不受市场控制，且数据不可评价。

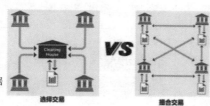

特点：
1. 颠覆性建立信用体系；
2. 集体维护降低成本；
3. 资产变现快，途径多，且无须中间节点转接；
4. 交易审计可追溯；
5. 接入成本低；
6. 建立数据资产市场以及数据评价体系。

相比选择交易：基于区块链/联盟链的数据记录提供最优撮合交易：1. 透明的数据交易撮合，促进数据资产市场化；2. 更加可靠的安全性；3. 低门槛接入。

图6 多方数据节点

　　该银行进一步将平台应用场景扩展到以该银行为核心的跨机构数据联合学习场景中。目前选定了经营性中小微商户信用贷场景。

　　光之树利用云间联邦学习平台、天机可信计算平台，为该银行贷前、贷中、贷后等业务阶段安全引入了价值含量极高的数据依据。

　　为该银行安全引入了包括中小微商户物流、支付、发票等在内的数据。这些数据原来存在于不同的数据所有方，很难有合规且符合银行要求的数据能力输出方式。利用云间联邦学习，解决了银行"X值"合规引入的问题，并且可以使银行建模人员能在数据可用不可见的前提下快速迭代模型，避免了过往数据建模过程中的诸多效率和合规问题。实现了银行同核心企业的联合计算，依托核心企业的 ERP、总账、物流等数据，完成了核心企业数据对关联企业的"数据增信"，在核心企业不暴露原始数据的前提下，为银行同核心企业联合完成信贷、保理等金融业务的风控提供了重要的数据依据（见图7）。

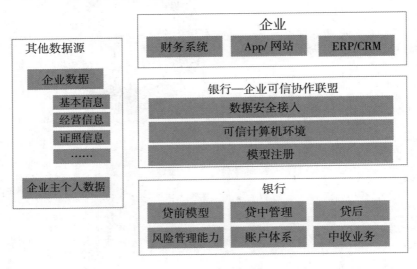

图 7　数据增信

2. 区域股交中心

以区域性股权交易中心为代表的场外市场具有实名交易、非担保交收清算、交易相对离散、实时性要求低、流动性低等特点，对交易差错的纠正相对容易，对全局性风险的容忍度较高。数字协作联盟中，在保证数据真实有效、安全的基础上，多方数据源有助于了解企业经营和财务状况，展开对融资主体评估，可以降低交易成本、提高资源分配效率。

隐私技术有利于区域性股权市场链接多方业务伙伴，聚集海量真实数据。在私募股权投融资业务中，需要对各方的身份与资质、投资人的资产、企业的业绩信息、企业的注册信息、投资人的业绩与专业能力等诸多第三方信息进行检查、审计进而推动投资业务前进。在这个过程中，需要与"托管银行、工商、税务、公检法、环保、人社、劳保、保险"

等诸多第三方业务合作伙伴进行业务查询，通过平台提供的数据安全容器与一次性接口查询等技术，可以在不涉及多方业务伙伴提供数据时发生泄露的情况下，通过数字协作平台的数据资产共识算法，进行海量数据的合作与查询，而且这些数据都是互联网、普通信息系统中无法提供的、真实可靠的数据。

近年来，随着银行资管新规的出台和对信贷等业务的强监管到来，在消费信贷、对公信贷、小微金融等领域，银行需要不断加强进行高效高水准的自主风控能力建设，在这一过程中，对银行主要存在两方面的挑战。

一方面，对于单一银行样本量和"Y值"不足的情况下，如何确保模型的精度，如何保证模型的个性化？此前，应资本新规要求，山东城商行联盟、苏南八家农商行分别开展了基于集中式数据市场联合建模的尝试，但经过一段时间的探索，这种方式的问题在于：数据脱敏出行，存放至集中式的数据集市中，基于这些数据训练模型，其前期数据ETL的过程成本投入巨大，且出来的模型，在精度、个性化、模型持续成长性等方面都难以满足各家成员行的需求。

另一方面，对于底子较薄弱的银行，如何低成本地利用可信资源实现业务的跨越式发展？尤其对于中小银行，如何实现资源互补、吸收和引入大行先进经验等的同业合作？现实情况是，尽管国内包括工行、建行、招行、兴业等在内的国有大型及股份制银行均纷纷布局金融科技业务，积极对外输出金融科技能力，但仍然缺少较为行之有效的联合建模和数据协作方式，导致中小银行之间难以形成真正双赢的深度合作。

针对上述挑战，目前有两方面的实践探索。

一方面，某大型银行金融科技公司利用联邦学习技术，使在各自数据不出行的情况下，完成同中小银行的联合建模。在黑名单共享、风控模型联合训练等方面，助力银行间建立起对等互信、优势互补的数据协作联盟，对于中小银行而言，不是外采了大银行的模型和服务，而是切实基于自身特点，安全共享自有数据和客群，同金融科技公司建立起了联合模型，降低了合作成本，提升了中小银行自身能力，对于金融科技公司而言，也免去了模型泄露、数据泄露的风险，实现了能力的安全输出。

另一方面，某城商行联合省内多家金融机构（银行、互金公司等）构建了银行间消费信贷黑名单共享联盟，实现了可信黑名单的构建，在降低成员黑名单数据成本和模型构建成本的同时，提升了黑名单数据的可信度。下一步该联盟的场景将扩展到小微、对公信贷风控联合建模场景。在机构资产规模可比，覆盖区域经济发展水平相似的情况下，可有效利用隐私计算技术，实现可信的联合建模工作，避免了前述联合风控建模在精度、个性化、持续成长性方面的问题（见图8）。

图8　对等互信网络

3.反洗钱报送

从金融监管来看，数据质量是监管机构识别风险的基本条件，主要表现于：金融交易产生的数据体量、交易频度越来越大，金融机构需要处理大规模、多主体的数据；数据的复杂程度提升，产生了大量非结构性数据，数据挖掘的难度较大。经过十多年的金融机构反洗钱报送实践，金融机构在客户身份信息识别与验证、洗钱等方面实现了一定程度的互通，这都在一定程度上加大了信息报送的难度。

从金融机构来看，在传统报送方式下，金融机构用电子文档上报所规定的数据，上报数据的标准和口径是监管部门根据专家经验或者规则，事先设定的。随着洗钱手段"日新月异"，在事先预设条件下的报送数据很难反映真实情况，更谈不上对情况的事前预测和预防，这是落后于新型数据思维和监管科技发展的。每次报送规则的变化，金融机构只能升级数据系统，因此协调难、时间长、流程复杂。

同时，采用隐私计算、联邦学习等技术，能够更准确地验证交易对手信息，例如，央行可以建立身份注册中心，KYC包含多个报告实体，每个客户都有唯一的加密身份，客户数据被安全记录并为所有银行提供安全共享和查询服务。这一技术一方面能够帮助金融机构在不获得央行原始数据的情况下，获得更好的反洗钱模型，显著降低交易监控的误判率，节省大量的人工成本；另一方面可以使监管手段更为敏捷，即由技术实现在虚拟"数据池"的数据探索、建模、分析工作，既实现数据多样化和可获得性，也使分析工作得以运用最新的信息技术，如知识图谱、机器学习等。

4. 中小企业信用服务

在数据真实有效、保证安全性的基础上，股权交易所、登记结算机构等有条件利用业务数据展开对融资主体和质押品的全面评估，了解企业经营和财务状况，与融资主体保持良好沟通，识别并且切断重复质押、质押集中度过高的融资项目。

目前，若干股权交易所在股权托管、交易等业务形成的成员协作基础上，进一步拓展下述业务场景，从监管驱动型联盟向产业价值型联盟转型，开始挖掘联盟成员间协作带来的1+1>2的整合效应。

（1）投融资对接。在证监会审批许可的前提下，在数据要素协作联盟建立的基础上，与券商合作，建立资本市场投融资平台，用于发布标准化投融资信息、对接业务。利用隐私计算技术形成开放数据平台，便于利用质押重要信息、单证等数据的多方协作，同时，出质人出于融资需要，将自发、自愿提交公司的真实经营情况，券商负有监督和审核的义务，利用这些数据可以建立更好的风控体系，避免了复杂交易结构下难以把握资金流向而导致的信用风险、资本市场价格波动加剧的市场风险和其他合规风险。

（2）风控服务输出。在隐私计算保护数据安全的前提下，股交所正在开发基于前述数据的风控产品，主要包括数据引擎、规则引擎、策略引擎、智能BI、优化调整，提供决策策略的创建、承载和管理工具，可以简单、快速地创建、测试，以及部署决策策略，并实现策略自动化执行，实现信审、风险预警等业务流程的智能化，提升业务管理及盈利能力。

（三）产业联盟数据要素协作

1. 医疗场景

（1）基于知识图谱的医疗专家系统。例如，在人员、知识技能等方面，目前医联体内对基层医疗的支持形式主要包括派遣专家、专科共建、业务指导，甚至医务人员"多点执业"等。将专家的知识、经验等标准化，形成一套知识图谱，通过隐私计算技术中的数据共享和协作，基层医疗机构的未来可以集成或利用大型医院开放的专家系统来获得支持。

（2）盘活闲置医疗资源。双向转诊，建立"小病在社区、大病进医院、康复回社区"的就医新格局，其实也意味着基层医疗机构也可以反哺大型医院。以医疗床位为例，据麦肯锡发布的数据：三级医院的病床使用率始终保持在90%以上，而一级医院却长期低于60%。利用区块链技术，对床位资源进行统一管理，比如医联体内床位统一调度和管理，一级医院就可以为三级医院提供更充足的床位资源。

（3）医联体中的医疗资源共享。依托最新的信息技术手段，解决基层卫生机构服务能力不足的问题，可以用一种双赢的，且有技术手段作为支撑的形式推进。在医联体协作联盟中，在确保信息安全性和数据完整性的基础上，将上下游各机构节点的数据打通，形成业务数据流，可以高效就医、提供附加健康保障服务等的医疗健康生态体系。

2. 农业领域

利用区块链、安全多方计算技术，搭建可信农场数据平台，通过软硬件数据采集、接入外部数据源，建立农业产业数字协作联盟，在"数据可用不可见"的前提下，形成产量提升（地块管理、气象预测）、品牌价值（长势分析、叶片营养诊断、病虫害监控、苗情监测）、农业品溯源（物联网监测、水肥管理、产量预测）、农业知识科普（电子生产记录、病虫害识别与精准防治）、农业授信与惠农金融（农场信用评分、金融机构贷款）等标准化产品矩阵，实现完整农业数字化价值闭环。

（1）在生产领域，软硬件数据采集、存证上链，利用"天—空—地—人"四位一体（卫星、无人机、物联网传感器、应用端产品）的数据采集和分析体系，提供农场智慧生产深度解决方案，实现农作物全生命周期的精准监测和效率提升。将农业生产从以人为中心的传统模式，变革为以数据为中心的现代模式。

（2）在农业生产过程中，对农作物、土壤从宏观到微观的实时监测。实现对农作物生长发育、病虫害、水肥状况、环境进行定期信息获取，生成动态空间信息系统，对农业生产中的现象、过程进行模拟，同时将核心数据记录在区块链系统上，并结合隐私计算技术，确保数据、模型的可信、安全、可追溯，达到合理利用农业资源，降低生产成本，改善生态环境。

（3）建立农产品溯源体系，进一步发展可持续农业、绿色农业，提升产品价值。在经营领域及服务领域，联结上下游生产和销售渠道，以优良品质打通产业链，制定全流程管控的种植和销售渠道对接政策，帮助产品稳定生产和获得稳定销售渠道。

3. 供应链

"物流、信息流、资金流"三流合一是当前供应链金融聚焦的主要目标，但在实际落地过程中，物流如何转化为信息流，信息流如何为资金流提供动力，都有很多的问题要解决。

以某港口"仓单质押贷"项目为例，项目涉及 12 个不同行业的实体（如物流、仓库、银行、保险等），业务流转过程中的数据、单据数量巨大，且银行最核心的关注点是仓单真实性如何保证和快速校验的问题。该港口采用了"IOT+ 区块链 + 隐私计算"的方案，实现了"资产数字化—数字资产化"的数字化转型闭环：保障核心企业 / 企业间数据协作的安全；通过智能合约保障无纸化实时同步数据，以及全供应链唯一账本。通过数据协作与流程简化，保障核心企业 / 企业间数据协作的安全；通过智能合约保障无纸化实时同步数据，以及全供应链唯一账本。

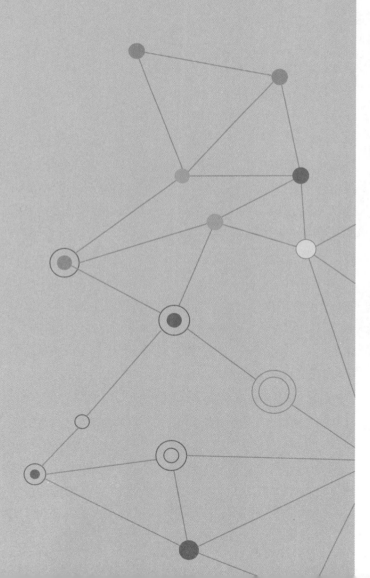

第五篇　数据要素行业应用和实践探索

数据要素赋能智慧交通创新发展

刘　方　曹剑东　叶劲松 [*]

建设和发展好覆盖综合交通运输的大数据应用体系，有效发挥以数据为关键要素和核心驱动的综合交通大数据在交通运输领域的乘数效应，是持续驱动交通运输高质量发展、推进交通强国建设的重要引擎。本章凝练了综合交通大数据发展"三个不变、三个转变"的客观规律，总结了交通运输行业推进大数据的新进展、新实践，希望能为大家更加全面认识综合交通大数据提供专业和权威的视角。

一、综合交通大数据发展的新背景

网信事业代表着新的生产力和新的发展方向，必须在践行新发展理念上先行一步。2017 年 12 月，十九届中共中央政治局就实施国家大数据战略进行第二次集体学习，习近平总书记作了主题为《审时度势精心谋划超前布局力争主动　实施国家大数据战略加快建设数字中国》的重要讲话，提出"大数据是信息化发展的新阶段"论断。2020 年 4 月，中共中央、国务院印发《关于构建更加完善的要素市场化配置体制机制的

---

　*　刘方，交通运输部科学研究院信息中心主任。曹剑东，交通运输部科学研究院信息中心总工程师。叶劲松，交通运输部科学研究院信息中心高级工程师。

意见》，提出加快培育数据要素市场，支持构建交通等领域规范化数据开发利用的场景。从信息技术本质来看，数据是一切信息化、智能化的基本要素。培育数据要素市场、实施国家大数据战略、加快建设数字中国，既是信息技术应用和发展回归数据本质的必然选择，也是将以大数据为代表的新一代信息技术应用拓展至经济转型发展、国家治理、民生服务等领域的新一轮战略布局。

交通运输作为国民经济和社会发展的基础性、先导性、战略性产业和服务性行业，一直都是大数据应用的重点领域，在国家战略布局中发挥着重要作用。如美国的《2045 交通发展趋势与政策选择》《综合运输系统 2050 发展愿景》《交通运输部研发与技术战略计划》、日本的《交通运输科技政策》、英国的《交通发展战略 2030》、韩国的《国土交通研究开发中长期战略》、德国的《联邦交通发展规划》等文件，都把运用综合交通大数据提升行业治理、政府服务、监管能力定为重要内容。我国 2019年发布的《交通强国建设纲要》"构建交通运输创新发展体系"任务中明确提出，要推动互联网、大数据、人工智能同交通运输深度融合，不断完善综合交通大数据中心，构建以数据为关键要素的数字化、网络化、智能化的智慧交通体系。从行业规模来看，2019 年我国智慧交通技术支出规模约为 430 亿元，保持年均 15% 的增长速度。2020 年随着各地"新基建"的推进，智慧交通 IT 应用投资将会继续增加，智慧交通产业将进入新一轮的快速发展轨道。

📖 专　栏

综合交通大数据"三个不变、三个转变"的客观规律

"三个不变"：一是数据作为信息化的本质特征不变。从现象与本质的辩证关系来看，单机化、数字化、网络化、智能化、智慧化、"互联网＋"等提法，是信息化呈现出的个别、具体、生动外在表现。这些外在表现背后隐藏着事物的本质，即数据作为基本要素，信息化发展必须依靠数据来实现。二是以应用为导向的价值取向不

变。无论交通运输信息化发展处于什么阶段，围绕数据这一事物本质特征，解决业务痛点和民生服务实际问题都是根本的出发点。经验表明，不解决问题、应用性不强的信息化都将是失败的。大数据时代，"应用"仍是不变的主题。三是"分散"与"集中"的对立统一矛盾不变。对立统一规律揭示了事物发展变化的源泉和动力，它贯穿唯物辩证法其他规律和范畴，是唯物辩证法的科学实质和核心。从对立统一的辩证关系来看，交通运输行业数据涵盖基础设施、运载工具、社会公众、行业运营企业、互联网企业等数据集合，其广泛性、业务领域的相对独立性以及应用主体的多样性，决定了大数据必然要走过"分散"的阶段。但随着跨领域、跨部门、跨层级的大数据应用要求越来越高，又决定了在大数据发展过程中必然在管理机构、政策制度、数据治理、数据共享、数据开放等方面要"集中""统一"，真正实现综合交通运输高效、集约发展。

"三个转变"：一是数据管理向资产化和全流程转变。当前，国内外普遍将数据作为与物资、能源一样的战略性资源。这意味着要将数据按照资产的方式进行管理，通过目录摸清家底、建立"账本"，也要覆盖数据生产、存储、使用甚至消亡的全部环节，这与传统信息化对数据的松散管理有所不同。二是数据应用向智能化和迭代式转变。与传统信息化"根据一定需求解决特定问题"不同，大数据时代的数据应用迈入"智能化"阶段，预测性、指导性、自动化、相关性成为应用目标，基于大数据和人工智能的行业应用成为主流。同时，由于信息技术更新快、应用需求变化强，"原型开发、迭代升级""建用并举、以用促建"的应用模式逐渐成为主流，传统的交通基本建设模式面临挑战。三是发展模式向"统分结合、集约发展"转变。传统信息化大都围绕某一具体领域开展应用，解决了"从无到有"的问题。近年来，随着政务信息系统整合共享、"互联网＋政务服务"、"互联网＋监管"等工作的逐步深入，集约化建设成为时代发展特征，要求推动大数据统一管理，实现基于云平台的数据存储，归集汇聚各类基础数据，构建跨行业、跨领域的综合大数据应用，"集约发展、从有到优"成为新时期大数据发展的时代特征。

二、激活交通数据资源的新进展

交通运输部审时度势，2016—2020 年，围绕数据交换、数据共享、数据应用等大数据典型场景，共出台 5 项政策文件和 10 余项技术规范，改变了交通大数据应用"无据可依"的历史。同时，构建了权威的信息资源共享平台，逐步成为行业数据资源中心、部省数据交换通道和开放共享主枢纽（见图 1），为部内司局、部直属单位、省级交通运输主管部门以及其他部委和地方政府提供跨部门、跨领域、跨地区的域数据资源共享交换服务，共享服务调用次数超过 1300 万次，交换数据达 7TB。

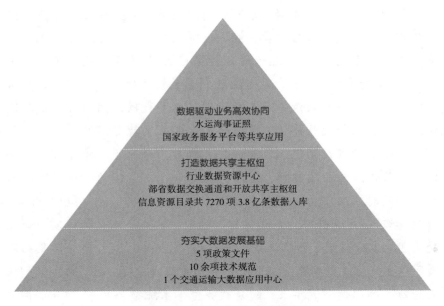

图 1　激活交通数据资源新进展框架

（一）夯实大数据发展基础

近年来，交通运输部组织制定印发了《推进交通运输行业数据资源开放共享的实施意见》《交通运输政务信息资源共享管理办法（试行）》《交通运输部政务信息系统整合共享实施方案》《交通运输部政务信息资源共享交换平台管理规程（试行）》《推进综合交通运输大数据发展行动纲要（2020—2025年）》等政策文件，以及《国家综合交通运输信息平台总体技术方案》《部内信息化建设项目前期工作文件技术要点》《交通运输政务信息资源目录编制指南（试行）》《交通运输信息资源交换共享与开放应用平台省级工程建设指南》等技术规范；发布和更新了《交通运输政务信息资源目录》《交通运输政务信息资源共享责任清单》等技术文件，为推动数据资源整合、共享，促进综合交通大数据发展提供了重要的政策保障和技术保障。

此外，2016年，交通运输部印发《部署交通运输大数据应用中心相关工作的通知》，委托交通运输部科学研究院（以下简称交科院）承担综合交通运输大数据应用中心工作任务，具体承担"综合交通运输大数据政策标准研究、数据资源目录编制和维护、部级数据资源交换共享和开放应用系统开发、管理、大数据技术研发及应用创新、大数据分析决策技术支持"等工作。同时，省、市地方交通运输主管部门积极依托交通信息中心、交通运输公共服务中心等部门，开展交通大数据相关工作，统筹本行政区交通运输信息化建设、归集汇聚行业信息资源、提供共享服务和应用等。部、省、市综合交通运输大数据工作执行主体的逐步确立，为推动综合交通大数据发展提供了重要的组织保障。

📖 专　栏

推进综合交通运输大数据发展行动纲要（2020—2025年）

行动一：夯实大数据发展基础

目标：综合交通运输大数据标准体系更加完善，基础设施、运载工具等成规模、成体系的大数据集基本建成。

任务:完善标准体系、强化数据采集、加强技术研发应用3项任务。

重点：实现信息基础设施与交通基础设施的同步规划、同步设计、同步建设、同步运维，提升数据采集、传输、存储能力，提高技术研发和标准化水平。

行动二：深入推进大数据共享开放

目标：政务大数据有效支撑综合交通运输体系建设，交通运输行业数字化水平显著提升。综合交通运输信息资源深入共享开放。

任务：完善信息资源目录体系、全面构建政务大数据、推动行业数字化转型、稳步开放公共信息资源、引导大数据开放创新5项任务。

重点：在构建全面的数据资源目录和政务大数据基础上，进而推动全行业数据资源有序共享和开放，促进政企合作和大数据创新。

行动三：全面推动大数据创新应用

目标：大数据在综合交通运输各业务领域应用更加广泛。

任务：构建综合性大数据分析技术模型、加强在服务国家战略中的应用、提升安全生产监测预警能力、推动应急管理综合应用、加强信用监管、加快推动"互联网＋监管"、深化政务服务"一网通办"、促进出行服务创新应用、推动货运物流数字化发展9项任务。

重点：充分体现大数据应用导向。围绕科学决策、行业治理、民生服务等交通运输行业的典型应用领域，明确综合性、跨领域大数据应用任务，将大数据"不会用""用不好"转变为大数据"共同用""比着用"。

行动四：加强大数据安全保障

目标：大数据安全得到有力保障。

任务:完善数据安全保障措施、保障国家关键数据安全2项任务。

重点：将数据安全纳入交通运输关键信息基础设施作为重点保

护内容，推进交通运输领域数据分类分级管理，加强重要数据和个人信息安全保护。

行动五：完善大数据管理体系

目标：符合新时代信息化发展规律的大数据体制机制取得突破，综合交通大数据中心体系基本构建。

任务：推动管理体制改革、完善技术管理体系2项任务。

重点：围绕新时代信息化、大数据发展特点，行政管理上明确综合交通运输大数据统筹管理部门，技术管理上明确统一的公益性综合交通运输大数据管理与应用机构，深化大数据统筹管理。

（二）打造数据共享主枢纽

交通运输部组织省、市地方交通运输主管部门全面开展数据资源调查，发布交通运输政务信息资源目录，形成行业数据资源"总账本"，成为各部门提出共享需求、开展数据资源共享的基本依据，已发布信息资源目录共7270项，其中部级目录684项，省级目录6574项，共包含17万个信息项。通过信息资源目录开展行业内数据资源共享需求征集，交通运输部依据需求紧迫程度分批下发数据共享责任清单，稳步推进数据资源汇聚。截至2020年8月底，已有500余项部级数据资源接入信息资源共享开放平台，接入率超过80%，实现3.8亿条数据入库。

交通运输部已建成信息资源共享平台，平台持续稳定运行并不断优化完善，与国务院各部门、各省级交通运输主管部门实现了全面联通。

截至2020年8月底，已为国务院各部门、各省政府、行业各级主管部门提供共享交换服务超过1000万次。作为交通运输部数据资源的唯一出口，与国家政务服务平台、国家数据共享交换平台实现对接，向国务院各部门、省政府提供交通运输行业数据资源共享服务，同时为行业主管部门提供国家平台数据共享服务。新冠肺炎疫情期间，依托平台迅速汇聚全国道路水路实名制售票数据，与国务院办公厅、卫健委、工信部等部门开展联合应用，有力支撑了同乘密切接触者筛查和全国统一"健康码"应用，在实战中发挥了重要作用。

（三）数据驱动业务高效协同

通过交通运输部信息资源共享平台，有力支撑了多项跨地区、跨部门、跨领域的数据资源共享交换和业务协同工作。在交通行业内，大力支撑水运海事证照共享、水路危险品职业资格共享、海事信用数据共享，应急工程建设、执法系统建设、职业资格考试等共享应用。

📖 专　　栏

交通运输数据共享交换应用

为水运局提供了海事船舶各项检验证书和水路危险品货物运输从业人员职业资格数据，减少了水路运输证照业务办理过程中相对人提交纸质材料和业务人员手工录入工作量，为精简行政许可流程、优化营商环境提供助力。

为职业资格中心提供了公安部人口库、教育部学历和学位以及人社部公民参保信息，减少了以往职业资格考试报名过程中各项材料的提交和人工审查环节，有效支撑了部职业资格考试告知承诺制的落地实施。

为地方行业主管部门提供了高效便捷的数据共享服务，主要包括全国道路运政基础信息、重点营运车辆轨迹信息和海事数据，重点解决相关省份在行政许可办理、交通执法、应急指挥调度等业务开展过程中对外省数据的共享需求，发挥了平台在解决跨地区信息资源共享中的重要作用。

为交通运输部信用业务、水运业务、电子客票业务，高速公路动态数据采集、大兴机场周边交通量采集等业务的全国数据汇总提供高效的数据交换通道服务，有效节省了信息化项目建设投资。

此外，在为国家和其他部门提供信息资源方面，交通运输部已通过信息资源共享平台向国家政务服务平台、国家"互联网＋监管"系统推送部级和海事垂管的事项办件、电子证照业务以及监管业务等共享数据，以及高频政务查询接口服务；向应急管理部、国家安全部等部委提供行业相关统计数据、基础数据和动态数据，在其开展综合安全形势分析等工作中发挥了重要的参考作用。同时，为地方其他行业主管部门旅游客运车辆监管、异地营运车辆违章处理等业务提供交通运输数据共享服务。

三、综合交通大数据应用的新实践

（一）高速公路大数据分析应用

高速公路车辆运输情况与经济发展高度相关，数据可靠性强、稳定性高、指标代表性强，对分析研判交通运输运行发展特点与趋势，准确把握交通运输发展的阶段性特征，支撑交通运输经济运行分析工作，具有重要意义。

高速公路大数据分析系统（见图2）通过获取各省高速公路联网收费系统中的车辆通行数据（包括入口网络编号、入口站编号、入口时间、出口网络编号、出口站编号、出口时间、出口车道编号、车牌号、车型代码、车种代码、里程、总轴数、轴型及轴重、车货总重、限重、超限率、是否为绿色通道车辆代码、免费类型代码、路径标识、是否为ETC车辆代码、ETC车辆电子标签OBU编号、支付方式代码22项明细信息及高速公路收费站字典、收费车型字典等字典信息），开展高速公路车辆运输情况的大数据分析应用。截至2019年底，高速公路通行大数据分析系统的数据范围覆盖全国29个省（除西藏、海南），每月数据量9亿条，总数据量超过500亿条。

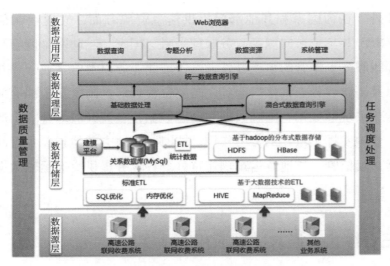

图2　高速公路大数据分析系统架构

数据源层：以"十二五"交通运输统计分析监测和投资计划管理信息系统为依托，通过该工程获取各省高速公路通行数据，数据通过配置在各省的前置机或信息资源共享开放平台采集。

数据存储层：平台采用基于 Hadoop 的 ETL 工具，利用 ETL 工具实现高速公路通行数据的建模、清洗、转换和入库，并对数据采集的过程进行监控。同时，采用混合式并行存储架构，利用分布式文件系统 HDFS 实现对 Stage 层数据存储，利用 HBase 实现对 ODS 层数据存储，为节省存储空间，HBase 采用 Snappy 压缩，利用关系型数据库 Mysql 实现对 DM 层数据、DW 层数据以及数据字典和系统配置相关信息的存储。

数据处理层：高速公路通行数据处理的场景为批处理，平台数据处理采用 Hive 对数据进行高效处理。

数据应用层：平台使用 Impala 实现用户对数据的灵活即席查询，使用 SPARK 支持对数据进行分析挖掘算法的支持，在地图展示方面，采用百度的 ECharts 作为公路底图和图表可视化展现的工具。典型应用包括 OD 分析、车籍地分析、热点收费站分析、通行量时空分析、高速公路运输量分析等。

依托高速公路通行大数据分析系统,交科院编制并发布了《高速公路运输统计监测月报》《高速公路运输统计监测报告》《高速公路货运量旬报》等权威高速大数据应用创新产品,主要包括高速公路分车型、分方向的客货车流量、货运量、周转量及区域货运量等主要指标及其变化趋势。《高速公路运输统计监测月报》是交通行业内首次以大数据技术作为支撑,利用行政业务记录直接转换生成统计数据,填补了我国高速公路运输量和区域运输量统计的空白;《高速公路运输统计监测月报》于2017年6月开始呈送交通运输部领导及相关司局使用,为交通运输部宏观管理决策提供了重要支撑;《高速公路货运量旬报》以大数据技术为支撑,按旬生成高速公路车流量、货运量并上报国务院,为国家宏观管理决策提供依据。

同时,自2016年开始,交科院利用波动系数开展公路运输量统计数据推算及数据质量评估,主要通过高速公路通行大数据开展高速公路车流量、货运量等测算形成波动系数,用于支撑部分省份开展公路货运量数据的推算,有效改善了公路货运量数据质量不准确、缺乏评估手段的问题;自2019年起,利用高速公路通行大数据,支撑开展取消高速公路省界收费站货车收费标准,主要通过分析高速公路货车行驶特征,评估不同车型车辆从按车型收费调整为按轴数收费的转换标准,确保了取消高速公路省界收费站后,高速公路货车收费总体没有发生大的变化,为高速公路平稳、健康运行提供了有力支撑。另外,发布《重点节假日高速公路出行预测报告》《2016年中国高速公路运行大数据分析报告》《中国主要城市交通分析报告》等大数据分析报告,多次被央视报道,并被人民网、新华网、新浪微博等热点媒体转载,在互联网上的点击率均在亿次以上,引起了社会广泛关注和强烈反响。

(二)水路运输大数据分析应用

水路运输大数据通常是指通过航运信息管理和船舶营运监测等方式获取的船舶营运管理、船舶航行环境、船舶航行位置及关联业务等数据内容,如通过海事交管系统采集到的区域船舶运行位置、速度、方向等数据或港口生产作业系统采集的船舶装卸货物数据等（见图 3）。在大数据采集的基础上，越来越多的行业管理部门、企业、科研人员对航运大数据开展了深入的分析与挖掘工作，通过分类统计、关联分析、可视化、预测等统计学方法力求从大量的、不完全的、有噪声的、模糊的数据中发现隐含的、未知的但具有丰富潜在价值的信息甚至知识。如通过将不同货物种类按照港口进行有目的的分类、排序和统计，掌握区域经济与产业结构的分布；通过对特定船舶或航运企业的属性、行为、特征、位置等航运大数据抽象为具体标签，形成特定的船舶画像，掌握其某种偏好从而进行更精准的金融保险产品设计和营销；对船舶轨迹散点进行聚类可视化，使数据挖掘人员能直观发现航线的流量流向分布情况，帮助其理解或接收数据挖掘结果获得的知识或信息；通过不同航线不同货类的运价大数据分析其与航运市场景气程度之间关联性规律，对经济运行情况进行分析甚至先行预测等。

图 3　水路运输大数据系统架构

数据采集层：依托行政相对人和市场主体等行业行政监管记录的采集主体，对包括船舶申报的进出港及装卸记录、船闸过闸记录、基站采集的船舶 AIS 轨迹信息，以及港口企业的生产作业记录信息等进行采集，极大地拓展了基础数据采集的范围和实时性，尤其是海事"互联网 +App"的模式，将数据采集延伸至移动网络所及之处，实现了全国范围水路运输数据的在线采集。

数据交换层：数据交换层依托信息资源共享开放平台，实现涵盖海事局、交通运输厅、港口企业等多层次主体的数据汇聚。

IT 基础设施层：主要面向结构化数据和 AIS 大数据建立了两套 IT 架构，采用基于 Hadoop 体系对 AIS 轨迹大数据进行存储、解析、流式处理，可以形成对船舶轨迹数据中具有更高价值与可用性的特征提取，也能够为下一步与结构化数据进行融合奠定基础。

支撑技术层：对数据进行清洗、挖掘、分析的核心层，通过关键技术的支撑来保障数据质量、实现多源数据融合计算核心统计指标、对数据价值开展充分的挖掘。目前支撑技术层已经实现如船舶异常航次的识别、基于船舶 AIS 轨迹关键特征行为（通过断面、进出港区、航行时间、里程）的流式计算、船舶进出港航次的串接、基于"元数据"的海事港航多源数据融合。此外，支撑技术层围绕水路货运量数据质量提升，对多源异构数据采用有针对性的处理，根据主题、实体、逻辑等维度全面梳理海事、港航"元数据"，实现不同口径数据的协同，形成在特征、维度、语义上相近的属性与指标，结合业务逻辑实现不同数据之间的横向比对、交叉校验，通过链式清洗等规则显著提高数据质量。

应用服务层：主要是通过 BI、报表、查询等工具，直接面向行业决策、咨询、研发等需求，生成解决方案或支撑依据。

依托水路运输大数据系统，自 2007 年起每月编制并发布《全国区域水运货运量月报》《长江干线航道水上货物流量统计月报》《西江航运干线水上货物流量统计月报》《内河主要航道水上船舶流量统计月报》等权威水路运输大数据应用创新产品。

🔍 案例一 ─────────────────────────────

长江航道大数据专题分析应用

通过融入长江航道、航标、船舶运输、水文气象等多源异构大数据，开展了航标运行机制分析、航道水情水位与航道养护相关性建模、长江航道船舶运行监测体系构建、异常情况主动防控等典型示范应用，对于促进大数据技术与长江航道业务深度融合、依托数字航道与长江电子航道图建设、加快实现长江航道养护管理和公共服务的现代化、全面服务国家重大战略实施与沿江社会经济发展起到了重要作用。特别是在2020年7月，开展了长江洪灾对航运影响监测与分析，主要根据水路运输监测大数据，系统研究分析洪水对长江干线货物运输带来的影响。长江于2020年7月2日和7月17日分别发生当年第1号、第2号洪水，通过水路运输大数据对不同阶段不同区域水路运输受洪水影响情况进行了日度监测、分析并发现，在近年来长江深水航道整治不断推进、船舶大型化不断发展背景下，本轮洪灾初期，即使货运量没有受到明显影响，中小型船舶货运量已经出现下降态势，与之形成鲜明对比的是，大型船舶货运量快速增长；随着洪水影响的逐步显现，由于中小型船舶抵御洪水能力相对较弱，出于安全考虑，部分船舶出现了停航情况，货运量降幅逐步扩大至30%左右，而大型船舶抵御洪水能力相对较强，货运量基本没有受到太大影响，反而进入7月以后增速重新回到30%以上，为保障洪水期间抗洪物资和基本生产生活物资运输发挥了重要作用。

（三）其他场景的大数据应用实践

交通运输经济运行监测与分析应用：针对新时期交通运输行业增速换挡、结构转型的新态势，交通运输部结合行业运行特点和热点难点问题，应用大数据分析、指数编制、景气信号灯等技术手段，构建交通运输经济运行监测分析体系，纵向和横向相结合、时段和时点相辅助，从多个维度动态监测行业运行，以满足不同决策层的需求。研发基于大数据的交通运输经济运行监测分析指数，包括实物量指数、信心指数和景气指数，提出印证行业历史规律、表征行业运行现状、预测未来行业发展的指数协同体系；研发开发交通景气信号灯系统，提出不同灯号预警行业运行的监测机制，并通过大数据提高数据频度和阈值确定完善算法；针对行业热点难点问题，研发基于大数据分析的行业热点难点问题反馈机制。目前，中国运输服务指数、先行一致滞后指数、景气信号灯、主要交通指标短期预测等模型已经长期支撑和实际应用于部级、省级行业经济运行分析工作；中国运输服务指数已作为交通运输部《交通运输简明信息速报》的主要内容定期上报国务院；部级月度、季度、年度《交通运输经济运行分析报告》定期上报国务院、发展改革委并对社会公开。

综合交通节能减排监测与分析评估：针对交通运输行业的能耗和排放总量增长迅速，在国家能源安全、气候变化、污染防治中的战略地位日益凸显等发展趋势，交通运输部组织研发了基于大数据架构的行业能耗与排放测算方法，研究公路、水路、铁路、民航、城市交通等领域能耗与碳排放测算边界、测算方法、排放因子，构建行业能耗与排放基础数据体系；研发行业能耗与碳排放情景分析模型，构建分运输方式能耗与碳排放情景，分析不同外部环境与政策手段组合情景下综合交通节能减排仿真影响；构建基于情景分析的综合交通节能减排政策机制，研究不同时间节点的综合交通节能减排发展战略重点、重点技术清单和发展路线图；研发建立交通运输行业能耗在线监测体系，研制载货汽车能耗及载荷监测车载终端设备，研究制定营运货车和内河船舶能耗在线监测标准。

四、小结

交通运输行业正由追求速度规模向更加注重质量效益转变；由各种交通方式相对独立发展向更加注重一体化融合发展转变；由依靠传统要

素驱动向更加注重创新驱动转变。未来一段时期，交通运输行业将以数据为关键要素和核心驱动，围绕数据链加快数据治理，赋能智慧交通建设，推动模式、业态、产品、服务联动创新，让数字红利惠及人民，增强人民群众的获得感。

船舶行业数据要素市场化发展创新与实践

张 伟 李 茂*

一、船舶行业数据要素概述

船舶行业包括船舶制造、船舶航运及相关服务业，在经济发展中居于重要地位。船舶制造业是关系到国防安全与国民经济发展的战略转型产业，能够为海洋开发、水上交通运输、国防建设等提供必要的技术装备，是国家装备制造业中不可缺少的组成部分，是现代化工业的缩影。船舶航运是全球贸易的主要载体，据联合国贸易发展促进会统计，按重量计算，海运贸易量占全球贸易总量的 90%；按商品价值计，则占贸易额的 70% 以上。中国是名副其实的航运和造船大国，年造船产能达到 6000 万载重吨，全球第一；海运量占全球海运总量的 26%，全球第一；注册运力 1.8 亿载重吨，全球第二；全球前 20 大货物吞吐量的港口，中国占 15 个；全球十大集装箱港口，中国占 7 个。

（一）船舶行业数据资源状况

船舶行业作为一个传统行业，相较于其他新兴行业而言，它与互联网和大数据技术的结合相对滞后。其实，船舶行业本身拥有众多的数据

---

* 张伟，中国船级社信息中心主任。李茂，中国船级社信息中心技术顾问。

资源，它作为一个规模庞大的行业集群，不仅包括船舶的设计与制造，还包括全球性的大宗货物运输，它是联系世界各地贸易市场的纽带，是世界各地人民交往的桥梁。因此，船舶行业事实上蕴藏着大量具有潜在价值的数据信息。

船舶制造的数据资源主要涉及设计、生产、监控三大领域。在船舶设计领域需要管理及涉及的数据类型较为复杂，且呈现典型的非结构化，具体包括各类电子模型、各类文件、引用的各类标准和规范规则、设计的项目及计划管理信息等。在船舶制造企业的生产领域，其业务数据主要包括生产计划数据、现场制造派工及报工数据、物资采购及库存数据、现场材料设备及托盘配送数据、设备资产管理数据、质量探伤及检验管理数据、财务管理数据、人员及考勤管理数据等，生产制造数据已呈现海量数据的特点。船舶制造业是一种离散型的大型制造业，船厂和船舶上布置了大量的电子监控设备、各类传感器，从而产生了大量的生产和船舶营运监控数据。各类传感器收集的数据，如电力实时监控数据、电焊机电流实时监控数据、各类管道压力传感数据等。这些生产监控数据具有数据量庞大、数据结构类型复杂多样、数据更新速度快等特点。

船舶航运相关的数据包括船位数据、能效数据、海况和气象数据、货物信息、船舶检验数据，以及船用产品相关的质量信息、维修信息等，数据量达到海量级。这些数据资源的利用对船舶行业的发展、船舶制造和航运业的智能化升级有着重要意义。通过对营运船舶数据进行收集、统计分析和预测，船企可以获得很多有价值的信息，如船舶的功率与航速、船舶能耗数据、各种节能措施的效果及各类设备的运行状态、航线航区的海况资料等。

船舶数据除了船舶制造、营运等与船舶固有关联的数据外，还外延至船舶航行、货物运输等行业相关数据，这些数据包括了船舶航行相关的港口、检验、船位、航道、航迹、航次计划、集装箱监控等信息，形成覆盖船舶相关的全部领域的数据资源。船舶数据与金融数据的进一步融合，使船舶保险、船舶租赁、船舶交易、运费等与船舶营运状况、检验、维修的数据集成，形成支撑船舶相关产业的跨行业大数据资源。

（二）数据在船舶行业发展中的作用

当今的船舶行业，以智能制造为代表的新一轮产业变革正在迅猛发展，数字化、网络化、智能化日益成为船舶行业发展的主要趋势。在信息技术的影响下，船舶制造业的数据增长十分迅速，通过各行各业对于大数据的应用已经证明，数据资源在信息化、智能化的产业升级方面发挥着重要作用。随着船舶设计数字化（包括设计中的各种工程计算等）、船舶建造工业互联网应用、生产加工智能化的发展，一方面，船舶设计、建造都需要大量数据作为经验积累进行支撑和智能化管控；另一方面，在船舶建造和试验过程中也产生了大量数据，优化船舶、船用产品的设计、改进生产工艺将成为重要的反馈信息。大数据的应用将为船舶设计、制造，管理的效率与船舶质量问题提供解决方案。

工业4.0作为国家战略强调智能制造，就是为了能够提升生产灵活性、生产力以及生产效率等。在整个生产周期中很多人工操作及人工管理的环节将被人工智能技术逐步替代，而人工智能的发展离不开大数据的支持，自动工艺的编程、机器参数配置、维护预警等工作都需要通过对数据的采集、处理、分析来不断地更新、完善。通过大数据分析，不仅可以优化自身的造船周期，还可以了解和预测航海业、零部件制造业等其他行业的发展趋势。

在船舶自身的智能化领域，随着船舶智能水平的提升，智能系统将越来越多地承担船舶的操控任务，而智能船就是当今航运发展的方向。同时，智能技术本身的复杂性、不确定性等问题也将显著加剧，其为船舶安全带来的直接风险，也是亟须控制的。因此，智能船发展的关键就是将海量的船舶航行，设备运行、操控和维护等相关数据进行积累和应用。

（三）船舶行业数据应用实践

数据对船舶行业发展起着越来越重要的作用。由于船舶是全球贸易的重要载体，船舶数据应用具有国际上的通用特性，下面就结合大数据、多数据融合、数据交换等应用方向分别介绍三个国外的案例，供船舶行业同人参考借鉴。

大数据方面：克拉克森（Clarksons）集团 1852 年成立于英国伦敦，至今已有 160 多年历史，是世界上最大的船舶服务公司之一。克拉克森通过各种渠道，开展数据业务合作，建成了全球最大的克拉克森船舶数据库，形成了克拉克森指数，用于指导造船业、航运业的发展规划，初步具有了像股票、期货评价指数一样的重要作用，使数据成为指导投资与企业发展的要素。克拉克森是成功的数据公司的典型代表。

多数据融合应用方面：挪威船级社（DNV-GL）利用在船舶检验中所积累的大量检验数据、工程计算数据、船舶运营数据，打造了 Veracity 数据平台。以该数据平台为依托，开展智能检验服务，实现基于数据分析不登船的检验，以及开展支撑海上平台改造、石油设施作业安全等的风险评估，以数据为依托和手段支撑传统产业（航运和海上平台作业）的发展。Veracity 在多数据融合方面，对船舶及海上设施的发展起着越来越重要的支撑作用。

数据交换方面：随着各方对数据的价值和其对经济发展推动作用认识的不断加深，船舶数据应用也逐渐被金融领域所青睐，数据逐步开始为金融服务创造价值。为推动全球可持续发展，响应 IMO 温室气体减排战略与目标，"波塞冬原则"协会（PPA）于 2019 年 6 月 18 日成立，旨在建立定量评估、公布金融机构的航运投资组合是否符合 IMO 气候目标的机制。目前，花旗银行、法国国家投资银行、三井住友信托银行等 18 家全球知名的金融机构签署了"波塞冬原则"文件，其航运贷款总金额达 1500 亿美元，占所有航运贷款总额的三分之一以上。PPA 秘书处与各主要船级社联系，探索采用区块链技术共同建立船舶燃油消耗数据交换平台，使船东、船级社和"波塞冬原则"签约方的数据交换更安全、更标准化且避免重复劳动。"波塞冬原则"框架下的数据交换平台是一个跨国数据多方共享交换的成功示范。

二、数据要素市场化面临的问题及发展机遇

数据作为数字经济时代核心生产要素，相比能源、材料等传统生产要素，数据以独特的生产要素属性，正在对经济社会发展产生重大而深刻影响。同时，建立船舶行业数据要素市场化运营环境，尚有很多问题需要解决，也正是船舶行业数据共享应用的巨大需求为这些问题的解决提供了契机，从而有了更多的发展机遇。

（一）数据要素市场化面临的问题

船舶行业的数据无一不是知识产权的体现，数据涉及船舶全生命周期各环节，从数据的生产、采集以及数据管理角度看，这些数据的权属都涉及众多机构，若要更好地利用和挖掘这些数据要素的价值，就必须明确数据相关各方的权益、职责和义务。完成要素资源的有效配置，建立船舶行业数据要素市场化运营环境，就必须重点解决以下三个问题。

1. 数据确权

数据作为一种虚拟物品，其权属不同于传统物权可以被直接支配，数据权在数据的全生命周期中有不同的支配主体，其所有权并不一定完全属于某个经济主体。船舶行业的数据资源中涉及的主体非常多，一个数据的产生就有可能涉及多个主体，而且数据随着所依附载体的流通，其权属关系在不断地发生变化。例如，船用产品就会随着其生产、销售、安装和使用过程中权属关系的变化，产品相关数据的权属关系也会发生变化。而且，一组数据的产生不止涉及一个主体，如船用产品的检验数据，既涉及产品生产方，也涉及检测方和检验方。如何做好行业数据要素分类，根据船舶行业数据特点，确定权属关系认定机制，是解决数据

交易的重要课题。

2. 数据定价

数据价值尚未金融化和数据定价机制不健全影响了数据的流通和交易，阻碍了数据价值的释放。数据要素定价是指对数据要素通过加工形成的数据产品和服务进行定价。对于数据产品和服务来讲，只有引入合理的价格形成机制，才能确保消费者权益受到合法保护。在收益分配方面，从数据投入到产出整个过程的参与主体都应有按贡献参与收益分配的权利，合理切分不同主体的利益分配，才能形成长效可持续的激励机制，吸引众多主体参与到数据要素市场体系建设。船舶行业中可以根据数据产生阶段，梳理出数据生产相关方，再根据产业链上下游关系明确数据的继承关系，进而确定上下游主体间的数据产生贡献关联，合理地明确数据成本，建立数据成本评估机制。数据定价，还应考虑市场需求，根据数据应用产生的价值和市场供需关系，确定市场化数据要素定价机制。

3. 数据安全

数据治理体系尚未完全建立，数据治理的法律法规体系尚不完善，国家层面缺乏一部统筹促进各领域数据流通交易、开发利用和安全保障的法律法规。《中华人民共和国网络安全法》《数据安全管理办法》等法律法规，仅对利用网络开展数据收集、存储、传输、处理、使用等活动的安全保障做了约束性规定，与网络无关的数据活动缺乏相应的法律来规范。为确保数据应用能在安全环境中进行，需要建立安全隐私标准，包括大数据安全、个人隐私保护领域的方法指导、监测评估和要求等标准，加强大数据环境下防攻击、防泄露、防窃取的监测、预警、控制和应急处置能力建设，保障数据安全。为促进船舶行业大数据生态建设，要以 5G、物联网、区块链、人工智能和量子计算等关键技术为基础，贯彻实施大数据安全领域国家标准，研究大数据安全核心技术标准，加快制定数据共享安全标准、大数据安全审查支撑性标准等，为数据要素市场化提供安全运营基础设施环境。

（二）数据要素市场化的发展机遇

数据作为生产要素，反映了随着经济活动数字化转型加快，数据对提高生产效率的乘数作用凸显，成为最具时代特征新生产要素的重要变化。巨大的需求推动着数据要素快速成熟和发展，为数据要素市场化带来机遇。

1. 行业数据融合应用推动数据要素市场的形成

数据作为生产要素，具有促进行业企业经营精细化作用。数据应用正在引发政府社会治理模式和企业经营模式发生巨大变革，推动形成"数据说话、数据决策"的数据化、智能化管理环境。企业经营部门的订单渠道、制造成本、投资、供应链、物流、设备维护等生产经营领域数据汇聚、开发和挖掘，让企业内部各层次管理更加深入、精准和高效，促进了产业结构调整和优化升级，为有效应对各类重大风险隐患提供了重要保障。船舶及船用产品的生产制造、供应链、质检、销售、售后服务等生产数据，以及船舶营运过程相关数据的汇聚、开发和利用，提升了船舶行业产业链各方对市场运转的实时感知能力，让企业对生产和市场的把控能力实现虚实有效结合。

数据作为生产要素，具有促进产业业态创新作用。数据已经成为推进产业发展的重要创新要素，基于数据的新业态发展促进了产业转型升级和经济新动能培育。基于船舶行业大数据的精准营销、船舶和产品设计支撑、船舶营运设备就近维修服务、企业经营网络征信、产品质量追溯等服务，大大促进了供求信息对接、市场优胜劣汰、服务质量提升。基于客户需求反馈的大数据研发设计模式，让企业研发设计更加具有针对性和导向性，大大提升了企业响应市场需求能力。生产制造大数据解决了生产数据车间流动问题，让企业生产更加柔性化，有效支撑了个性化定制、体验式制造、网络制造等新型制造业态。

船舶行业数据要素及数据融合应用的发展，带来了数据交换共享的大量需求，这是数据要素市场化的丰富土壤和坚实基础。大量数据交换共享的实践，正在行业内积累经验、形成规则，推动要素市场向规范化发展。

2. 国家及行业政策助力数据要素市场的发展

党的十九届四中全会首次将数据纳入生产要素，提出了要健全数据等生产要素由市场评价贡献、按贡献决定报酬的机制。随后，中共中央、国务院发布的《关于构建更加完善的要素市场化配置体制机制的意见》提出要加快培育数据要素市场等任务，并提出"充分发挥市场配置资源的决定性作用，畅通要素流动渠道，保障不同市场主体平等获取生产要素，推动要素配置依据市场规则、市场价格、市场竞争实现效益最大化和效率最优化"以引领数字经济时代发展。

工业和信息化部、交通运输部等也相继出台了深化大数据融合应用和加快培育数据要素市场方面的指导意见，对于船舶行业的数据安全、数据融合应用、数据要素市场培育有着积极的推动作用。在国家及行业政策的助力下，船舶行业的数据要素起着越来越重要的作用，为推动数据要素的有序流动和数据要素市场化发展奠定了基础。

3. 数据要素市场的发展催生了数据新业态

数据改变了传统的船舶建造和航运物流。未来，随着数据要素市场化机制的完善，数据要素有序流动，将催生出大量以数据为核心的新业务模式和业务形态，数据新业态与数据要素市场相互依存。

以数据为纽带，以船舶为中心，融合船舶建造投资、航运投资规划、船舶和货物保险、港口通关、海上救助，以及各类政府执法监管的数据资源，形成船舶大数据，促进跨行业的融合发展。在这种情况下，船舶相关的供应链金融、船舶租赁、抵押，以及贸易期货等，都将在船舶数据应用的影响下创新出各种新模式和新服务。例如，基于船舶建造数据、检验数据、维保数据，以及船舶航行相关的能效数据、海况数据、航线数据等形成以数据分析，为支撑船舶质量状况评价、保险核定，以及船舶自身价值评估，降低传统保险、金融业务中的人为因素，不仅实现了传统服务模式的转变，更创造出新的模式。传统产业间的融合，以及传统产业与金融间的跨界融合，必将为船舶制造、航运，以及商业金融领域带来新的机会，数据的融合导致行业间的相互渗透，促进了资本在行业间的流通，这必将加速船舶制造业、航运业的转型升级。

三、数据要素市场化发展创新与实践

数据要素市场化发展，面临着很多问题，需要通过各个行业的实践去探索和总结。就船舶行业而言，可能需要三个阶段的递进，即数据共享、融合应用、市场配置。前两个阶段主要是数据的技术特征，通过区块链、大数据等技术手段，形成数据共享机制，推动数据应用，为行业带来价值；第三个阶段比较复杂，数据市场化主要体现数据的经济特征，需要综合考虑法律、经济以及技术多方的因素，才可以实现。

（一）建立数据共享机制

船舶行业数据资源应用中遇到很多瓶颈，最突出的是数据共享机制问题，主要表现在数据标准、安全保护、数据确权等方面。数据标准的问题主要是，由于行业间缺乏统一的数据标准和交换共享原则，成为行业间数据共享的屏障，需要建立统一的标准和规范。数据安全问题主要是，由于担心数据被盗用、被篡改、被乱用，以及保密信息的泄露，影响了企业信息共享、互联互通的积极性，造成了行业信息孤岛，导致数据碎片化。数据的确权不像物品的权属关系那样容易确认，企业拥有的数据中往往既有个人数据也有企业数据，既有企业产生数据也有企业从外部获取的数据，数据权力是企业独有还是多方共享，妨碍了企业对所管理数据对外的共享。有必要建立一套制度化的、能够清晰追溯数据权属变化的、科学管控数据权益的行业数据共享生态，以促进行业各方数据共享，加快以数据为纽带的行业融合，形成全维度反映行业各方面状况的大数据资源。

（二）深化数据融合应用

在数据共享机制建立起来的基础上，应全面深化数据融合应用，在应用中实现价值，推动数据资产化。

在需求端，组织开展大数据应用试点示范，引导企业加快数据在全流程中的应用，培育数据驱动的新模式、新业态，解决数据的不想用、不敢用等问题。船舶行业有着巨大的数据应用潜力，正在研究和应用的有：船舶制造业上下游企业的生产协同数据链，以智能备件管理为目标的供应协同数据链；以船岸协同为特征的船舶运营数据链；以质量提升为目的的船舶质量数据链；以提高物流效率为目标的航运物流数据链。

在供给端，推动产学研加快合作，突破大数据关键共性技术，支持发展数据产品和服务体系，培育大数据解决方案供应商、向中小企业开放数据服务能力、培育应用生态等手段，降低企业数据应用的成本投入和专业壁垒，解决不会用、不敢用问题。供需双向发力，共同推动数据的全面深度应用，加快数据资产化进程。

深化数据要素融合应用，推动数据资产化，是数据要素市场化的重要环境条件。

（三）实现数据要素市场配置

深化数据的融合应用，使数据价值得到市场认可，有了数据定价交易的市场基础和环境。但是，实现数据市场化的目标，还需要综合考虑法律、经济以及技术多方的因素，研究制定公平、开放、透明的数据交易规则。构建合理的数据资产价值评估模式和体系，加快发现数据合理的内在价值，为市场这只"无形的手"来指导数据定价奠定基础。加快区块链等技术在数据流通中的应用，为数据安全、有序流通提供新的技术方案。加强市场监管和行业自律，以科学合理的规则制度体系作为基本保障，激发数据市场活力，促进数据要素市场化配置。

数据共享、融合应用、市场配置是数据要素市场化发展的主要阶段。

三个阶段并非严格划分,在实际发展中既会有重叠,也会相互促进。在船舶行业,建立数据共享机制是船舶行业数据要素市场化发展的前提。

发展船舶行业数据要素市场,破除阻碍数据要素自由流动的体制机制障碍,对于加速推进数据融合应用,提高船舶行业的产业数字化和数字产业化水平,推动船舶行业高质量发展,具有重要的作用。需要紧密结合船舶行业特点,充分发挥经济、法律、技术等多领域的各方优势,开展试点示范,不断总结经验,尽快形成数据要素市场化配置的机制。

🔍 **案例**

中国船级社利用区块链技术打造船舶行业数据共享生态

为了推动船舶行业数据共享,最大限度地发挥数据要素的作用,中国船级社牵头与船舶行业相关方一起进行了有益的实践,对数据要素市场化发展的路径进行了探索。

1. 构建船舶行业数据共享生态平台

为建立船舶行业数据共享的可信与安全机制,中国船级社牵头联合国内主要的船厂、船东、船舶配套企业等 47 家单位,成立了区块链技术船舶与海洋工程行业应用工作组,对数据共享的规则、技术、标准、平台进行研究,于 2020 年 8 月 7 日发布了基于联盟链的船舶行业数据共享平台(China Ship/shipping BlockChain, CSBC)。CSBC 通过建立可信的数据共享环境,有效地解决了传统数据共享面临的问题。CSBC 通过区块链去中心化的特点实现了行业各方自行管理自己的数据资源,以连接各方数据节点形成安全可控的分布式数据管理架构,消除了数据集中管理所带来的数据盗用风险,利用区块链的共识机制实现链上数据验证机能,确保数据的真实、可信,基于智能合约和数据存证保证能够按照数据共享规则进行数据交换,并能够通过存证对数据交换过程进行追溯。通过船舶建造检验、船东供方数据共享应用等实际验证了 CSBC 数据共享机制的安全性、可靠性,以及数据不可篡改等特性,为船舶行业数据共享提供了现实可操作的物理环境。

2. 推动 CSBC 数据共享生态下的船舶行业数据融合发展

在船舶与海洋工程行业应用工作组的机制下，基于 CSBC 的多场景数据共享应用得到快速发展。中国船级社正在联合船东、船厂、产品厂、设计院等有关单位，开展船舶行业数据应用规范的研究，以行业共治形式制定相关标准，满足行业数据应用发展的需求。目前，已从以船舶检验为核心的数据共享，逐步扩展至基于工业互联网的船舶建造数据共享（供应链数据链、设计验证数据链等）和航运数据共享（船岸协同等），下一步，将融合船舶建造与船舶运营维保的数据，打通造船与航运间的数据通道，实现跨行业数据融合。CSBC 正在建设成为船舶行业数字化转型的新型基础设施。

3. 研究以 CSBC 为基础的船舶数据要素市场机制

CSBC 不断融合造船和航运领域的数据资源，发挥数据的价值。将来，在价值数据和价值应用的基础上，数据交易会开始出现。工作组正在考虑与法律、经济等相关机构合作，有针对性地研究船舶数据议价、定价和交易的市场规则，助推船舶行业数据要素市场的形成，激发数据要素的活力，从而打造共建、共享、共治船舶行业数据新生态，助力船舶行业的数字化转型和高质量发展。

数据要素市场化环境下
金融数据治理面临的挑战与思考

沈一飞 *

作为数字经济的关键生产要素，数据的经济属性和价值属性不断受到关注和重视。2019 年 10 月，《中共中央关于坚持和完善中国特色社会主义制度中推进国家治理体系和治理能力现代化若干重大问题的决定》提出将数据作为生产要素之一参与分配，这是首次将数据要素写入中央政策文件。2020 年上半年，中共中央、国务院相继发布《关于构建更加完善的要素市场化配置体制机制的意见》和《关于新时代加快完善社会主义市场经济体制的意见》，进一步明确了加快培育数据要素市场的具体要求。

金融业是数据密集型行业，拥有海量的高价值数据资源。尤其是近年来，大数据结合云计算、人工智能、区块链等技术在金融业的应用水平日益提升，促使金融业服务理念和经营模式不断发生变化。在此背景下，探索推进以"挖掘金融数据价值"和"保障数据安全与隐私"为核心的金融数据治理具有十分重要的现实意义。本文拟通过介绍数字科技在金融领域的发展脉络，分析金融要素市场环境下金融数据治理面临的问题与挑战，并展望金融业数据要素创新驱动发展及数据治理未来趋势。

---

* 沈一飞，中国互联网金融协会业务一部主任。

一、金融科技持续发展为金融业充分发挥数据要素潜力奠定重要基础

（一）金融信息化发展积累海量数据资源

20世纪80年代以来，随着电子信息技术的发展及其在金融领域的广泛渗透，计算机应用逐渐替代手工操作，在银行业率先实现了会计账务和各项金融业务的电子数据处理，并逐步建设起以柜面业务为主的计算机应用以及计算机区域网络，实现了部分城市的储蓄业务通存通兑，开辟了新的支付体系，如信用卡系统、自动柜员机系统等。除银行业之外，证券、保险等行业也加快了电子化建设步伐。1993年，全国电子证券交易系统（NET系统）开通，实现了异地直接报盘、卫星双向通信传输、计算机自动撮合等业务功能。1996年，中国人民保险公司完成从承保到理赔的系列计算机软件开发，并开通货运险电子信箱系统。这一时期，传统金融作业方式发生根本性变革，金融业务处理的自动化和业务管理的信息化水平迅速提升，金融机构自身数据资源逐步丰富。

进入21世纪，金融网络化实现信息化发展跨越式进步。一是金融机构抓住地面网络和移动互联等技术迅猛发展，建设了功能齐备的数据中心和覆盖全国的网络系统，完成了全行数据大集中，信息系统基本实现了对业务和经营管理的全面覆盖，缓解了因业务快速发展而长期积累的数据孤岛问题，有效提升了资金配置效率和服务质量，推动金融服务由"以账户为中心"向"以客户为中心"发展。二是金融基础设施网络基本建成，现代化支付系统、银行卡联网通用系统、清算结算系统、征信系统、金融资产登记托管系统、集中交易设施等建成投产，与金融统计、国库、反洗钱等信息系统互联互通，保障金融市场稳健高效运行。三是网上购物和电子商务的不断繁荣助推第三方支付产业孕育兴起，成为传统金融服务的有效补充。这一时期，资金融通、支付结算等交易都转变

成数据信息并得以大量积累。

（二）数据治理相关机制建设和应用探索逐步发展

21世纪以来，数据的经济属性和价值属性日益凸显，数据不再只是金融业务运营过程的副产品，而是推动金融业务发展的核心资源。在机制建设方面，大中型商业银行是行业先行者，通过成立专业的数据管理部门、搭建企业级的数据管控平台，逐步释放数据作为基础性战略资源的核心价值。人民币跨境支付系统、基于分布式架构的网联清算平台、统一的数字票据交易平台等金融业信息基础设施不断完善，进一步提高了支付清算和金融市场的规范化、透明化水平和处理效率。此外，随着金融业信息化程度和数据集中度的不断提高，单一性防御系统已经难以满足全面安全防控的复杂要求。相应地，金融业网络信息安全防控范围持续扩大，逐步涵盖数据存储安全、传输安全、网络安全、主机安全、应用安全等领域，并建立健全了金融业特别是银行业的网络信息安全保障体系。

在应用探索方面，金融业持续进行投入，建设了传统的信息管理系统（MIS）、联机分析处理数据库（OLAP）、数据集市、数据仓库以及大数据存储和计算平台等数据基础设施，整合应用金融机构内部数据资源。在数据架构中，各机构先后探索实施"数据厚后台"或"数据中台"战略，通过搭建面向应用场景的各种业务和技术平台，为前台应用提供灵活、稳定、高效的服务环境。金融科技从基础支撑到引领变革，金融机构利用信息技术创新金融产品、改变经营方式、优化业务流程，产品服务更加智能、场景结合更加紧密、数据价值更加凸显。

（三）金融科技兴起带来开放融合的新思维

金融业天生具有"经营数字"的属性，金融科技的开放、共享、包容、智能等特征，逐渐改变了金融机构传统经营理念。在数字化金融阶段，大数据、云计算、移动通信、人工智能等新一代信息技术正以前所未有的程度与金融业紧密融合，金融业分工日趋专业化、精细化，金融产业链和价值链被拉伸，各类从业机构注重结合自身特点，加快与互联网企业深入合作，通过优势互补、人才流动，不断打通多维生态场景，逐步实现线上线下融合发展。金融业利用数据资源已不再局限于机构内部各类业务数据，各金融机构纷纷建立起外部数据管理平台，实现了外部公共信息如工商、税务、司法机构等数据互通。同时，分布式数据库以及各类非关系型数据库的兴起，扩充了大规模、高并发的数据处理能力，传统的关系型数据库和数据仓库平台正面临挑战，大量的数据被转移到大数据平台处理。

二、数据要素市场环境下金融数据治理需要把握好几个关键问题

充分释放数据价值在很大程度上依赖于建立科学合理的数据治理体系。国际数据管理协会（DAMA）认为，数据治理是对数据资产管理行使权力和控制的活动集合，数据治理职能指导其他数据管理职能如何执行。从本质上看，数据治理更加关注数据所有权问题，强调设定一种制度架构以达到相关利益主体之间的权利、责任和利益的相互制衡，数据治理具有多维度、跨学科等特点。在当前我国金融数据治理的研究和实践中，数据权属不明、数据质量不一、数据资产定价方式模糊、个人信息泄露等问题仍较为突出。为避免金融数据治理的碎片化，在构建和完善金融数据治理体系过程中，需要在数据安全、数据质量、数据技术、数据资产等方面把握好几个关键问题。

（一）数据安全

数据安全强调的不仅是数据层面，而且拓展到关键信息基础设施等更大的范围。面对当前严峻的数据安全形势，国家先后出台了《中华人民共和国网络安全法》《信息安全技术个人信息安全规范》《个人金融信息保护技术规范》等法律法规，但依然无法杜绝各类安全事件的发生。一是数

据流转带来数据泄露问题。在金融业务活动中，所有数据会以全生命周期的形式进行实时动态流转，数据本身时刻被各种系统、人员全方位进行使用和消费，客观上造成了信息泄露场景的增加，同时，由于金融机构对业务高可靠性的要求，"两地三中心"已经成为目前金融机构的标准建设方案，间接导致数据安全的防护工作更加复杂。二是数据权属不明晰导致个人信息过度采集、滥用和侵权行为时时发生。近年来，一些机构在对外办理业务或提供服务的过程中，大量搜集与本机构服务内容不相关的信息，而未充分告知或提示用户相关情况，甚至随意共享或交易个人数据，使信息诈骗、网络诈骗、敲诈勒索等下游犯罪频发，不断冲击公众对大数据应用的信任。三是国家数据主权面临挑战。金融数据的核心价值吸引了各种有组织犯罪和国家间谍，给国家安全带来严重威胁；数据的开放性特征也在一定程度上淡化了数据的国家主权特征，降低了相关机构的安全意识。据美国电信巨头 Verizon 发布的 2019 年数据泄露报告（DBIR），在金融和保险行业，网络应用程序攻击、滥用特权和各种各样错误引发的数据泄露事件占 72%，其中，88% 的泄露动机来源于金融，10% 的泄露动机是谍报；对用户个人造成的数据威胁最多，占比达到 43%。

（二）数据质量

数据质量一般通过准确性、完整性、一致性、时效性、可信性以及可解释性等特征来界定，数据质量的好坏决定了数据价值的高低。2018年，银保监会正式发布《银行业金融机构数据治理指引》，强调银行业金融机构要加强数据治理，提高数据质量。目前我国金融业存在的数据质量问题主要包括：一是由于金融数据来源众多，数据结构复杂多样，不同数据之间存在不一致或相互矛盾的情况，金融机构在数据收集阶段确保数据定义的一致性和元数据定义的统一性面临诸多挑战。二是早期的信息系统往往在架构管控、数据标准方面不符合现行标准且难以一次性改造到位，造成数据在不同业务部门和系统间分割，形成数据孤岛，主数据概念不清晰，导致金融机构的数据具有长期性、隐蔽性和复杂性问题。三是近年来随着非结构化数据的显著增多，将其转换为结构化数据进行存储、处理及分析，极易产生数据不准确或缺值等问题，传统的数据库技术、数据挖掘工具和数据清洗技术已经逐步显现出局限性，这就要求企业在转变数据存储方式的同时，开发、设计或引进能够满足大数据特点及要求的数据质量检测和清洗的智能化工具，通过提前规划数据埋点，高效高质地完成数据采集和分析。四是金融数据的变化速度较快，如果数据处理不及时，"过期"的数据可能就失去了最有价值的阶段，甚至与实际数据不符，在此基础上得出的数据分析结果会使企业决策无效或决策错误。

（三）数据技术

目前，我国数据治理体系远未形成，数据共享利用效率与数据隐私保护之间的矛盾仍然存在。与此同时，全球各国都在加强数据安全和隐私的法律保护，欧盟颁布的《通用数据保护条例》（GDPR）以及美国《加州消费者隐私法案》（CCPA）的实施，均对用户个人信息采取了非常严格的数据保护措施。这些法规在规范企业使用消费者个人数据的同时，也给大数据技术中普遍使用的数据交互带来新的挑战。以人工智能技术为例，深度学习依赖于通过海量数据进行模型训练，从而不断改进，但是数据孤岛问题使得数据价值难以有效释放。为了应对上述挑战，数据安全融合技术快速发展，联邦学习作为一种解决方案，通过加密的分布式机器学习技术，可以使各参与方在不交换数据的情况下进行协作；而利用迁移学习能够解决数据异质性问题。此外，数据中台建设通过从前台和后台提取有价值的数据并进行集中存储、管控和分发，可以为金融机构在数据标准、数据采集、数据管理、数据使用等一系列过程上提供深层次数据赋能方案，有助于为数据要素市场化清除最后的发展障碍。

（四）数据资产

数据资产是由企业拥有或者控制的，能够为企业带来未来经济利益的，以物理或电子的方式记录的数据资源。目前，我国在数据确权、定价、交易等方面均有不同程度的探索，但是由于数据的无形性、可复制性、可共享性等特点，数据资产化依然存在数据权属模糊、定价交易方式粗犷等问题，已经成为制约金融数据价值创造的重要因素。

第一，数据天然没有标签和属性，容易被复制和篡改，在开发利用的不同阶段都有相应的主体和相应的法律关系存在，导致数据的所有权难以确定。具体来看，在个人数据层面，产生原始数据的个人对数据享有绝对的所有权，但原始数据经金融机构整理分析后，就变成了商业数据中的"原生数据"及"衍生数据"，金融消费者与其关联数据权属不清，就易产生黏性数据风险。在外部数据层面，数字科技背景下，金融机构会借助第三方数据进行业务分析，但是这种运营模式加大了数据权属法律规制难度，而且在现行规则下，部分第三方服务机构还游离于金融监管之外，尤其是对金融科技企业的监管缺失也会导致潜在数据风险。

第二，价值是定价的基础，金融数据的多样性，决定了其价值取决于不同主体的判断和需求，每个数据集内部都隐藏着某些未被发掘的价值，加上买卖双方的信息不对称，使得数据价值具有双向不确定性。面对很多公司产品定价所采用的"千人千价"策略，消费者只能被动接受或者不接受。对于数据产品和服务来讲，只有引入合理的价格形成机制，才能有效防止"大数据杀熟"现象，确保消费者权益受到合法保护。此外，由于数据自身不会随着时间的推移而变化或消亡，数据价值可能会折旧或增加，金融数据资产还需要考虑折旧和增值的情况；金融数据使用权的交易，可以是排他的，也可以是非排他的，这些都是影响数据定价的因素，从而导致传统的定价模式和定价策略无法有效应对。

第三，数据交易是实现数据流通、促进数据价值释放的有效途径。当前，由于可流转数据范围、数据可流转主体对象、数据流转程序等数据合规流通路径不清晰，我国金融数据交易产生的争议和问题日渐增多。一是企业间数据纠纷频发，例如，超出双方协议的规定获取用户信息、未经平台授权获取平台的用户数据等。二是"黑产"市场的"数据掮客"

屡禁不止，使暗网中时常浮现敏感数据交易。三是数据集中趋势明显，大型金融科技公司凭借自身产生的用户数据规模优势，打造企业内部数据生态闭环，导致数据无法得到有效流通。四是跨境数据流动的统一规则尚未达成，亟须建立金融数据跨境安全评估规则，在确保中国大数据与中国公民个人数据的绝对安全前提下，增强与国际市场的互联互通。

三、数据要素市场化及金融数据治理未来展望

（一）数据要素价值不断释放，赋能数字金融高质量发展

在数字经济时代，数据要素市场将成为金融市场的重要组成部分。一方面，金融机构利用数据要素的乘数效应，改造已有的业务模式和金融服务方式，通过激发组织变革和制度创新，实现价值链的数字化转型。大型金融机构可以利用自有数据、公共服务数据以及采购到的第三方数据，综合计算和判断每笔业务的价值和风险，实现金融服务提质增效；中小金融机构可以继续发挥自身在行业细分领域的专业优势，通过"贴身"采集的数据，有效满足小微企业和个人客户的个性化金融需求。另一方面，数据要素市场的建立完善可以使数据通过"可用不可见、按用途和用量使用"的形态进行交易，任何主体合法合理的数据需求都能方便地从市场获取产权清晰、质量有保障的数据；数据提供方则将根据数据要素创造的价值，合理获得应有报酬。正如服务其他要素市场一样，金融机构也将为数据交易生态提供全方位支持，例如，推出数据经纪、数据托管和存储、数据咨询等直接相关的金融中介服务，发展数据估值、数据评级、数据抵押登记等数据信用市场，建设数据资产交易系统、数据支付结算系统、数据安全保障等数字金融基础设施。

（二）金融数据治理加快推进，数据安全防护水平进一步提高

近年来，国家和金融行业对数据治理的重视程度大幅提高，目前已基本建立起以《中华人民共和国民法典》《中华人民共和国网络安全法》

为核心，包括《金融机构客户身份识别和客户身份资料及交易记录保存管理办法》《金融消费者权益保护实施办法》《个人金融信息保护技术规范》等法规和行业标准在内的个人信息保护立法体系，并积极推进《中华人民共和国数据安全法》《中华人民共和国个人信息保护法》的立法计划，数据采集、使用、共享等环节存在的乱象初步得到遏制。与此同时，金融数据监管持续加强。2018年，中国银行保险监督管理委员会发布《银行业金融机构数据治理指引》，要求银行业金融机构将数据治理纳入公司治理范畴，并将数据治理情况与公司治理评价和监管评级挂钩，鼓励结合实际情况设置首席数据官。2019年，《中国银监会银行业金融机构监管数据标准化规范》更新颁布，通过增补修订10个监管主题域、1852个数据项、66张数据表，深入推进监管部门检查分析系统（EAST）应用。此后银保监会下发《关于开展监管数据质量专项治理工作的通知》，明确银行业金融机构就非现场监管、EAST和客户风险报送的数据开展为期一年的数据质量专项治理，对数据范围和数据质量提出了更高要求。此外，中国人民银行又发布了《金融数据安全 数据安全分级指南》，通过对数据进行分级分类保护，数据流通与应用的合规性将显著提高，不仅有助于金融机构建立覆盖数据生命周期全过程的安全管控体系，而且将进一步促进金融业数据相关业务的稳健发展。

（三）各业态围绕数字化主线深度融合，金融普惠程度日益提升

随着数字化转型的加快，金融机构借助资金流和信息流等渠道重构传统金融与产业之间的关系，利用其多场景、多维度的大数据优势，形成多样化的模型解决方案以提升自身数据治理能力，逐步从自我治理向与互联网企业、金融科技公司等进行生态合作治理的模式转变。这将有利于金融业提高服务大众的能力，进一步促进普惠金融发展。一是通过数据融合，强化宏观经济数据、产业发展动态、市场供需状态等关联分析，金融机构可实时监测企业运营资金流、信息流和物流信息，对企业经营状况进行全方位跟踪，为金融资源配置提供科学依据，引导金融资

源流向经济社会发展的薄弱领域。二是通过综合掌握司法、工商、税务、海关、电信等行业数据，获取更加完善的小微企业画像，有助于金融机构为小微企业融资提供更精准、更安全、更便捷的服务。三是通过科技赋能，降低服务成本，精准识别各种扶贫需求，金融服务的可得性将进一步提高，有助于广大人民群众均等占有金融资源，享有优质金融服务。

（四）金融科技创新发展，国际竞争优势地位继续保持

大数据、云计算、人工智能、区块链、物联网等数字科技工具，能够帮助甚至自主完成一系列"数据资产化、资产数据化"行为，是实现金融数据要素市场化不可或缺的生产工具。如区块链技术，其具有可信赖、不可篡改、透明性等特征，可以有效保障数据存储和传输的安全性，厘定数据产权，促进数据共享和流动，发挥数据产权最大效用，在未来金融数据治理中将发挥重要作用。可以相信，随着数据要素市场化步伐的加快以及金融数据治理的日益完善，我国将继续保持在金融科技方面的先发优势，并积累丰富经验。与此同时，全球各国正立足于本国的核心价值诉求，积极酝酿出台其数据治理战略政策以及法律规范，试图通过构建系统化的制度配套以及多层次的执法司法机制，在国际合作与竞争中取得理想的博弈地位。因此，立足于维护我国数据主权、促进数字化金融发展的基本价值立场，通过成文规范、技术标准以及司法判例的多重资源，使提升我国在国际数字金融体系构建上的话语权和影响力显得尤为重要。

数据银行打造数据要素融通新业态

林拥军　赵　阳　林镇阳*

数据作为新的生产要素，为社会经济发展提供了新的引擎动力，必将引领未来数字经济时代新的认知和发展革命。随着大数据技术及其应用的不断深化，数据所带来的价值效益不断凸显，数据要素作为数字经济最核心的资源，数据资源的开放共享、开发利用、融通交易等将对推动经济增长起到倍增效应。数据银行作为数据要素融通的新业态、新模式和新思路，以数据价值化为基础，紧紧围绕抓住产业数字化、数字产业化和数字化治理的机遇，实现数据要素的低成本汇聚、规范化确权、高效率治理、资产化交易以及全场景应用，解放和发展数字生产力，推动数字经济与实体经济深度融合。数据银行新业态将不断释放底层数据的价值，促进现代信息技术的市场化应用和整个数字产业的形成和发展，打造数字经济领域核心竞争力，充分发挥社会主义制度优势，走中国特色数字经济发展道路。

---

　*　林拥军，北京易华录信息技术股份有限公司董事长。赵阳，北京易华录信息技术股份有限公司副总裁、总工程师。林镇阳，北京易华录信息技术股份有限公司战略企划部高级研究员。

一、时代机遇，孕育数据银行新理念

（一）未来已来：从数据走向大数据

随着当今信息的爆发式增长和科学技术的突破，人类文明正从信息时代向大数据科技时代飞速变革，世界已从 IT 时代进入 DT 时代。

对于大数据的特征描述，阿姆斯特丹大学提出了"5V"自然属性，即数量（volume）、速度（velocity）、种类（variety）、价值（value）和真实性（veracity）特征。伴随着数字经济的逐渐发展，大数据在其产生、传输、计算、应用的过程中也都被印上了不同的社会属性，本文将其总结为大数据的"5I"社会属性，即数据整合（Integration）、数据融通（Interconnection）、数据洞察（Insight）、数据赋能（Improvement）以及数据复用（Iteration）（见图 1）。

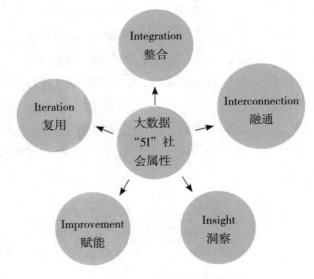

图 1　大数据 5I 社会属性

大数据的社会属性是数字文明下科技与社会不断交织构建的产物，是大数据自然属性与现代社会发展过程中所赋予和诞生的特性。大数据的碎片化和规模化必然催生了数据整合和数据融通的需求，通过对数据的重组、抽取、聚合、传输等操作实现数据的有序"熵减"，循环迭代，使数字"永生"成为可能；为了洞悉大数据背后的隐藏价值，则需要进一步的数据挖掘，通过对数据的特征分解、剖析和分析，从而产生新的价值数据。随着数字经济的不断成熟，数据助力赋能传统产业的数字化转型，同时数据产业作为数字经济的基础部分，将数字化的知识和信息转化为新的生产要素，通过信息技术创新和管理创新、商业模式创新融合，不断催生新产业、新业态、新模式，最终形成数字经济产业链和产业集群。

（二）新兴认知：新要素激活新价值

2020年4月，中共中央、国务院发布的《关于构建更加完善的要素市场化配置体制机制的意见》明确了数据作为土地、劳动力、技术、资本之后新的生产要素的论断，给了"数据"以新的历史地位。相较于传统土地、劳动力等生产要素的有限性，数据要素具有可共享、可复制、可无限供给等特点，成为推动经济增长的无限动力。数据要素作为数字经济最核心的资源，数据要素对推动经济增长具有倍增效应。刘鹤副总理曾指出："数据作为生产要素，反映了随着经济活动数字化转型加快，数据对提高生产效率的乘数作用凸显，成为最具时代特征新生产要素的重要变化。"

数据银行是数字经济时代背景下的产物，是经营数据交易和应用业务的数字金融新业态。数据银行将对数字经济的发展发挥导向作用，唤醒全社会对数据资产价值的意识，引领全社会更加重视数据要素和数据资产管理。数据资产化和数据交易的进程将深入挖掘和提升数据价值潜力，最大限度开发和释放数据要素价值，提高数据要素市场化配置的能力和效率，成为赋能和推动经济良性循环的新引擎。

二、创新发展，构建数据银行新模式

数据银行是在对海量数据的全量存储、全面汇聚、规范确权和高效治理的基础上，对数据进行资产化、价值化，最终实现数据的交易融通和应用增值，是数据经济时代的数据要素市场化配置下的新业态、新模式。基于数据银行的愿景构想，笔者提出了数据银行的业务新模式，通过对大数据的低成本汇聚、规范化确权、高效率治理、资产化交易和全场景应用五个环节，实现数据的高效汇聚、确权、治理、融通、交易和应用（见图2）。

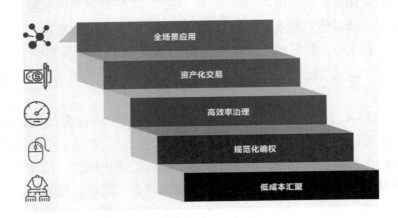

图2　数据银行的业务新模式

（一）低成本汇聚

1. 大数据时代面临的三座大山：能耗、成本、安全

大数据时代的到来，伴随着数据的爆发式增长，巨量数据存储的高成本给数字经济的发展带来了巨大的挑战。大数据的体量之大，其所配备的庞大的数据计算网络和数据存储耗电带来巨大的能耗。互联网数据中心（IDC）发布《2019中国企业绿色计算与可持续发展研究报告》指出，我国85%的数据中心PUE值在1.5~2.0，运维能耗成本在40%~60%，且磁盘列阵每隔3~5年就需要进行设备更换，大量电子设备的淘汰处理以及大量的能源消耗会造成不同程度的环境污染，更不利于数据中心实现海量数据的长期存储。此外，海量的数据使数据存储安全更难以得到有效保障。在海量数据场景下，网络病毒、木马等危害需要

人们在数据安全管理方面做好持久战的准备。能耗、成本和安全成为大数据时代面临的"三座大山"。

2. 低成本汇聚的四大理念：海量、绿色、安全、高效

随着数据呈现"核爆"式增长，对数据存储提出严格的要求：海量、绿色、安全、高效。在大数据时代，依据数据存储的"二八定律"（按访问频次的不同，划分为冷、热数据），冷数据占到80%，用热数据的存储方式保存冷数据必将消耗大量资源。冷数据存储成本的降低才是推动大数据产业快速发展的根本动力。在存储介质中，硬盘、磁带和半导体存储的记录内容受到热、磁冲击时记录内容会消失，而且每隔3~5年都要进行数据迁移，能耗成本高；光存储的物理记录原理使光盘的内容具有不可擦写、抗电磁辐射、低成本、低能耗的特点，目前商业化的单张光盘容量最大可达500G，50~100年内无须进行数据迁移。1PB数据量30年保存期，蓝光存储整体费用为磁盘存储费用的6.5%，耗电量仅为磁盘存储的0.3%。因此，以蓝光存储为核心的光磁电一体化大数据存储是兼顾和实现大数据存储的"海量、绿色、安全、高效"四个维度的解决方案。

（二）规范化确权

1. 数据确权：隐私保护和融通增值的前提

数据权利的界定与明确是数据合法获取、处理和交易制度的核心。源源不断的合法、完整、全面的数据源是数据银行的基础，也是国家发展大数据产业基础性战略资源的全局性问题。明确数据产权归属是数据银行模式实现数据融通增值的前提，充分认识数据的资产性质，构建数据权利制度是数据银行的基础。科斯定理指出：当交易成本为极低或零时，只要界定初始产权，就可以形成最优资源配置，促成帕累托最优。数据资产的权属界定有利于数据共享，是数据价值生产、数据资产评估和数据交易的前提。

2. 数据确权需要"技术＋规制"两条腿走路

数据银行面向多领域数据，跨域数据融合为平台核心能力，解决数据安全及隐私保护举足轻重，联邦计算和区块链是解决数据授权访

问、数据交易隐私保护的主要技术支撑。基于多方安全计算（Secure Multiparty Computaion）、TEE 可信计算（Trusted Execution Environment）、差分隐私（Differential Privacy）等技术的多方联合安全计算平台，要打造数据"可用不可见，相逢不相识"的极致安全体验。实现原始数据不出域的安全保障，最终实现数据银行全领域数据的安全融通。数据确权同时更需要相关法律法规、政策制度软环境的支持，实现"技术＋规制"两条腿走路。随着数字经济日益蓬勃发展，数据权属生成过程愈加复杂多变，从全球范围来看，数据确权问题均是巨大挑战，当下我国在数据确权定价相关的行政立法、行业标准和市场准则研究方面亟须突破，使数据作为生产要素和效用要素，更好地快速融通，释放潜力。

（三）高效率治理

1. 数据治理及其面临的挑战

数据银行所汇聚的海量数据大多为非结构化和半结构化数据，并且随着网络和信息技术的不断发展普及呈现出爆炸式增长；而数据的所有权与地理分布属于多个机构的资源，系统规模大、存储复制、采集转换过程复杂；不同部门对数据的定义和使用可能存在比较大的差异，各部门之间的数据不能互通，数据林立；对于数据处理的处理方式较为单一，未能最大限度地提取出数据中的价值。由于数据量大、数据维度杂、处理能力不足等原因，导致了数据治理的低效性和开发利用的复杂性。

2. 数据银行高效率治理方案

基于数据银行实现的数据高效率治理以海量数据资源为基础，以云计算、AI、大数据、容器服务等技术为支撑，提供统一便捷的数据获取、存储、管理、治理、分析、可视化等服务，通过对数据生命周期的管理，提高数据质量，促进数据在"内增值，外增效"两方面的价值变现。数据银行高效率治理的核心在于结合光磁电一体化的低成本存储资源，扩大数据的采集范围，提升数据治理的深度，提高数据利用率；同时，依托数据银行产业化链条降低应用产品孵化成本和产品快速应用变现，实现数据价值的最大化，最终实现数据融通统一管理和专业全过程治理。

基于数据银行模式的高效率的数据治理包含以下特征。

第一，服务微服务化，流程及标准可配置化。1套治理服务框架 +N 个应用端，即可满足不同业务场景需求。

第二，全方位数据治理管控。制定符合国际、国家、行业、企业等规范的治理标准，安全可靠，同时可视化拖拉拽完成数据标准化清洗和质量监控管理，无须编码，形成数据全生命周期的治理趋势。

第三，多维度数据管理。支持多种异构数据源，快速简便地接入和元数据管理配置，实时 / 周期实现数据库同步，厘清数据资产。

第四，数据价值持续释放。分模块集成了全文检索、图谱分析等数据应用能力。在拥有海量数据湖和政府企业数据资源的基础上，可显著提升治理后数据的使用率。

第五，资产视图全透明化。建立专业标准的多元数据地图，实现全局资产视图，方便用户了解平台运行情况。

第六，数据全面安全。通过集成的用户管理平台提供保证，采用加密协议保证通信密钥加密，同时用户和数据权限分级分类管理，可按照需求灵活分配权限。

第七，智能服务。提供一站式数据服务开发、测试部署能力，实现数据服务敏捷响应，降低数据获取难度，提升数据消费体验和效率以适应多场景的应用，最终实现数据银行数据资产的变现。

（四）资产化交易

1. 资产化的数据

数据作为一种新的生产要素，但并非所有的数据都是资产，当只有合法拥有的数据满足可控制、可计量、可变现等条件时才可能成为数据资产。基于提供的"海量、安全、绿色、生态"的光磁电一体化存储服务，融合数据感知、存储、分析为一体的数据银行新基建，实现数据的统一汇聚、存储，经过中层的数据资产化、数据商品化，上架数据银行进行数据交易和融通；最终，在存储层实现数字孪生，在数据价值层实现数据的共享和红利释放，并基于此模式吸纳更多、更新的有价值数据入湖，实现业务的闭环。

2. 交易业务概述

数据资产化交易是数据银行新业态的积极探索，其业务模式按照数据权益归属来分，可分为使用权、收益权、所有权三种交易模式。按交易对手来分，主要有 C2B 分销模式、B2B 集中销售模式、B2B2C 分销集销混合模式三种，按照主要交付形式，主要有 API、数据集、数据报告及数据应用服务等。基于以上分析，本文提出数据银行的商业模式，即在传统的以撮合交易为主的数据交易平台的功能之外，发挥光磁电一体化海量大数据的存储优势，开展受托存储以及在此之上的受托分析和受托交易服务，如表 1 所示。

表 1　易华录数据银行商业模式

业务内容	盈利模式
受托存储	为政府、企业和个人提供海量数据存储服务，收取存储费用
受托分析	为不具备数据分析处理能力的机构组织个人提供数据分析挖掘业务
受托交易	对受托存储、受托分析的数据进行受托交易，收取佣金
数据集市	交易撮合，作为数据交易平台，对接数据供需方和处理方，收取佣金

数据银行是在安全、合规的前提下为多种用户角色提供数据的加工、开发和监管，实现数据融通的全生命周期管理和商业化运营，促进数据在合法范围内流通，激发数据价值，满足各方的数据需求——数据供应商：数据权属确认、数据质量评估、数据定价、商品的发布、交易的结

算。数据需求者：数据商品或者服务的购买。数据服务提供者：数据服务参与众包需求及服务的开发。

（五）全场景应用

数据银行通过数据存储、确权、治理以及交易的一系列流程，最终目的在于将数据要素落地于各个产业一线，通过推动数据流引领物质流、资金流、业务流、人才流、技术流，实现数据融通之后的全场景应用，赋能行业产业发展，助力数字经济全面发展，推进产业模式创新、推动产业转型升级、推动政府数据融合共享和开放应用，释放数据红利。列举数据银行实现数据资产化交易之后的全场景应用案例情况，如表2所示。

表2　数据银行全场景应用案例

应用场景	数据类型	数据特点	数据提供方	数据需求方	应用场景详述	交易模式
医疗领域	基因数据	数据量大、终身不变、价值高	个人、相关基因测序机构	医药公司、保险公司、医院、农企	基因数据脱敏之后应用于医学疾病研究、药品研发；相关保险产品推荐；人类疾病预测、人体菌群调整、教学模型、新生儿优生、农业育种	受托存储；数据集市
	影像数据	数据量大	个人、医院	学校、AR厂商	模拟手术平台、远程手术平台	受托存储；数据集市
	患者病历数据	数据量大，应用场景多	个人、医院	医药公司、保险公司、智能家居厂商、地图软件厂商、医院和疾控中心	脱敏后用于健康险、药品险和疾病险调整；辅助制药；挖掘家庭智慧医疗切入点，完善智能家居功能；医院接口推荐；治疗流程优化，流行病预警	受托存储；受托分析；受托交易；数据集市

续表

应用场景	数据类型	数据特点	数据提供方	数据需求方	应用场景详述	交易模式
司法存证	庭审音视频、卷宗档案等	数据量大、需长期存储	检察院、法院、公安	律师事务所，智能司法开发商	个人学习；基于庭审音视频的辅助判案，法条推荐	受托存储；受托分析；受托交易；数据集市
教育领域	学校录像	数据量大、长期存储	学校	智慧教育开发商	辅助尚未成年学生的成长教育；描绘学生成长画像	受托存储；受托分析
	长期学习档案	长期存储	学校	教育机构，择业机构，个人	描绘学生成长画像	受托存储；受托分析
	课件资源、作业资源和仪器资源	长期存储、价值大	教师、学校	网校，公益，素材网站	采集课程录频进行公益学习（TED）或提供在线学习（平复区域教学资源差异）；美术、设计、建筑的数据资源变现；仪器资源共享目录和监管	受托存储
科研领域	天文数据	长期海量数据、数据获取成本高、全量存储、产学研转化可能性高	天文台	天文爱好者、游戏厂商、App开发商	研究星体和发现新星、买卖星名；利用数据进行建模，构建游戏场景；星图软件、辅助拍摄软件、天文导航等App	受托存储；受托分析；受托交易

应用场景	数据类型	数据特点	数据提供方	数据需求方	应用场景详述	交易模式
城市人车物数据	卫星遥感数据		卫星公司、航天局	地图公司、旅游公司、保险公司、自动驾驶厂商	为地图导航商家提供测绘、街采对比；构建景区全景地图和全息旅游；极端地区的跟踪监管；气象保险公司制定策略；自动驾驶的智网建设和端边布局	受托存储；受托分析；受托交易
	车辆通行数据	数据量大、可应用场景多	交通部	货运公司、金融机构、地图公司、加油站等配套设施	对车辆、司机、货运单位的行驶行为、运力、信用进行评估；金融机构用于征信赋能、风控数据支持；供应链平台用于分控赋能；ETC信用筛选；智慧交通开发，地图导航预测及指引；与车辆相关配套设施的建设运营指导	受托存储；受托分析；受托交易；数据集市
	城市人流数据	数据量大，实时更新	交通部	广告销售商、城市管理、公安	根据人流数据加上年龄、职业、特定区域等数据分布，实时投放广告；人口流动预测、车流管控和调度辅助；逃犯持续跟踪；商户选址	受托存储；受托分析

三、政企协同，助力数据银行新业态

培育发展数据要素市场，加速释放数据要素市场红利是数字经济发展的必然要求，数据银行作为数据要素市场的新业态、数字经济发展的新模式，需要坚持政府引导和市场机制相结合的原则，政企协同，角色联动，强化数据要素融通制度保障，打通数据要素融通环节壁垒，加强数据融通技术创新，构建以数据银行为抓手的数据融通新生态，探索中国特色数字经济道路（见图3）。

探索中国特色数字经济道路　　强化数据要素融通制度保障

加强数据融通理论技术创新　　打通数据要素融通环节壁垒

图3　政企协同助力数据银行新业态

（一）强化数据要素融通制度保障

加快标准立法建设，优化数据交易环境。为规范数据银行的数据活动，保护数据隐私和权利，促进数据资源共享开放和全面深度开发利用，提高数据资产流通自由度和有效性，需要提升政府的监管力度，加快制定相关政策法规和标准规范，借鉴国内外先进经验，逐步探索建立国家层面和结合各地实际情况的数据交易法律法规和行业标准，推动数据银行数据融通交易迈向标准化、规范化。

从"数据资产管理"走向"大监管大服务"。中国政府掌握着80%的高价值公共数据，如何盘活这些海量数据资源，是未来数据银行产业发展和数据要素赋能社会的关键。从趋势上看，未来政府的大数据应用将逐步向"大监管大服务"方向迈进，用于实现更精准高效的监管和更便捷深入的服务。顺应数字经济和政务治理电子化的浪潮，落地城市大脑、交通感知与管理、社会舆情监管等应用，切实提升政府服务能力，将成为政府大数据发展的机会点所在。

政策扶持助力，推动数字经济产业规模化。政府需要承担起数据要素市场建设的龙头作用，把握全球数字经济发展的重大战略机遇期，一方面，加快数据要素价值化进程，促进实体经济数字化转型；另一方面，着力提升产业基础能力，坚持应用牵引、体系推进，鼓励促进突破数据确权、安全隐私保护等核心关键技术，支持产业链上下游协同创新，强化产业链韧性；同时支持数字经济集群和数据融通示范区的建设，设立共性技术平台和公共服务平台；最终深化数字经济开放合作，深度参与全球数字经济合作。

（二）打通数据要素融通环节壁垒

打通政府机构部门数据壁垒，实现数据统一管理。由于顶层设计缺失与数据标准不一等历史原因，政府各部门、各层级间不敢、不愿、不能开放数据的现象依然存在，数据烟囱、信息孤岛和重复冗余应用成为阻碍数据要素融通、数据红利释放的罪魁祸首。为此，首先，政府需要建立切实有效的数据开放目录标准、数据资源分类标准、政务数据互通的标准规范，形成数据脱敏指南和数据开放技术规范，形成数据要素市场建设合力，实现区域间和机构间数据要素共享。其次，探讨建立创新要素高效配置规则体系。设立专职部门和人员主责开展工作，明确各级部门和相关机构的责任义务，为参与数据开放的部门提供清晰可行的操作路径及办法。最后，为了避免重复建设和资源浪费，还有必要在充分考虑区域性、行业性发展需求的基础上，将多个相互分隔、互不协调的数据中心，跨地区、跨系统地有机融合，形成具有协同效力、一体化的国家级数据银行平台。

加快数据开放进程，与数据增值交易形成良性互动。李克强总理在中国大数据产业峰会指出，"80% 的数据掌握在政府手中，政府应共享信息来改善大数据"。政府作为公共数据的核心生产者和拥有者应加快数据开放，推动数据流通和数据增值交易，释放数据价值。通过数据开放进一步丰富数据品类、扩大数据规模，在供给上提供数据要素基础；同时，数据增值变现能力提升并产生规模化效益后，将在一定程度上鼓励数据拥有者向社会开放数据，反哺数据开放进程。通过设立数据银行建立数据资源开放共享和交换监管制度，完善数据资源确权、流通、交易规则和机制化运营流程，实现数据开放与数据交易间的良性互动作用，逐步为数据要素融通构建起良好的环境氛围和可持续发展的应用场景。

（三）加强数据融通理论技术创新

完善新一代信息网络基础设施，强化数字经济基础支撑。在"新基建""新要素"的国家政策的指引下，政府应着力加强新型数字基础设施建设，加快 5G 网络基站、大数据中心、工业互联网等基础设施落地，同时加大对传统基础设施的数字化改造力度，引导企业、行业加快数字化转型，推动社会经济转型升级。政府应践行"技术先行"的理念，鼓励市场为数据要素融通夯实技术底座，紧密围绕数据交易场景中的区块链技术、数据确权技术、数据安全技术、EID 身份确权认证等核心技术，强化数字经济的技术基础，为数据银行的技术架构提供思路导向。

加强原创科技创新、着力产业融通理论与技术实践研究。对于数据银行这类崭新的应用场景和市场模式，需要大量、多元、持续性的创新成果为其提供理论支撑和技术支持，包括区块链、密文计算、差分隐私、可信计算、联邦学习等技术，数据确权定价、交易治理等理论；也需要开设数据交易示范区进行实践尝试和探索。创新研究为实践落地持续提供保障、开拓路径，实践经验再为原创科技反馈优化方向和问题所在，敏捷迭代中探索出一条可行的数据要素融通链路。

政府应积极推动高校、科研机构、政企之间的深度合作，使政、产、学、研、用创新成为数据银行发展创新的重要战略选择。传统的单线式创新已不能适应当今的复杂环境，唯有建立多元主体共同参与的协同创新模式，才能实现由政府精准牵头把控，学界深入聚焦探索，产业界积极践行验证的协同创新联盟，为数据融通提供技术底座和理论依据。通过加大创新创业的资源投入，营造积极向上的创新创业氛围，为数据融通技术和理论的研究提供人才政策和资金支持，在科技创新、产品创新、科技人才培养等方面调动政、产、学、研、用各自具有的资源优势，充分发挥政府的宏观调控能力，以及用户的市场导向作用，进而提升原创科技创新能力，促进科技成果转化的制度安排。

（四）探索中国特色数字经济道路

主要政府数据权属国有化，计算赋能服务市场化。数据确权是完善数据要素资源有效配置的首要任务，数据权利的类型、主体和内容都是目前学术以及产业界研究讨论的热点。2020 年 7 月发布的《深圳经济特区数据条例（征求意见稿）》指出，以政府数据为代表的公共数据作为数据要素的主要构成之一，属于新型国有资产，其所有权应该归属集体所有，即权属国有化。在保障数据安全和隐私保护的前提下，以政府数据为代表的公共数据应由政府统一管理、合理合法开放共享，推动数据要素增值更好地服务于社会治理、民生生活和经济发展。

在明确主要数据要素权属国有属性的前提下，还需要依靠市场化地配置以更大地发挥数据要素价值。通过以云计算、区块链、人工智能等大数据技术挖掘数据要素价值，赋能传统行业实现产业数字化转型；同时加快数据产业化发展进程，促进数据要素融通，实现数据要素资产化，加速以数据银行为代表的数字经济快速发展，不断释放底层数据的价值，促进现代信息技术的市场化应用，推动整个数字产业形成和发展。

发挥体制优势，践行中国特色数字经济发展之路。中国作为社会主义大国，中国共产党的领导保证了国家的稳定和发展，形成了稳定的政治核心、国家能力及其长期性保障，为数字经济的发展提供了良好的土壤。民主集中制的方式保障了数字经济建设的高效发展，国家和地方政府若能发挥好引领的职能，我国在国际和区域竞争中就有望发挥后发优势，并实现弯道超车。虽然相比发达国家，我国的数字经济发展起步较晚，但由于数字经济的特殊性，我国正处于数字经济的高速发展阶段，具有很强的后发优势，抓住数字经济的时代机遇，把握经济发展的有利窗口，集资集力，综合创新，打造中国数字经济技术优势、制度优势和文化优势。同样的，对于国内经济相对暂时落后的三四线城市，早期由于资源、地理位置等因素的限制无法快速发展，而在数字经济时代，发展的鸿沟逐渐变小，赶超将变成可能。

随着中华民族的伟大复兴和中国经济的快速腾飞，中国已经成为世界上最大的数据生产者和数据消费者，发挥数据要素化的根本目的是坚持和完善中国特色社会主义，打造数据强国，更好地服务于国家和人民。数据要素化离不开我国国家创新能力和科学技术发展的支撑，离不开新兴网络空间综合治理体系的打造，要坚持发挥中国特色社会主义制度的先进性，维护国家数据主权，走中国特色的数字经济发展之路。

国内大数据交易中心发展经验

唐　琛　陈柏屹　郭懋博[*]

一、从无到有，上下求索

贵阳大数据交易所是在贵州省政府、贵阳市政府的支持下，于 2014 年 12 月 31 日成立，2015 年 4 月 14 日正式挂牌运营，是我国乃至全球第一家大数据交易所，2017 年 4 月 25 日入选国家大数据（贵州）综合试验区首批重点企业。2015 年 5 月 8 日，国务院总理李克强批示贵阳大数据交易所：希望"利用'大数据 ×'，形成'互联网 +'的战略支撑"。

贵阳大数据交易所总部位于贵阳，坚持在国家监管监督的框架下，打造"一个交易场所 + 多个服务中心"的新模式，已在 11 个省或市设立服务分中心，服务于全国会员单位。秉承"贡献中国数据智慧、释放全球数据价值"理念，贵阳大数据交易所积极推动政府数据融合共享、开放应用，激活行业数据价值，贵阳大数据交易所志在成为全国重要的数据交易市场，打造国际一流的综合性大数据交易服务平台。

贵阳大数据交易所通过自主开发的电子交易系统，面向全球提供专业服务，提供完善的数据确权、数据定价、数据指数、数据交易、结算、

---

　　* 唐琛，贵阳大数据交易所市场部总经理。陈柏屹，贵阳大数据交易所市场部经理。郭懋博，贵阳大数据交易所市场部经理。

交付、安全保障、数据资产管理等综合配套服务。按照《贵州省数字经济发展规划（2017—2020 年）》统一部署，贵阳大数据交易所实施"数+12"战略，不断完善经营模式与大数据交易产品体系，健全数据交易产业链服务，助力贵州数字经济发展。

截至 2018 年 3 月，贵阳大数据交易所发展会员数目突破 2000 家，已接入 225 家优质数据源，经过脱敏脱密，可交易的数据总量超 150PB，可交易数据产品 4000 余个，涵盖三十多个领域，成为综合类、全品类数据交易平台。贵阳大数据交易所已连续四年（2015—2018 年）承办"数博会"专业论坛——中国（贵阳）大数据交易高峰论坛，发布《中国大数据交易产业白皮书（报告）》《贵阳大数据交易观山湖公约》《大数据交易区块链技术应用标准》等成果，引领大数据交易产业发展。

贵阳大数据交易所参与了国家大数据产业"一规划四标准"的制定，分别是工信部《大数据产业发展规划（2016—2020 年）》和全国信标委《大数据交易标准》《大数据技术标准》《大数据安全标准》《大数据应用标准》，于 2016 年 5 月 26 日成为全国信标委"大数据交易标准试点基地"，2017 年 3 月 18 日荣膺"全国信标委大数据标准工作组 2016 年优秀单位"。2018 年初，贵阳大数据交易所应邀参加国家科研项目"科技成果与数据资源产权交易技术"。

坚持产、学、研一体化发展道路，贵阳大数据交易所已同中国工程院院士沈昌祥合作创建我国大数据领域第一个院士工作站，联合相关方发起成立"大数据交易商（贵阳）联盟""数据资产安全应用研究中心""城市大数据产业发展联盟""大数据交易联合实验室""大数据不作恶同盟""数据星河生态圈暨跨区域、跨行业数据融合共享应用生态圈"，启动"城市数字引擎"，与中信银行共建"金融风险大数据实验室"，与欧比特宇航共建卫星大数据交易平台，经农商银行发展联盟授权成立"全国农商银行金融风险联合实验室"，共同激活我国亿万数据资产价值。

二、探索大数据交易新路径

（一）数据市场要素流通价值再发现

如今，数据作为数字经济时代的全新生产要素，其具有的外部性、非结构性、非标准化、资源标的多变性、边际成本递减、规模报酬递增等特征，使数据的权属界定、价格形成、交易流通、开发利用等各个环节均存在诸多待解决的问题和挑战。

大数据分析一直是企业获得竞争优势并实现其目标的关键策略。企业通常会选择必要的分析工具来协助处理数据，并确定某些事件发生的原因。毫无疑问，这种策略在分析收集到的信息以预测消费者行为方面非常有效，公司可以在客户采取下一步行动之前就知道他们必须如何应对。这种策略还可以提供给企业更多的数据背景，以帮助理解这背后的原因。

据交易所过往交易案例的分析，部分中小企业存在纯数据交易后数据源使用困难的情况，这严重影响了大数据交易中买方企业对已购数据进行有价值的挖掘与分析，也成为数据市场数据流通最大的壁垒，为针对大数据交易市场这一突出问题，贵阳大数据交易所创新突破传统交易佣金服务模式，线上采用数据源与增值服务双轨并行的商业模式，为目标客户提供额外的数据清洗、脱密、建模等数据产品，以满足客户需求。

随着客户市场的需求逐渐转变，以及数据政策和各地的数据管理办法等法律法规的完善，贵阳大数据交易所一直在结合市场需求以及政策的变化，全力围绕"大数据平台+"打造一个多维度、多功能的行业链条，满足多方位客户需求。另外，利用交易所的数据资源，使之与各行业深度融合，开启数据资产运营以及数据资产评估模式，逐渐推进数据资产化以及数据要素市场化的工作。

（二）基于"大数据平台+"战略，打造数据交易新模式

目前，贵阳大数据交易所正在全力打造"大数据平台+"的模式，

构建"大数据平台+"数字开放战略，整合实现以下平台功能。

1. 政府数据价值实现

政府作为市场要素中最大的价值数据拥有方，应在释放政府数据价值，构建政府数据核心生态链中起到"原料"输出作用，然而因为政务数据孤岛问题，各部门的数据难以做到共享和公开，始终为政务数据市场化流通制造客观障碍，为解决全国范围内其他城市的政务数据整合问题，交易所筹备在全国各地建立大数据分中心，由当地大数据分中心作为交易所前端与当地政府开展合作交流，同时共享交易所数据资源，整合当地可公开的政务数据形成数据产品，通过数据产品产生的产业链效应反哺政府，提高政府的办公效率，公司与各分中心达成共享数据共识，实现数据共享，推动数据财政发展，驱动本地经济增长的同时也解决当地就业问题，打破城市数据"孤岛"现象。

2. 非标化数据治理

现阶段数据非标化严重，对于各行业的应用场景落地以及数据交易的难度都有不同程度的增加。贵阳大数据交易所从2018年开始致力于"数+12"战略，在垂直行业领域，贵阳大数据交易所与行业代表性企业共同成立行业分中心，进行数据治理、数据标准、数据融合、数据收集、数据加工等工作的探索，挖掘各行业数据价值，促进各行业数据流通，共同制定行业数据标准。

3. 大数据服务咨询

政府部门以及众多中、小型公司逐渐意识到大数据的重要性，但如何使用大数据却是个问题。这就需要专业团队评估指导，而贵阳大数据交易所将会与高校、研究院、实验室等专业机构合作推出数据咨询服务，通过全面的体系，传递及时、准确的数据与情报，为政府、投资机构、战略投资者、资产管理公司等提供数据、资讯及分析工具；为政府反馈数据市场的有效需求，促进政府释放针对性可公开数据，帮助政府提高社会工作效率，提高施政满意度；为企业提供专业的行业研究与业务实践咨询服务；为机构出资人提供全面的投资咨询顾问业务，帮助投资机构进行深度品牌管理与营销传播工作。

4. 交易所会员纵深发展

交易所将继续拓展交易会员基数，增多线下拜访与线上会谈拓展会员的频率，打通上下游产业链，满足客户更多合法合规的数据需求。交易所会员目前是贵阳大数据交易所交易的基本参与单位，一方面，作为交易主客体，会员数量直接决定了交易所交易业务开展量；另一方面，依托会员制度进行品牌市场营销，对贵阳大数据交易所在大数据行业及非大数据行业影响力显著提升，所以会员发展工作仍将是未来很长一段时间内贵阳大数据交易所的业务重点。

5. 制订行业内权威职业等级考试计划

交易所联合高校、研究院、实验室等专业机构为要普及大数据知识和想要深度学习大数据的人员进行专业培训，与国家权威发证机构展开合作，扩大大数据等级考试影响力，帮助企业识别人才职业等级，提高招聘工作效率，帮助大数据人才更好地利用大数据等级考试提升自身业务水平，提高薪资待遇。

6. 大数据标准研究与制定

数据不同于其他任何一类产品，数据要素不同于其他任何一种生产要素。2020年4月9日，中共中央、国务院颁布的《关于构建更加完善的要素市场化配置体制机制的意见》（以下简称《意见》），作为中央第一份关于要素市场化配置的文件，明确了要素市场制度建设的方向和重点改革任务。数据作为一种新型生产要素写入文件中，与土地、劳动力、资本、技术等传统要素并列为要素之一。《意见》明确：加快培育数据要素市场，推进政府数据开放共享，提升社会数据资源价值，加强数据资源整合和安全保护。

自贵阳大数据交易所成立以来，从未间断过对于数据标准、数据交易制度完善、数据全书问题的探索与研究。未来，我们将更加密切配合国家信标委、工业和信息化部等各政府部门的工作，大力深入研究大数据标准的制定，以及大数据相关立法、管理办法的制定，积极配合数据要素市场化的发展。

7. 构建全球大数据流通

贵阳大数据交易所继续将与"一带一路"沿线国家开展多方位合作。贵阳大数据交易所秉承"贡献中国数据智慧，释放全球数据价值"发展理念，加强与该国及周边国家政企、高校的交流合作，共同激活海外数据资产，促进国际数据互联互通。

🔍 案例一 ────────────────

中信银行与贵阳大数据交易所合作共建的金融风险大数据实验室

2016年12月29日，中信银行与贵阳大数据交易所合作共建的金融风险大数据实验室，正式落成投入运营。作为国内首个总行级别的金融风控实验室，金融风险大数据实验室已展开"风险预警小一期数据对接项目"，斩获阶段性成果。该项目是金融风险大数据实验室七大课题之一，其将数据视为金融机构重要资产，立足大数据应用，协助银行完成贷后风险管控。未来，实验室将承担更多合作项目，打造一个更开放、更多元、更具效率的金融生态，创建"智慧金融"的新格局。

实验室通过搭建大数据风控体系，实时、动态地获知贷款企业的行政处罚、工商处罚、税务处罚、环保处罚、海关处罚、法院诉讼等信息，并以此判断其信用情况和风险托底能力，有效协助中信银行防范金融风险，将风险牢牢锁定在数据的铁笼中。

"风险预警小一期数据对接项目"为中信银行实时推送万级重要企业税务、法院、环保处罚信息。银行将外部数据作为重要参考指标的同时，可以通过及时识别、分析、衡量客户风险状况，实时预警，对潜在风险及时采取应对措施。

同时，中信银行在各地的分行、支行均能够在云端正常使用数据，把控银行借贷风险，减少银行呆账、坏账等不良资产，助力货币流向生命力蓬勃的实体经济部门，优化金融资源配置与调节。中信银行"金融大数据实验室小一期项目"初显成效，真正将大数据思维新模式融入传统银行的经营之中，释放出多元数据的价值，完成从"数据大"到"大数据"的蜕变与突破。

三、大数据交易发展困境

大数据产业发展具有极强的技术和信息依赖性，由于我国大数据产业起步滞后以及基础法制条件不够成熟，贵阳大数据交易所成立之初面临的很多问题也是由于法律法规缺失、风险监管不到位所造成的。

（一）数据安全问题是大数据交易发展的根本性问题

数据安全和隐私保护是大数据产业发展的世界性难点，同时也是困扰大数据交易所发展起步阶段的重要难题，这主要体现在三个方面：其一，数据的海量存储增加了数据安防的难度，可能造成大量数据损坏或丢失，产生难以想象的后果；其二，在大数据时代，数据的多元性和复杂性要求人们形成更强的安全意识，但现实中无论企业还是个人的安全意识都没有从传统的非信息时代转变过来，存在巨大潜在风险；其三，网络攻击带来了数据安全风险，随着大数据在政府、金融、公共事业等领域的广泛运用，数据泄露带来的损失远远超出了行业范畴，已成为国家安全问题。

（二）仍需继续牢固树立大数据发展意识

部分地方领导仍坚持认为地方数据的信息不可以开放共享，甚至将其视为"洪水猛兽"，认为政务数据开放将会带来信息泄露，造成严重后果。此外，各领域大数据企业分散现象普遍；产业发展、政策、平台、创新、环境等不协调；大数据企业之间分工不明确、交流合作不足、协同力度不够；大数据行业协会、产业联盟发展滞后。这些问题很大程度上是由于立法不够完善，导致政府机关监管权责不明，大数据市场企业风险高，大数据交易企业在业务开展过程中如履薄冰，战战兢兢，严重阻碍了大数据产业的生态建设。

（三）大数据立法仍然难以作为行业发展"锚点"

与此同时，政府部门及各垂直行业仍存在比较严重的数据孤岛问题，数据整合能力不足的缺陷始终桎梏着大数据行业发展，大量政企数据存在"不愿开放、不敢开放、不能开放、不会开放"的根本性难题，尽管一些地方政府先行先试了许多大数据管理条例及相关办法，如贵州省2016年通过的《贵州省大数据发展应用促进条例》、后续跟进的《贵州省政务数据资源管理暂行办法》，深圳市2020年上半年公示的《深圳经济特区数据条例（征求意见稿）》以及天津市近期公示的《天津市数据交易管理暂行办法（征求意见稿）》都直指大数据立法缺失，难以确权这一大数据交易核心缺陷，但数据交易中无上位法支撑，交易权责不明的问题并没有得到根本性改善。

（四）大数据技术创新也要与时俱进

技术创新滞后，垂直行业应用不够深入也是目前大数据行业发展的一块绊脚石。细分行业中，互联网、金融和电信三大领域的大数据应用在各行业总规模中所占比重超过70%；健康医疗领域和交通领域虽然近年来不断"上架"新应用，但实际上行业规模占比仍相对较小；在其他众多民生领域，目前还存在应用领域不广泛、应用程度不深、认识不到位等问题。宏观来看，经过近些年的发展，大数据应用的覆盖广度得到了较大的拓展，但大数据应用深度仍处于浅层次信息化层面，各产业发展水平参差不齐，后发行业短板明显。

四、配合政府机构构建完善数据要素市场化体制机制

大数据行业的发展需要在两个方面取得突破，一是对体量庞大的结构化和半结构化数据进行高效率的深度分析，挖掘隐性知识，如从自然语言构成的文本网页中理解和识别语义、情感、意图等；二是对非结构

化数据进行分析，将海量复杂多源的语音、图像和视频数据转化为机器可识别的、具有明确语义的信息，进而从中提取有用的知识。公司注重大数据的平台建设以及对大数据行业的衍生孵化，通过纵向延伸和横向发展来建立"大数据平台＋"的概念。

（一）基于数据要素市场，配合地方政府探索相应制度与规则

根据《关于构建更加完善的要素市场化配置体制机制的意见》（以下简称《意见》），明确要求加快培育数据要素市场：推进政府数据开放共享、提升社会数据资源价值、加强数据资源整合和安全保护。《意见》还强调，要健全要素市场运行机制。其中，涉及数据作为生产要素的内容包括：引导培育大数据交易市场，依法合规开展数据交易，建立健全数据产权交易和行业自律机制。《意见》点明了数据要素市场化配置改革的工作主线。贵阳大数据交易所围绕数据要素市场化配置改革的工作主线，结合数据要素市场内容和服务平台功能体系，协助地方政府探索和推进相应制度和规则的建立。

贵阳大数据交易所积极响应市政府号召，作为社会数据流通公共服务平台的载体，通过不断实践积累逐步完善"政—政"数据共享、"政—企"数据开放、"企—政"数据汇集和"企—企"数据互通四个方向的数据要素流通公共服务体系，根据大数据交易所业务发展方向，在配合政府探索相应的制度和规则方面，交易所认为主要应从以下两大方面着手。

（二）完善社会数据流通公共服务平台

在建立完善公共数据共享交换、开放平台体系方面，积极推进政务数据系统整合共享工作，建立覆盖各级各类政府部门和公共部门的数据共享交换机制，积极推动政务数据共享的跨地区、跨部门和跨层级。另外，需要各级部门完善和健全公共数据开放体系，制定数据开放进程和计划，在加强安全和隐私保护的前提下开放相关数据集。

在建立完善社会化数据采集体系方面，清理、整合、统筹各级政府

面向社会化机构的数据采集和信息报送渠道，建立社会化数据统一获取和合作机制，探索建立面向超大规模头部互联网企业的数据目录备案机制，推动政务数据与社会化数据平台化对接。

在建立国家数据资源流通交易体系方面，搭建包括数据交易撮合、交易监管、资产定价、争议仲裁在内的全流程数据要素流动平台，明确数据登记、评估、定价、交易跟踪和安全审计机制。建立全社会数据资源质量评估和信用评级体系。整合区块链等新技术，搭建全社会数据授权存证、数据溯源和数据完整性检测平台。

（三）作为服务载体协助政府规范数据要素流通的市场秩序

构建良好的数据要素流通环境，需以市场应用需求为指引，精准对接市场需求，坚持多元协同共治原则。以政府为主导，应充分调动政府资源和协调市场资源，强化数据确权定价、准入监管、公平竞争、跨境流通、风险防范等方面制度建设，营造健康可持续的数据市场环境。

围绕数据确权保护、定价基本框架，建设全国数据资源统一登记确权体系，分层分类对原始数据、脱敏化数据、模型化数据和人工智能化数据的权属界定和流转进行动态管理，形成覆盖数据生成、使用、采集、存储、监测、收益、统计、审计等各方面权力面向不同时空、不同主体的确权框架，依据不同数据资源内容、确权框架探索建立成本定价和收益定价、一次定价与长期定价相结合的数据资源流通定价机制，在保障数据安全的同时，提升数据资源的融合共享。

简化数据市场准入机制。修订完善《互联网信息服务管理办法》等现有法律法规，降低数据领域新技术新业务和创业型企业的准入门槛，结合商事制度改革要求，厘清前置审批与业务准入之间的关系，采用正面引导清单、负面禁止清单和第三方机构认证评级相结合的方式，简化、规范数据业务市场准入备案制度。

强化事中事后监管。梳理数据产业发展监管环节和线上线下监管要素，完善以数据为基础、以信用为核心的事中事后监管手段。构建覆盖数据企业市场竞争、股权变动、服务运行、信息安全、资源管理等环节的信息采集上报机制，研究形成针对数据流量造假、隐私泄露、数据泄露和滥用等新型不正当竞争行为的监管治理手段，探索建立政府、平台型企业、数据市场主体和个人多方参与、协同共治的新型监管机制。

探索完善数据跨境流通市场机制。充分运用区块链等新技术，探索建立开放透明的跨境数据流动监管体系，积极参与数据跨境流通市场相关国际规则制定，与海外代表性企业共同探索数据交易市场。

建立数据市场风险防控体系。建立面向企业的数据安全备案机制，提升数据安全事件应急解决能力。建立数据市场安全风险预警机制，提前应对数据带来的就业结构变动、隐私泄露、数据歧视等社会问题，严控数据资本市场风险。建立数据跨境流动风险防控机制，加强跨境数据流动监测和业务协同监管。强化关键领域数字基础设施安全保障，切实加大自主安全产品采购推广力度，保护专利、数字版权、商业秘密、个人隐私数据。

（四）协助政府建立政务数据开放共享机制，形成产业链闭环

贵阳大数据交易所从数据集的选定和数据元审核、采集、发布、下线全生命周期等方面建立了完整的管理规范；协助地方政府制定数据共享与开放的有关标准规范，明确定义数据共享、开放的总体标准、术语标准、元数据格式标准、接口规范、平台建设标准等；制定开放平台运行保障制度。在安全保障方面，制定了包括数据开放平台安全和开放数据安全等相关条例，通过制度和技术加以保障。贵阳大数据交易所在各地推动数据开放工作时严格遵守国家法律法规，确保数据安全。

数据需要清洗与加工，且目前由于数据的非标化严重，从主观方面来说，用户自身及其数据利用类型决定着数据质量。对于数据利用者来说，如果数据没有良好的质量，不但会增加对数据分析的投入，还会影响数据集的再利用过程，导致数据难以得到充分利用。所以，针对政务数据开放的一系列问题，贵阳大数据交易所通过业务实例及建言献策，

帮助政府职能部门部分或大体解决了存在的问题，与此同时，政务数据开放与共享作为一个不断落实推进的政府服务工程，也会不断对有关部门提出更高的要求，贵阳大数据交易所落实数据交易实例，实事求是，开拓创新，以期帮助有关部门更好地解决相关问题。

（五）协助政府探索数据公开形式，做好数据"出海口"工作

协助政府各部门探索数据公开形式，不限于数据包、API、建模训练等形式。在梳理整合的前提下，对市场需求的可公开政务数据协助做出匹配与整合，通过交易所平台，反馈给政府各部门，安全可控的将政务数据有效开放出去，实现数据要素资产化探索。例如，针对某医疗企业需求卫健委敏感数据的有关问题，贵阳大数据交易所建言献策，创新提出"数据模型进库"的新型交易模式，通过将企业提供的算法模型进入封闭数据库训练，经安全性核查后交还企业使用这一方法，既有效避免了敏感数据泄露，又促进了相关企业发展。

与此同时，贵阳大数据交易所依托自身优质会员资源，结合丰富数据交易开放经验，将有效承接政务数据开放"最后一公里"，打通开放平台数据从"放"到"用"的阻碍，使数据开放真正做到"培育市场，放有所用"。

（六）逐步建立完善的数据价值评估体系

完善数据价值评估体系，做好数据价值评估以及数据资产化管理，形成可靠可用数据流通机制。

结合贵阳大数据交易所过往交易案例，例如，贵阳市公安局亟待建立快速响应技术平台，因刑侦工作具有突发性，案件形式多样性，作案手法不断翻新等特点，传统项目招投标形式落地慢、见效慢等一系列问题凸显，遂委托贵阳大数据交易所共同筹建新型大数据技术服务交易模式，引入贵阳大数据交易所相对成熟的数据价值评估体系，即在模型中采用了层次分析模型构建应用指标评价体系，并利用 YAAHP 层次分析

法软件计算指标权重。

从现阶段来说，要从无形资产评估、有形资产评估、特有大数据资产评估三个角度以及数据的时间、空间、维度、广度、深度等十多个因素对数据进行复合评估。此外，从数据资产价值评估模型中可以清楚地看出影响数据资产价值的因素（见图1），可以通过对数据资产进行问题管理，优化有关影响因素的得分，挖掘数据资产价值，从而弥补传统意义上数据资产化难、流转困难的局面。

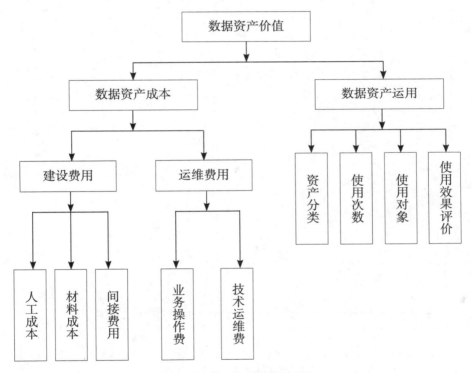

图1 数据资产价值实现框架

目前，各企业和政府部门都难以实现真正的数据资产化，以及数据资产化管理。贵阳大数据交易所根据现有的数据管理和交易经验，将继续协助各企业与政府各部门梳理数据资源，完成数据的现货价值发现，促进大数据全行业、全业态、全生态的流通与交易。